教育部全国职业教育与成人教育行业**规划教材**

"十二五"全国高校动漫游戏专业骨干课程教材

中文版
After Effects CS5
影视动画特效制作

子午视觉文化传播　主编　　　　　　　　彭　超　侯　力　王永强　编著

海洋出版社

2012年·北京

内 容 简 介

    After Effects 特效制作是影视动画相关专业的必修课程。为了能让更多喜爱影视特效、多媒体设计、影视动画、栏目包装设计等领域的读者快速、有效、全面地掌握 After Effects CS5 的使用方法和技巧,哈尔滨子午视觉文化传播有限公司、哈尔滨子午影视动画培训基地、哈尔滨学院艺术与设计学院、黑龙江动漫产业(平房)发展基地的多位专家联袂出手,精心编写了本书。

    全书共分为 7 章,包括影视特效概述、After Effects CS5 快速入门、滤镜效果、常用特效插件、文字特效案例、视频特效案例以及电视栏目包装案例。本书采用了"详细基础讲解"+"丰富的案例"+"DVD 光盘视频教学"的全新教学模式,使读者可以自由地畅游在文字卡片翻转、波光文字、礼花文字、喷绘文字、绚丽五环特效、飘动红旗特效、液体融化特效、粒子卡片特效以及"我在你身边"三维电视栏目包装案例的美妙影视后期世界里。

    超值 1DVD 内容:合成素材、范例源文件以及视频教学文件等。

    适用范围: After Effects 影视动画特效制作专业课教材,社会 After Effects 影视特效制作培训班教材,也可作为广大初、中级读者实用的自学指导书

图书在版编目(CIP)数据

中文版 After Effects CS5 影视动画特效制作/彭超,侯力,王永强编著. —北京:海洋出版社,2012.4

    ISBN 978-7-5027-8243-6

    Ⅰ.①中… Ⅱ.①彭…②侯…③王… Ⅲ.①图象处理软件,After Effects CS5—教材 Ⅳ.①TP391.41

中国版本图书馆 CIP 数据核字(2012)第 063255 号

总 策 划:刘 斌		发 行 部:(010)62174379(传真)(010)62132549	
责任编辑:刘 斌		(010)68038093(邮购)(010)62100077	
责任校对:肖新民		网 址:www.oceanpress.com.cn	
责任印制:赵麟苏		承 印:北京朝阳印刷厂有限责任公司	
排 版:海洋计算机图书输出中心 晓阳		版 次:2015 年 8 月第 1 版第 2 次印刷	

出版发行:海洋出版社

地 址:北京市海淀区大慧寺路 8 号(716 房间)	开 本:787mm×1092mm 1/16
100081	印 张:20(彩色 1 印张)
	字 数:483 千字
经 销:新华书店	印 数:4001~6100 册
技术支持:(010)62100055	定 价:49.00 元(含 1DVD)

本书如有印、装质量问题可与发行部调换

前 言
Preface

After Effects 由美国 Adobe 公司出品，它提供了强大的基于 PC 和 MAC 平台的后期合成功能，被广泛应用于影视制作、栏目包装、电视广告、后期编辑及视频处理等领域。After Effects 借鉴了许多优秀软件的成功之处，这也使得它成为 PC 和 MAC 平台上最具实力的后期合成软件之一，受到全世界上百万设计师的喜爱。

为了能让更多喜爱影视特效、多媒体设计、影视动画、栏目包装设计等领域的读者快速、有效、全面地掌握 After Effects CS5 的使用方法和技巧，"哈尔滨子午视觉文化传播有限公司"、"哈尔滨子午影视动画培训基地"、"哈尔滨学院艺术与设计学院"、"黑龙江动漫产业（平房）发展基地"的多位专家联袂出手，精心编写了本书。

全书共分为7章，具体特点如下。

(1) 书中详细讲解了 After Effects CS5 的若干核心技术，包括 After Effects CS5 的菜单命令、视图面板、色彩控制与抠像、滤镜特效等，是一本完全适合自学的工具手册。

(2) 书中从简单的基本特效到复杂的影片合成，从简单的移动动画到复杂的商业范例合成动画，都从读者感兴趣的角度进行了设计，可以使读者在不断的动手练习中提高实战技能。

(3) 全书有 9 个综合案例和上百个动手练习，通过这些案例与练习，读者可以畅游在文字卡片翻转、波光文字、礼花文字、喷绘文字、绚丽五环特效、飘动红旗特效、液体融化特效、粒子卡片特效以及"我在你身边"三维电视栏目包装案例的美妙影视后期世界中。

(4) 书中附带的超大容量 DVD 多媒体教学，可以让您在专业老师的指导下轻松学习、掌握 After Effects CS5 的使用，并且可以快速制作具有一定专业水准的作品。

本书采用了"详细基础讲解"+"丰富的案例"+"DVD 光盘视频教学"的全新教学模式，使整个学习过程紧密连贯，范例环环相扣，一气呵成。读者学习时可以一边看书一边观看 DVD 光盘的多媒体视频教学，在掌握影视后期创作技巧的同时，享受学习的乐趣。

本书由彭超、侯力、王永强老师执笔编写。另外也感谢景洪荣、齐羽、黄永哲、张国华、解嘉祥、周旭、荆涛、张天麒、车广宇、赵云鹏、左铁慧、李刚、孙颜宁、孙鸿翔等老师在本书编写过程中提供的技术支持和专业建议。如果在学习本书的过程中有需要咨询的问题，请访问子午网站 www.ziwu3d.com 或发送电子邮件至 ziwu2002@163.com 了解相关信息并进行技术交流。同时，也欢迎广大读者就本书提出宝贵意见与建议，我们将竭诚为您提供服务，并努力改进今后的工作，为读者奉献品质更高的图书。

编 者

部分实例效果图欣赏

5.1 范例——文字卡片翻转

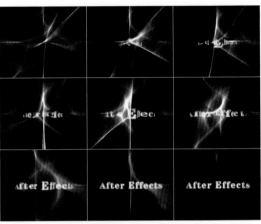

5.2 范例——波光文字

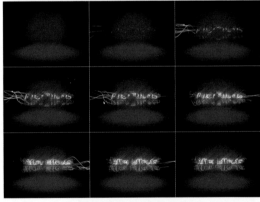

5.3 范例——礼花文字

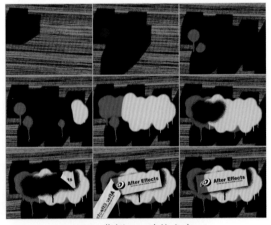

5.4 范例——喷绘文字

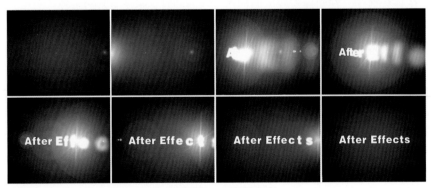

5.6 实训1——光斑文字

影视特效高手

5.6 实训2——急速文字

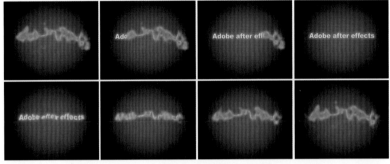

5.6 实训3——液体变化文字

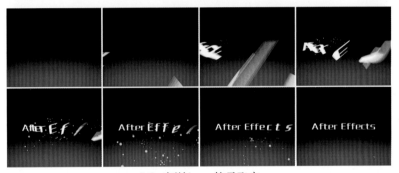

5.6 实训4——粒子飞字

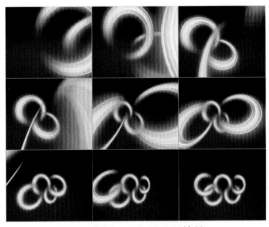

6.1 范例——绚丽五环特效

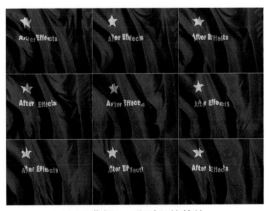

6.2 范例——飘动红旗特效

iii

影视特效高手

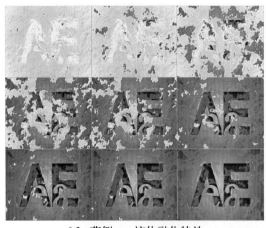

6.3 范例——液体融化特效

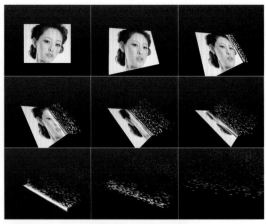

6.4 范例——粒子卡片特效

6.6 实训1——绚丽旋转星

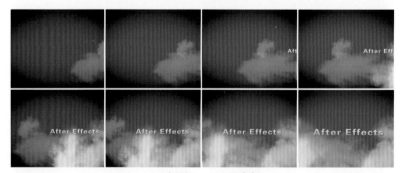

6.6 实训2——云彩空间

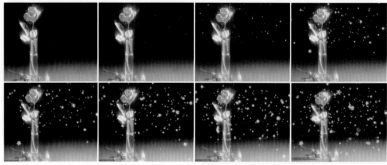

6.6 实训3——飞舞的花瓣

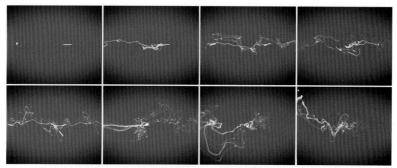

6.6　实训4——节奏光波

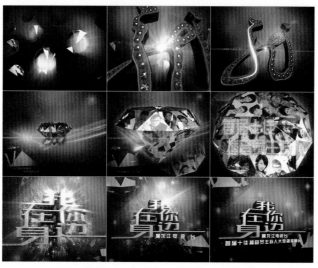

7.1　范例——《我在你身边》栏目包装

7.7　实训1——中国画廊

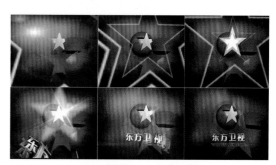

7.7　实训2——东方卫视

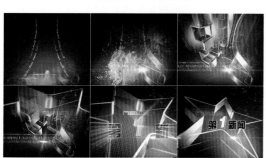

7.7　实训3——第1新闻

7.7　实训4——专题片头

V

影视特效高手

目录 CONTENT

影
视
特
效
高
手

影视特效高手

viii
影视特效高手

第1章 影视特效概述

> 本章先对影视特效的方向与标识、辅助图形、色彩和样式等内容进行讲解，包括影视制作非常实用的模拟信号、数字信号、帧速率和扫描场，同时对创作相关的平面软件、三维软件、后期软件和其他软件进行介绍，使读者对影视特效的创作有所了解。

1.1 影视特效分析

在影视特效行业中，电视媒体的使用比率占了大部分份额，而其中电视频道和栏目整体包装（即对电视频道、栏目、节目的全面视觉特效包装设计）又是商业市场中较常见的种类分支。

电视频道和栏目整体包装的内容除了节目本身内容和插播广告外，还包括电视栏目播出内容的片头、片花、片尾、预告、导视、主持人形象、演播室等，主要进行宣传和形象推广，为建立电视栏目良好的社会形象和品牌形象进行服务，这是一种打造电视媒体品牌的重要手段，为品牌建设提供服务，而品牌建设的目的则是最直接的经济利益。

央视频道及众多的卫视频道已经有了非常成熟的电视频道和栏目包装，但身处竞争激烈的媒体环境下，也不得不继续采用改版来打动挑剔的电视观众。保持定位频道和栏目的方向，直接对观众说话、直接表达频道的立场、直接预告节目的内容，是电视频道价值链条中的重要环节。通过整体的包装可以提升观众对栏目的渴望价值，从而提升品质和收视率，这是增强盈利能力的重要手段。

1.2 内容概述

电视频道和栏目包装最重要的设计创意主要表现于标识、辅助图形、色彩和样式的设计。标识和辅助图形时常被作为整体包装中图形设计的核心元素，因此在设计初期，就要考虑到开放式特征和可演绎性，方便频道和栏目在所有媒体上的推广。

1.2.1 标识

标识是频道和栏目形象最直观、最具体的视觉传达，以精炼的形象表达特定的含义，并借助人们的符号识别、联想等思维能力，传达特定的信息。标识是一种有意味的形式，通过简单的构图，往往能传达出一个频道独特的人文精神和价值追求，具有文化内质和企业品牌双重价值。在电视频道和栏目的整体包装中，频道的标识设计是主要着力点，设计一个优秀的标识并将其融入整体包装的各个环节中去，可以提升栏目整体的效果，如图 1-1 所示。

图1-1　LOGO标识

▶ 1.2.2　元素

　　辅助元素是指在电视频道的整体包装设计中被广泛使用并最终形成频道形象识别依据的图形等设计，是除频道标识之外的又一重要的频道视觉元素。从频道标识中演绎提炼出某一独特图形元素，广泛地应用于整体包装的各个版块，整套频道包装设计在视觉形象上就有了整体性。但是，许多频道的现有标识并不适合图形的变化或演绎，这时候就需要开发一个新的频道辅助图形元素。辅助图形可以是一种几何图形、一个卡通造型，也可以是由频道标识演绎而来的图形设计元素，如图 1-2 所示。

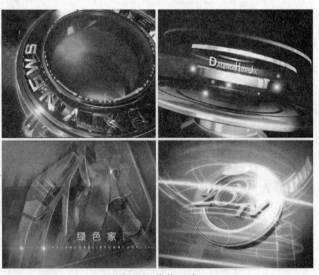

图1-2　装饰元素

▶ 1.2.3　色彩

　　选择一种色彩就代表着一种象征意义，不同观众群对色彩有不同的感受，性别、年龄、职业、地域、价值观、文化教育背景等因素都可能导致对色彩的不同理解。因此，在进行电视频道整体包装时，一套独特、贴切、科学的色彩设计意义重大。由于观众对色彩的情感因素作用，总是会赋予频道独特的生命魅力和情感记忆。因此，影视包装的色彩设计应从色彩的心理感应、色彩的冷暖联想、色彩的隐喻、色彩的象征等多方面进行综合分析，力求与电视频道目标观众的审美特性相吻合，最终引起目标观众的情感共鸣，强化频道的品牌形象记忆，如图1-3所示。

图1-3　色彩元素

▶ 1.2.4　样式

　　伴随影视包装技术的不断创新发展，尤其是CG技术的普及和运用，推动了整个影视包装行业的变革。视频设计师在创意和制作过程中，将实景拍摄与CG技术结合，便可无限制地发挥想象空间，带给观众前所未有的视觉体验，如图1-4所示。

图1-4　实景拍摄

影
视
特
效
高
手

　　长期以来，三维风格的包装设计在中国影视包装行业大行其道，在频道呼号、栏目片头、片花的功能包装设计等方面运用较多。使用三维制作软件可以建构不受制作成本制约的画面道具和独特的计算机图形视觉质感。充分利用这些特性优势，能够创造出强势的镜头冲击力、科幻的场景、炫目的光效、缤纷的色彩感观，如图 1-5 所示。

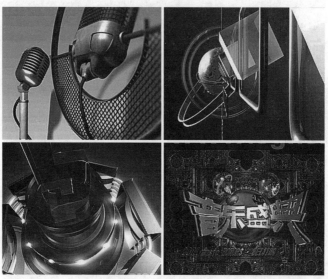

图1-5　三维风格

　　二维风格的视频设计并没有放弃计算机三维技术的使用，而是有意识地弱化三维风格中的立体造型、金属质感、炫目光效等特征，放弃金属或塑料质感的工业主义视觉风格，转而运用色彩构成和平面设计，如图 1-6 所示。

图1-6　二维风格

　　为了丰富影视包装的视频设计风格，设计师开始借助各种各样的艺术表现形式。无论是古典艺术还是现代艺术，无论是抽象主义、立体主义还是表现主义，无论是油画、版画、水彩、水墨还是雕塑或民间艺术，它们几乎都被融合运用到影视包装的设计中去，使视频风格更趋丰富、多元化，如图 1-7 所示。

图1-7　其他风格

▶ 1.2.5　内容

　　电视频道形象宣传片是以树立频道品牌形象为目的，向观众表达频道倡导的理念、频道主张的风格、频道认同的价值观念等信息的广告推介片。电视频道形象宣传片不涉及频道具体的节目和播出信息，它主要突出频道总体特性理念，是塑造频道品牌形象最有效、最重要的途径。

　　导视系统以发布具体的节目收视信息为手段，以提高频道和栏目的收视率为目的，就如一本书的目录索引，是观众及时选择收看电视节目的指南。精明的企业商家总是通过各种广告手段来推广宣传其产品的功能和独特性，以求引起消费者的关注和购买。同理，提供节目信息、强化节目收视利益点、减少观众收视成本、提高频道收视率、培养稳定观众群，都是导视系统所肩负的责任。

　　片头和片花包装是频道整体包装中很重要的一项，既要充分考虑栏目本身的内容和风格，制作出与栏目本身的内容、风格相吻合的个性明显、特色鲜明的片头，又要保持频道包装的统一性。

　　广告时段提示也受到越来越多电视频道包装人的重视。广告时段是电视台创收的最重要频道时段，高的广告附着力不仅有利于增加电视台广告的投放量，而且可以提高广告客户投放广告的热情和信心。广告时段提示能扩大广告收看人群，从而提高收视率。

▶ 1.3　信号与速率

▶ 1.3.1　模拟与数字信号

　　不同的数据必须转换为相应的信号才能进行传输。模拟数据一般采用模拟信号（Analog Signal）或电压信号来表示；数字数据则采用数字信号（Digital Signal），用一系列断续变化的电压脉冲或光脉冲来表示。当模拟信号采用连续变化的电磁波来表示时,电磁波本身既是信号载体,同时作为传输介质；而当模拟信号采用连续变化的信号电压来表示时，一般通过传统的模拟信号传输线路来传输。当数字信号采用断续变化的电压或光脉冲来表示时，一般需要用双绞线、电缆或光纤介质将通信双方连接起来，才能将信号从一个节点传到另一个节点。

模拟信号在传输过程中要经过许多设备的处理和转送，这些设备难免要产生一些衰减和干扰，使信号的保真度大大降低。数字信号可以很容易的区分原始信号与混合的噪波并加以校正，可以满足对信号传输的更高要求。

在广播电视领域中，传统的模拟信号电视将会逐渐被高清数字电视（HDTV）所取代，越来越多的家庭将可以收看到数字有线电视或数字卫星节目，如图1-8所示。

节目的编辑方式也由传统的磁带到磁带模拟编辑发展为数字非线性编辑，借助计算机来进行数字化的编辑与制作，不用像线性编辑那样反反复复地在磁带上寻找，突破了单一的时间顺序编辑限制。非线性编辑只要上传一次就可以多次的编辑，信号质量始终不会变低，所以节省了设备、人力，提高了效率，如图1-9所示。

图1-8　高清数字电视

图1-9　非线性编辑

DV数字摄影机的普及更使得制作人员可以使用家用电脑完成高要求的节目编辑，使数字信号逐渐融入人们的生活之中，尤其当下渐渐兴起的单反视频类型，如图1-10所示。

图1-10　DV数字摄影机

▶ 1.3.2 帧与场

帧速率也称为 FPS（Frames Per Second），是指每秒钟刷新的图片的帧数，也可以理解为图形处理器每秒钟能够刷新几次。如果具体到视频上就是指每秒钟能够播放多少格画面，越高的帧速率可以得到越流畅、越逼真的动画；每秒钟帧数（FPS）越多，所显示的动作就会越流畅。像电影一样，视频是由一系列的单独图像（称之为帧）组成，并放映到观众面前的屏幕上。每秒钟放映若干张图像，会产生动态的画面效果，因为人脑可以暂时保留单独的图像，典型的帧速率范围是 24 帧／秒～30 帧／秒，这样才会产生平滑和连续的效果。在正常情况下，一个或者多个音频轨迹与视频同步，并为影片提供声音。

帧速率也是描述视频信号的一个重要概念，对每秒钟扫描多少帧有一定的要求，这就是帧速率。传统电影的帧速率为 24 帧／秒，PAL 制式电视系统为 625 线垂直扫描，帧速率为 25 帧／秒，而 NTSC 制式电视系统为 525 线垂直扫描，帧速率为 30 帧／秒。虽然这些帧速率足以提供平滑的运动，但它们还没有高到足以使视频显示避免闪烁的程度。根据实验，人的眼睛可觉察到以低于 1/50 秒速度刷新图像中的闪烁。然而，要求帧速率提高到这种程度，会显著增加系统的频带宽度，这是相当困难的。为了避免这样的情况，电视系统全部都采用了隔行扫描方法。

大部分的广播视频采用两个交换显示的垂直扫描场构成每一帧画面，这叫做交错扫描场。交错视频的帧由两个场构成，其中一个扫描帧的全部奇数场，称为奇场或上场；另一个扫描帧的全部偶数场，称为偶场或下场。场以水平分隔线的方式隔行保存帧的内容，在显示时首先显示第一个场的交错间隔内容，然后再显示第二个场来填充第一个场留下的缝隙。每一帧包含两个场，场速率是帧速率的 2 倍。这种扫描的方式称为隔行扫描，与之相对应的是逐行扫描，每一帧画面由一个非交错的垂直扫描场完成，如图 1-11 所示。

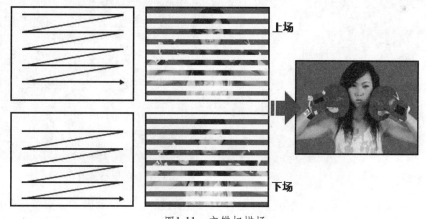

图1-11 交错扫描场

电影胶片类似于非交错视频，每次显示一帧，如图 1-12 所示。通过设备和软件，可以使用 3-2 或 2-3 下拉法在 24 帧／秒的电影和约为 30 帧／秒（29.97 帧／秒）的 NTSC 制式视频之间进行转换。这种方法是将电影的第一帧复制到视频的场 1 和场 2 以及第二帧的场 1，将电影的第二帧复制到视频第二帧的场 2 和第三帧的场 1。这种方法可以将 4 个电影帧转换为 5 个视频帧，并重复这一过程，完成 24 帧／秒到 30 帧／秒的转换。使用这种方法还可以将 24p 的视频转换成 30p 或 60i 的格式。

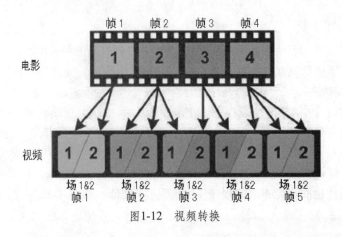

图1-12　视频转换

▶ 1.4　分辨率与压缩

▶ 1.4.1　分辨率像素比

在中国最常用到的制式分辨率是 PAL 制式，电视的分辨率为 720×576、DVD 为 720×576、VCD 为 352×288、SVCD 为 480×576、小高清为 1280×720、大高清为 1920×1080。

电影和视频的影像质量不仅取决于帧速率，每一帧的信息量也是一个重要因素，即图像的分辨率。较高的分辨率可以获得较好的影像质量。常见的电视格式标准为 4:3，如图 1-13 所示。

电影格式宽屏为 16:9，而一些影片具有更宽比例的图像分辨率，如图 1-14 所示。

图1-13　常见的电视格式标准（4:3）　　　图1-14　电影格式宽屏（16:9）

传统模拟视频的分辨率表现为每幅图像中水平扫描线的数量，即电子光束穿越荧屏的次数，称为垂直分辨率。NTSC 制式采用每帧 525 行扫描，每场包含 262 条扫描线；而 PAL 制式采用每帧 625 行扫描，每场包含 312 条扫描线。水平分辨率是每行扫描线中所包含的像素数，取决于录像设备、播放设备和显示设备。比如，老式 VHS 格式录像带的水平分辨率只有 250 线，而 DVD 的水平分辨率是 500 线。

电视的清晰度是以水平扫描线数作为计量的，小高清的 720p 格式是标准数字电视显示模式，720 条可见垂直扫描线，16:9 的画面比，行频为 45kHz；大高清为 1080p 格式，1080 条可见垂直扫描线，画面比同为 16:9，分辨率达到了 1920×1080 逐行扫描的专业格式。

1.4.2 视频压缩解码

视频压缩也称编码，是一种相当复杂的数学运算过程，其目的是通过减少文件的数据冗余，以节省存储空间、缩短处理时间以及节约传送通道等。根据应用领域的实际需要，不同的信号源及其存储和传播的媒介决定了压缩编码的方式、压缩比率和压缩的效果也各不相同。

压缩的方式大致分为两种。一种是利用数据之间的相关性，将相同或相似的数据特征归类，用较少的数据量描述原始数据，以减少数据量，这种压缩通常为无损压缩；另一种是利用人的视觉和听觉特性，有针对性地简化不重要的信息，以减少数据，这种压缩通常为有损压缩。

即使是同一种 AVI 格式的影片也会有不同的视频压缩解码进行处理，如图 1-15 所示。

MOV 格式的影片也同样有不同的视频压缩解码进行处理，如图 1-16 所示。

图1-15　AVI格式视频压缩解码

图1-16　MOV格式视频压缩解码

在众多 AVI 视频压缩解码中，None 是无压缩的处理方式，它的清晰度最高，文件容量最大。DV AVI 格式对硬件和软件的要求不高，清晰度和文件容量都适中。DivX AVI 格式是第三方插件程序，对硬件和软件的要求不高，清晰度可以根据要求设置，文件容量非常小。

DivX 是一项由 DivX Networks 公司发明，类似于 MP3 的数字多媒体压缩技术。DivX 基于 MPEG-4 标准，可以把 MPEG-2 格式的多媒体文件压缩至原来的 10%，更能把 VHS 格式录像带格式的文件压至原来的 1%。通过 DSL 或 cable Modem 等宽带设备，它可以让你欣赏全屏的高质量数字电影，无论是声音还是画质都可以和DVD相媲美，如图 1-17 所示。

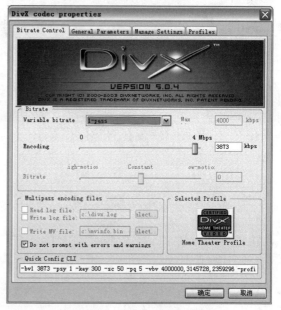

图1-17　DivX格式视频压缩解码

WMV 是微软的一种流媒体格式，英文全名为 Windows Media Video。和 ASF 格式相比，WMV 是前者的升级版本，WMV 格式的体积非常小，因此很适合在网上播放和传输。在文件质量相同的情况下，WMV 格式的视频文件比 ASF 拥有更小的体积。从 WMV7 开始，微软的视频方面开始脱离 MPEG 组织，并且与 MPEG-4 不兼容，成为了独立的一个编解码系统。

MPEG-1 制定于 1992 年，它主要针对 1.5Mbps 以下数据传输率的视频及音频编码而制定的国际标准。MPEG-1 编解码的最大应用就是我们熟悉的 VCD 制作格式，后缀名为 .dat 的文件。另外，像后缀名为 .mpg、.mlv、.mpe、.mpeg 的文件，也采用 MPEG-1 编码格式，该格式的压缩比例适当，120 分钟的电影文件大小约为 1.2GB，不过图像质量很一般，也就是我们常见的 VCD 的画质。

MPEG-1 的质量和体积之间比较平衡，但对于更高图像质量就有点力不从心了。MPEG-2 的出现在一定程度上弥补了这个缺陷，这个标准制定于 1994 年，设计目标是提供高标准的图像质量。MPEG-2 格式主要应用在 DVD 的制作方面，一般常用的 DVD 光盘就是采用 MPEG-2 标准压缩，后缀名为 .vob 的 DVD 光盘文件就是采用这种编码。使用 MPEG-2 的压缩算法，120 分钟长的电影文件大小约在 4 ~ 8GB 之间。MPEG-2 格式压缩的文件扩展名包括 .mpg、.mpe、.mpeg、.m2v 及 DVD 光盘上的 .vob 等。

MPEG-2 的图像质量非常不错，但动辄上 G 的体积并不容易在网络上传播。MPEG-4 制定于 1998 年，通过帧重建等技术达到质量和体积的平衡，MPEG-4 标准可以保存接近于 DVD 画质的小体积视频文件。MPEG-4 格式还包含了以前 MPEG 标准不具备的比特率的可伸缩性、交互性甚至版权保护等特殊功能，正因为这些特性，MPEG-4 格式被誉为"DVD 杀手"。采用这种视频格式的文件扩展名包括 .asf、.mov 等。

其实，除了这些格式外，还有一些其他格式流传比较广泛，网络流传最广泛的格式莫过于 Real 公司的 RM 和 RMVB 了，而绝大多数 MP4 是不可以直接播放这两种格式的。可以通过转换软件将流行的 RM、RMVB 格式转化为 AVI 等 MP4 常见格式，如图 1-18 所示。

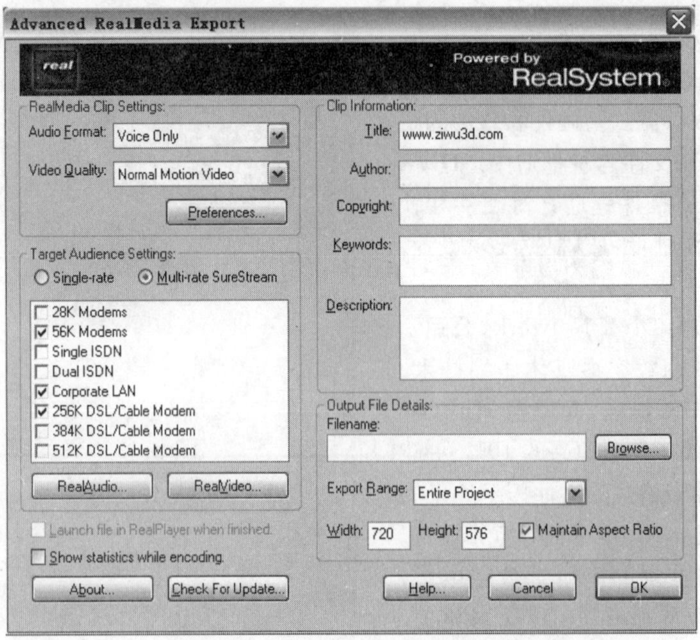

图1-18　Real格式视频压缩解码

○ 1.5 创作相关软件

影视、后期、动画和图形系统软件可以说是百花齐放，常见的平面软件主要有 Photoshop、Illustrator、Coreldraw 等，常见的三维软件主要有 3ds max、Maya、XSI 等，常见的后期软件主要有 After Effects、combustion、Digital Fusion 等，将优秀的各类型软件交互配合使用，可以得到更加绚丽的影视效果。

▶ 1.5.1 平面软件

1. Photoshop

Photoshop 是对数字图形编辑和创作专业标准的一次重要更新，通过引入强大和精确的新标准提供了数字化的图形创作和控制体验，Photoshop 可以方便地使用 PSD 分层文件格式进行与后期软件交互。PSD 文件可以存储成 RGB 或 CMYK 模式，还能够自定义颜色数并加以存储，还可以保存 Photoshop 的层、通道、路径等信息，它是目前唯一能够支持全部图像色彩模式的格式，如图 1-19 所示。

2. Illustrator

Illustrator 是 Adobe 公司出品的矢量图编辑软件。该软件以突破性、富于创意的选项和功能强大的工具，可以有效地在网上、印刷品或在任何地方发布艺术作品。使用 Illustrator 可以用符号和创新的切割选项制作精美的网页图形，还可以用即时变形工具探索独特的创意。此外，还可以用灵活的数字式图形和其他制作功能迅速发布作品，如图 1-20 所示。

图1-19 Photoshop软件

图1-20 Illustrator软件

3. CorelDraw

CorelDraw 是一款绘图与排版的软件，它广泛地应用于商标设计、标志制作、模型绘制、插图描画、排版及分色输出等诸多领域。CorelDraw 还提供了一整套的图形精确定位和变形控制方案，给商标、标志等需要准确尺寸的设计带来极大的便利，如图 1-21 所示。

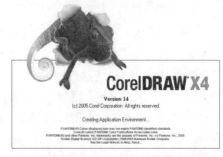

图1-21 Coreldraw软件

▶ 1.5.2 三维软件

1. 3ds Max

3ds Max 是目前世界上应用最广泛的三维建模、动画、渲染软件，可以满足制作高质量动画、

影视特效高手

最新游戏、设计效果等领域的需要。最新版本的 3ds Max 全面提高并且带来全新的多种关键特性，提高了工作效率并且节省资金使用。可以将三维元素渲染成 TGA 或 RPF 格式与后期软件进行交互使用，如图 1-22 所示。

2. Maya

Maya 是当今世界顶级的三维动画软件，广泛应用于影视广告、角色动画、电影特技等领域。Maya 功能完善，操作灵活，易学易用，制作效率极高，渲染真实感极强，是高端三维制作软件。掌握了 Maya 会极大地提高制作效率和品质，它可以调节出仿真的角色动画并渲染出真实效果，如图 1-23 所示。

图1-22　3ds Max软件　　　　　　　　图1-23　Maya软件

3. Softimage|XSI

Softimage|XSI 是 Avid Softimage 公司面向动画高端的旗舰产品。最初被命名为 Sumatra(苏门达腊)，后来为了体现软件的兼容性和交互性，最终以 Softimage 公司在全球知名的数据交换格式 XSI 命名。Softimage|XSI 的前身是在业内久负盛名的 Softimage|3D。在最近 20 余年的三维角色动画软件的制作领域中，Softimage|3D 一直独领风骚，Softimage|XSI 作为 Softimage|3D 的升级换代产品不仅继承了 Softimage|3D 的一贯优势，而且在许多方面都有巨大突破，如图 1-24 所示。

图1-24　XSI软件

▶ 1.5.3　后期软件

1. After Effects

After Effects 是美国 Adobe 公司出品的一款基于 PC 和 MAC 平台的后期合成软件，也是最早出现在 PC 平台上的后期合成软件，如图 1-25 所示。通过引入 Photoshop 中图层的概念，使 After Effects 可以对多层的合成图像进行控制，制作出天衣无缝的合成效果；通过关键帧、路径等概念的引入，使 After Effects 对于控制高级动画游刃有余；高效的视频处理系统确保了高质量的视频

图1-25　After Effects软件

输出；而令人眼花缭乱的特技系统更使 After Effects 能够实现使用者的一切创意。After Effects

不但能与 Adobe Premiere、Adobe Photoshop、Adobe Illustrator 紧密集成，还可以高效地创作出具有专业水准的作品。

2. combustion

combustion 是 Discreet 基于其 PC 和 MAC 平台上的 Effect 和 Paint 经过大量的改进产生的，在 PC 平台占有重要的地位，如图 1-26 所示。它具有极为强大的后期合成和创作能力，一问世就受到业界的高度评价。combustion 为用户提供了一个完善的设计方案，包括动画、合成和创造具有想象力的图像。combustion 可以同 Discreet 的其他特效系统结合工作，可以和 Inferno、Flame、Flint、Fire、Smoke 等共享抠像、色彩校正、运动跟踪参数。

3. Digital Fusion/MAYA Fusion

Digital Fusion/MAYA Fusion 是由加拿大 Eyeon 公司开发的基于 PC 平台的专业软件，如图 1-27 所示。而 Maya Fusion 则是 Alias Wavefront 公司在 PC 平台上推出著名的三维动画软件 Maya 时，没同时把自己开发的 Composer 合成软件移植到 PC 上，而是选择了与 Eyeon 合作，使用 Digital Fusion 作为与 Maya 配套的合成软件。Digital Fusion/MAYA Fusion 采用面向流程的操作方式，提供了具有专业水准的校色、抠像、跟踪、通道处理等工具，具有 16 位颜色深度、色彩查找表、场处理、胶片颗粒匹配、网络生成等一般只有大型软件才有的功能。

图1-26　combustion软件

图1-27　Digital Fusion软件

1.5.4　其他软件

1. Premiere

非线性编辑软件 Adobe Premiere 可以花费更少的时间得到更多的编辑功能。Adobe Premiere 重在操作性，功能扩展的升级表明了新兴非线性编辑软件给其的强大压力，如图 1-28 所示。

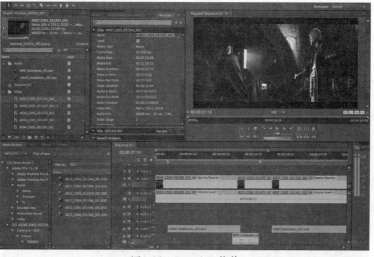
图1-28　Premiere软件

013

影视特效高手

2. Inferon/Flame/Flint

Inferon/Flame/Flint 是加拿大的 Discreet LOGIC 开发的系列合成软件，如图 1-29 所示。该公司一向是数字合成软件业的佼佼者，其主打产品就是运行在 SGI 平台上的 Inferon/Flame/Flint 软件系列，这三种软件分别是这个系列的高档、中档、低档产品。Inferno 运行在多 CPU 的超级图形工作站 ONYX 上，一直是高档电影特技制作的主要工具；Flame 运行在高档图形工作站 OCTANE 上，既可以制作 35cm 电影特技，也可以满足从高清晰度电视（HDTV）到普通视频等多种节目的制作需求；Flint 可以运行在 OCTANE、O2、Impact 等多个型号的工作站上，主要用于电视节目的制作。尽管这三种软件的规模、支持硬件和处理能力有很大区别，但功能相当类似，他们都互有非常强大的合成功能、完善的绘图功能和一定的非线性编辑功能。在合成方方面，他们以 Action 功能为核心，提供一种面向层的合成方式，用户可以

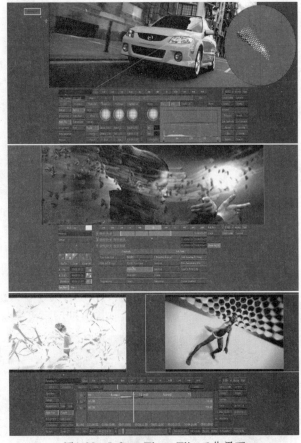

图1-29　Inferon/Flame/Flint工作界面

在真正的三维空间操纵各层画面，可以调用校色、抠像、追踪、稳定、变形等大量合成特效。

3. Edit/Effect/Paint

Edit/Effect/Paint 是 Discreet LOGIC 公司在 PC 平台上推出的系列软件，其中 Edit 是专业的非线性编辑软件，配合 Digi Suite 或 Targa 系列的高端视频采集卡。Effect 则是基于层的合成软件，它有类似于 Inferon/Flame/Flint 的 Action 模块，可以为各层画面设置运动、进行校色、抠像、追踪等操作，也可以设置灯光。Effect 的一大优点在于可以直接利用为 Adobe After effect 设计的各类滤镜，大大补充了 Effect 的功能。由于 Autodesk 成为 Discreet LOGIC 的母公司，Effect 特别强调与 3ds max 的协作，这点对许多以 3ds max 为主要三维软件的制作机构和爱好者而言特别具有吸引力。Paint 是一个绘图软件，相当于 Inferon/Flame/Flint 软件的绘图模块。利用这个软件，可以对活动的画面方便地进行修饰。它基于矢量的特性可以很方便地对画笔设置动画，满足动画的绘制需求。这个软件小巧精干，功能强大，是 PC 平台上的优秀软件，也是其他合成软件必备的补充工具。Discreet LOGIC 公司通过让这三个软件相互配合，比如使用 Effect 和 Paint 对镜头进行绘制和合成，可以大大提高工作效率，这也是此软件成为 PC 平台上最具竞争力的后期制作解决方案之一。

4. 5D Cyborg

5D Cyborg 是一款高级特效后期制作合成软件，它有先进的工作流程、界面操作模式及高速

运算能力；能对不同的解析度、位深度及帧速率的影像进行合成编辑，甚至2K解析度的影像也能进行实时播放，如图1-30所示。5D Cyborg可以应用于电影、标准清晰度影像（SD）及高清晰度(HD)影像的合成制作，能大大提高后期制作的工作效率。它不仅有基本的色彩修正、抠像、追踪、彩笔、时间线、变形等功能，还有超过200种的特技效果。5D Cyborg中包括了很多特效工具，可以应用在场景和目标物体的合成过程中。可以通过输入3D物质的质地数据和坐标方式达到最后的合成。在交互式的3D合成环境中，可以随意更换贴图、进行3D变形，达到满意的效果。

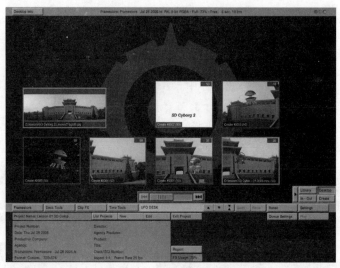

图1-30   5D Cyborg工作界面

5. Shake

Shake也是比较有前途的后期合成软件，它的功能强大，同时还有许多自己的特色，如图1-31所示。该软件现已被苹果公司收购，同Digital Fusion、MAYA Fusion一样采用面向流程的操作方式，提供了具有专业水准的校色、抠像、跟踪、通道处理等工具。

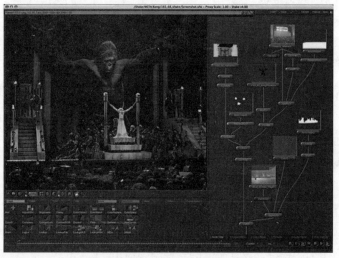

图1-31   Shake工作界面

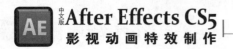

6. Commotion

Commotion 是由 Pinnacle 公司出品的一款基于 PC 和 MAC 平台的后期合成软件。Commotion 在国内的用户较少，但是功能非常强，拥有极其出色的性能。由于 Pinnacle 公司是一家硬件板卡设计公司，所以其硬件支持能力也极强。Commotion 与 After Effects 极其相似。同时它也具有非常强大的绘图功能。可以定制多种多样的笔触，并且能够记录笔触动画。这又使它非常类似于 Photoshop 和 Illustrator。

7. Edius

Edius 是日本 Canopus 公司的优秀非线性编辑软件，它专为广播和后期制作环境而设计，特别针对新闻记者、无带化视频制作和存储。Edius 拥有完善的基于文件工作流程，提供了实时、多轨道、多格式混编、合成、色键、字幕和时间线输出功能，如图 1-32 所示。

在众多 PC 和 MAC 平台后期合成软件中，After Effects 既借鉴了 Premiere 的界面和功能等优点，还可以和 Photoshop、Illustrator 共享参数，可以说是 PC 和 MAC 平台最有竞争力的后期合成软件。在电影和电视领域的后期特效合成制作中，使用 After Effects 可以使视觉效果更加丰富多彩，如图 1-33 所示。

图1-32　EDIUS工作界面

图1-33　电影和电视领域

▷ 1.6　本章小结

通过相对低廉的 PC 和 MAC 平台，加上强大的 After Effects 后期合成软件，同样能制作出影视大片似的作品。那还等什么，马上开始体验 After Effects 的神奇之旅吧！

▷ 1.7　习题

1. 影视特效设计与制作都包含哪些行业和种类？
2. 常用的 PAL 制式视频分辨率与帧数有哪些？
3. 视频压缩的目的是什么？
4. 列举 3 款以上为影视特效设计服务的软件与其作用。

第2章 After Effects CS5快速入门

> 本章主要对After Effects CS5的简介、软件安装、界面布局、新特性概述、工作流程、支持文件格式、输出设置和渲染顺序进行讲解，引领读者快速入门。

　　After Effects 是美国 Adobe 公司出品的一款基于 PC 和 MAC 平台的特效合成软件，也是最早出现在 PC 平台上的特效合成软件，具有强大的功能和低廉的价格，在中国拥有最广泛的用户群，国内大部分从事特效合成工作的人员，都是从该软件起步的。

2.1　After Effects CS5简介

　　Adobe 公司最新推出的 After Effects CS5 提供了高效、精确的多样工具，可以帮助人们创建引人注目的动画效果和一鸣惊人的视觉特效。它是一款灵活的 2D 和 3D 后期合成软件，包含了上百种特效和预置的动画效果，在电影、电视、Web 的动画图像和视觉特效方面设立了新标准。After Effects CS5 提供了与 Premiere、Encore、Audition、Photoshop 和 Illustrator 软件无与伦比的集成功能，提供以创新的方式应对生产挑战并交付高品质成品所需的速度、准确度和强大功能。After Effects CS5 的启动画面如图 2-1 所示。

图2-1　启动画面

2.2　软件安装

01 执行 After Effects CS5 的 Setup（安装）文件，系统将弹出 Adobe 公司的安装程序，在初始化安装程序时需关闭 Adobe 公司的其他软件，例如 Photoshop、Illustrator、Premiere 等，确保安装程序可以正确进行，如图 2-2 所示。

图2-2　初始化安装程序

02 执行完初始化安装程序后，将弹出"欢迎使用"面板，其中对 Adobe 公司的软件许可协议进行了介绍，预览软件许可协议后执行"接受"按钮继续安装，如图 2-3 所示。

03 在"序列号"面板中可以选择销售商提供的序列号码和暂时试用两种方式，如果选择以试用版的形式进行安装可以免费使用 30 日，如图 2-4 所示。

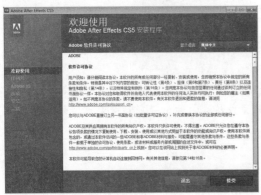

图2-3 欢迎使用面板　　　　　　　　　　　　　　图2-4 序列号面板

04 在输入序列号后，系统将切换至"安装选项"面板，在其中可以对 After Effects CS5 的安装位置和所有组件进行选择安装，然后执行"安装"按钮进行下一部分的软件安装操作，如图2-5所示。

05 系统在"安装进度"面板中将显示当前 After Effects CS5 的软件安装进度和剩余时间，如图 2-6 所示。

图2-5 安装选项面板　　　　　　　　　　　　　图2-6 安装进度面板

06 安装进度达到100%后将弹出"完成"面板，可以单击"观看视频教程"按钮进行网络多媒体的帮助，也可以执行"完成"按钮结束当前的操作，如图 2-7 所示。

07 安装完成后，可以在系统桌面双击执行 After Effects CS5 的启动图标进入软件，如图 2-8 所示。

图2-7 完成面板　　　　　　　　　　　　　图2-8 启动图标

08 启动 After Effects CS5 软件后，将弹出 Warning（警告）对话框，提示由于系统中缺少 Quick Time 播放器而无法使用 MOV 格式的多媒体文件，在正确安装 Quick Time 播放器后此对话框将不再提示，如图 2-9 所示。

09 在"欢迎使用 Adobe After Effects"面板中可以显示最近使用的项目记录，在面板的右侧区域将对软件自身的功能进行"每日提示"，在面板的左下侧区域可以快速执行打开与新建项目等操作，如果不希望每次启动软件都自动弹出"欢迎使用 Adobe After Effects"面板，可以在此面板的最左下角区域将"在启动时显示"项目关闭，如图 2-10 所示。

图2-9　警告对话框

图2-10　欢迎使用面板

10 软件启动后，默认的界面风格为暗色系列，为了便于识别和书籍印刷的清晰度，在菜单栏中选择【编辑】→【首选项】→【用户界面颜色】命令，自定义 After Effects CS5 的用户界面颜色，如图 2-11 所示。

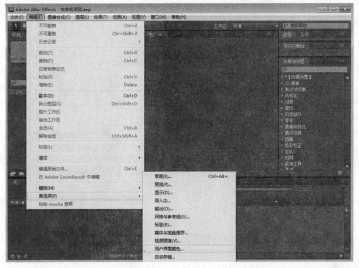

图2-11　用户界面颜色

11 进入"首选项"面板后，左右拖曳亮度栏的滑块，After Effects CS5 的用户界面颜色将产生深浅变化，如图 2-12 所示。

12 设置浅色调风格的 After Effects CS5 用户界面，如图 2-13 所示。

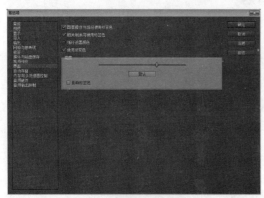

图2-12　拖曳亮度滑块

图2-13　浅色调用户界面

2.3　界面布局

After Effects CS5 具有全新设计的流线型工作界面，布局合理并且界面元素可以随意组合，在大大提高使用效率的同时，还增加了许多人性化功能，如图 2-14 所示。

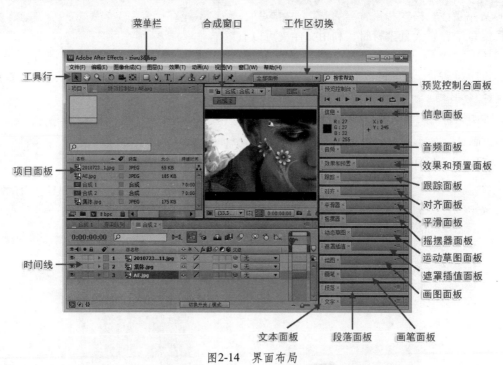

图2-14　界面布局

2.3.1　菜单栏

After Effects CS5 提供了 9 项菜单，分别为文件、编辑、图像合成、图层、效果、动画、视图、窗口和帮助，如图 2-15 所示。

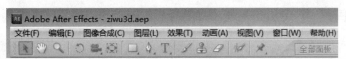

图2-15 菜单栏

▶ 2.3.2 工具栏

After Effects CS5 的工具栏中提供了一些常用的操作工具，包括 选择工具、 平移工具、 缩放工具、 旋转工具、 轨迹相机工具、 移动工具、 遮罩工具、 钢笔工具、 T 文本工具、 画笔工具、 图章工具、 橡皮工具、 罗托笔刷、 人偶工具，可以直接通过单击按钮来完成相应的命令操作，如图 2-16 所示。

图2-16 工具栏

▶ 2.3.3 项目窗口

After Effects CS5 的项目窗口可以将参与合成的素材存储在该窗口中，并且显示每个素材的文件名称、格式和尺寸等信息，还可以对引入的素材进行查找、替换和删除等操作。当项目窗口中存有大量素材时，利用文件夹可以有效地对素材进行组织和管理操作，如图 2-17 所示。

▶ 2.3.4 合成窗口

合成窗口可以直接显示出素材组合和特效处理后的合成画面。该窗口不仅具有预览功能，还具有控制、操作、管理素材、缩放窗口比例、当前时间、分辨率、图层线框、3D 视图模式和标尺等操作功能，是 After Effects CS5 中非常重要的工作窗口，如图 2-18 所示。

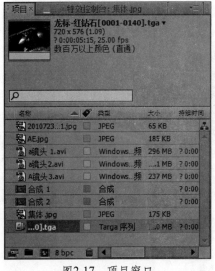

图2-17 项目窗口

图2-18 合成窗口

▶ 2.3.5 时间线

　　时间线面板可以精确设置在合成中各种素材的位置、时间、特效和属性等，时间线采用层的方式来进行影片的合成，还可以对层进行顺序和关键帧动画的操作，如图 2-19 所示。

图2-19　时间线面板

▶ 2.3.6 工作区切换

　　工作区切换可以快速设置 After Effects CS5 的界面分布类型，包括全部面板、动态跟踪、动画、文字、标准、浮动面板、特效、简约、绘图、新建工作区、删除工作区及重置，如图 2-20 所示。

▶ 2.3.7 预览控制台面板

　　预览控制台面板是控制影片播放或寻找画面的工具。 控制影片跳至第一帧画面， 控制影片倒退一帧， 控制观看预览播放画面， 控制影片前进一帧， 控制影片跳至最后一帧画面， 控制打开或关闭音频， 控制循环播放画面， 采用 RAM 内存方式预览，如图 2-21 所示。

▶ 2.3.8 信息面板

　　信息面板可以显示影片像素的颜色、透明度、坐标，还可以在渲染影片时显示渲染提示信息、上下文的相关帮助提示等。当拖曳图层时，还会显示图层的名称、图层轴心及拖曳产生的位移等信息，如图 2-22 所示。

图2-20　工作区切换

图2-21　预览控制台面板

图2-22　信息面板

▶ 2.3.9 音频面板

　　音频面板显示播放影片时的音量级别，还可以调节左右声道的音量，如图 2-23 所示。

2.3.10 效果和预置面板

效果和预置面板可以快速地在视频编辑过程中运用各种滤镜产生非同凡响的特殊效果，根据各滤镜的功能共分成20种类型，针对不同类型的素材和需要的效果，可以对任意层施加不同的滤镜，如图2-24所示。

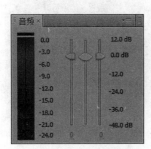

图2-23 音频面板

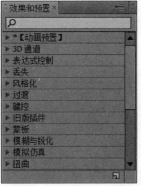

图2-24 效果和预置面板

2.3.11 跟踪面板

跟踪面板是对某物体跟踪另外的运动物体，产生运动过程的控制，从而会产生一种跟随的动画效果。在跟踪控制面板可以创建轨迹、设定源、目标层、设置跟踪类型和解析方式来完成运动跟踪操作，系统会依据运动跟踪结果自动建立相应关键帧，如图2-25所示。

2.3.12 对齐面板

对齐面板是沿水平轴或垂直轴来均匀排列当前层，图层对齐栏中提供了 水平左侧对齐、 水平中心对齐、 水平右侧对齐、 垂直顶部对齐、 垂直中心对齐、 垂直底部对齐，图层分布栏中提供了 垂直顶部分布、 垂直中心分布、 垂直底部分布、 水平左侧分布、 水平中心分布及 水平右侧分布，如图2-26所示。

图2-25 跟踪面板

图2-26 对齐面板

2.3.13 平滑器面板

平滑器面板可以添加关键帧或删除多余的关键帧，平滑临近曲线时可以对每个关键帧应用贝赛尔插入。平滑由运动拟订或运动学生成的曲线中产生的多余关键帧，以消除关键帧跳跃的

023

影视特效高手

現象，如图 2-27 所示。

2.3.14 摇摆器面板

摇摆器面板可以对任何依据时间变化的属性增加随意性，通过属性增加关键帧或在现有的关键帧中进行随机差值，使原来的属性值产生一定的偏差，最终产生随机的运动效果，如图 2-28 所示。

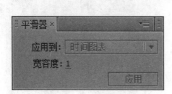

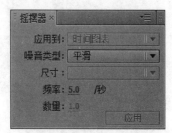

图2-27 平滑器面板　　　　　图2-28 摇摆器面板

2.3.15 动态草图

动态草图面板对当前层进行拖曳操作时，系统会自动对层设置相应的位置关键帧，层将根据鼠标运动的快慢沿鼠标路径进行移动，并且该功能不会影响层的其他属性中所设置的关键帧，如图 2-29 所示。

2.3.16 遮罩插值面板

遮罩插值面板可以建立平滑的遮罩变形运动，将遮罩形状的变化创建平滑的动画，从而使遮罩的形状变化更加接近现实，如图 2-30 所示。

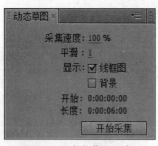

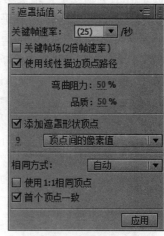

图2-29 动态草图面板　　　　　图2-30 遮罩插值面板

2.3.17 绘图面板

绘图面板用于画笔的绘制，其中提供绘画使用的颜色、透明度、模式和颜色通道进行修改，如图 2-31 所示。

▶ 2.3.18 画笔面板

画笔面板可以设置笔画、层前景色及其他笔画的混合模式，修改它们的相互影响方式，还可以设置笔刷类型、笔刷颜色、指定笔刷不透明度、墨水流量等，如图 2-32 所示。

图2-31 绘图面板

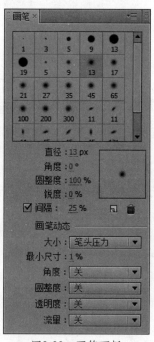

图2-32 画笔面板

▶ 2.3.19 段落面板

段落面板可以对文本层中一段、多段或所有段落进行调整、缩进、对齐或间距等操作，如图 2-33 所示。

▶ 2.3.20 文字面板

文字面板对文本的字体进行设置，其中包括字体类型、字号大小、字符间距或文本颜色等操作，如图 2-34 所示。

图2-33 段落面板

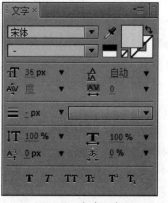

图2-34 文字面板

2.4　工作流程

在启动 After Effects CS5 后将自动建立一个项目，然后新建合成、导入素材、增加特效、文字输入、动画记录和输出渲染，这是合成影片的基本制作流程。

2.4.1　新建合成

在 After Effects CS5 中可以建立多个合成文件，而每一个合成文件又有其独立的名称、时间、制式和尺寸，合成文件也可以当作素材在其他的合成文件中继续编辑操作。可以在菜单栏中通过选择【图像合成】→【新建合成组】命令新建合成文件，也可以在项目窗口单击██图标或直接使用快捷键【Ctrl+N】建立合成文件，如图 2-35 所示。弹出的"图像合成设置"对话框如图 2-36 所示。

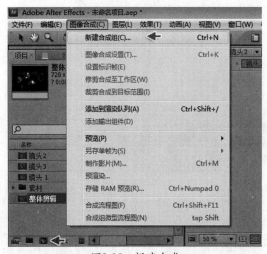
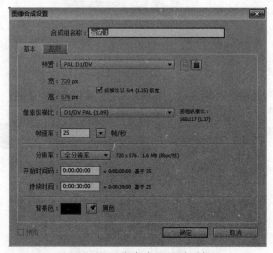

图2-35　新建合成　　　　　　　　　　　　　图2-36　图像合成设置对话框

- 【合成组名称】：默认名称为"合成"，也可以修改为中 / 英文字符的任何名称。
- 【预置】：提供了 NTSC 和 PAL 制式的电视、高清晰、胶片等常用影片格式，还可以选择自定义影片格式。
- 【宽 / 高】：设置合成影片大小的分辨率，支持从 4 到 30000 像素的帧尺寸。
- 【像素纵横比】：设置合成影片的像素宽 / 高比率。
- 【帧速率】：设置合成影片每秒钟的帧数。
- 【分辨率】：决定影片像素的清晰质量，包括全分辨率、1/2、1/3、1/4 和自定义。
- 【开始时间码】：设置合成影片的起始时间位置。
- 【持续时间】：设置合成影片的时间长度。

2.4.2　导入素材

导入素材是指把各方的素材导入 After Effects CS5 中，导入的方式是多种多样的。

方法 1：在菜单中通过选择【文件】→【导入】→【文件】命令导入素材。

方法 2：在项目窗口中通过双击鼠标右键并从弹出的菜单中选择【导入】→【文件】命令导入。

方法3：在菜单中通过选择【文件】→【浏览模板】命令导入素材。

方法4：在项目窗口中双击鼠标左键导入，如图2-37所示。

图2-37　导入素材

▶ 2.4.3　增加特效

在 After Effects CS5 中，可以根据个人的喜好增加特效。可以从"效果"菜单中选择特效，也可以在准备增加特效的素材层上单击鼠标右键，在弹出的快捷菜单中选择"效果"命令，或者从"效果"面板直接输入特效名称进行特效的增加，如图2-38所示。

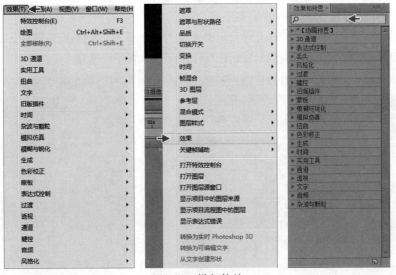

图2-38　增加特效

027

影视特效高手

▶ 2.4.4 文字输入

After Effects CS5 的文字输入功能非常灵活，可以先新建立一个固态层，然后加入文字特效输入文字，还可以直接建立 Text 文本层输入文字。或者直接使用 **T** 文本工具在显示窗单击文字输入的位置，After Effects 会自动建立一个 Text 文本层并显示文字输入光标，可以用文字编辑窗口修改输入文字的各项设置，如图 2-39 所示。

图2-39　文字输入

▶ 2.4.5 动画记录

动画记录是 After Effects CS5 中非常重要的一个制作环节。在首次制作动画时，可以单击时间线窗口中的 ⏱ 小码表图标，创建一个关键帧。如果想在其他位置继续创建关键帧，可以在小码表图标的前方空白处单击鼠标左键，使其变成 ◆ 菱形图标，这样可以再创建一个关键帧，如图 2-40 所示。

特效的动画记录也是通过小码表的图标来完成的。如果开启 ⏱ 小码表图标，以后再对参数操作，计算机会自动继续增加关键帧，如图 2-41 所示。

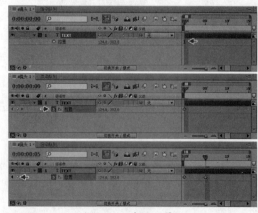

图2-40　动画记录

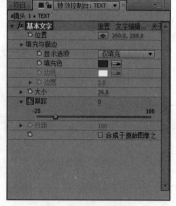

图2-41　特效的动画记录

2.4.6　渲染操作

如果想把制作完成的动画转换成影片或其他文件，必须在渲染输出"合成组"文件的过程中完成。在菜单中选择【图像合成】→【制作影片】命令，也可以直接使用快捷键"Ctrl+M"进行渲染输出操作。在"输出组件"栏中可以设置格式、输出样式、颜色和压缩等选项，"输出到"栏则用于设置输出文件的位置和名称，如图 2-42 所示。

图2-42　输出渲染

2.5　支持文件格式

After Effects 支持渲染所需的动画格式、图像格式、音频格式，方便不同媒体设备的播出与预览。

2.5.1　动画格式

1. AVI

AVI（Audio Video Interleaved）是由 Microsoft 公司开发的一种音频与视频文件格式，AVI格式可以将视频和音频交错在一起同步播放。由于 AVI 文件没有限定压缩的标准，所以不同压缩编码标准生成的 AVI 文件不具有兼容性，必须使用相应的解压缩算法才能播放。常见的视频编码有 None、DV PAL、Microsoft Video、Intel Video、Divx 等，不同的视频编码不只影响影片质量，还会影响文件的大小容量，如图 2-43 所示。

2. MPEG

MPEG（Moving Pictures Experts Group）是运动图像压缩算法的国际标准，几乎所有的计算机平台都支持它。MPEG 有统一的标准格式，兼容性相当好。MPEG 标准包括 MPEG 视频、

MPEG 音频和 MPEG 系统（视、音频同步）三个部分。如常用的 MP3 就是 MPEG 音频的应用，另外 VCD、SVCD、DVD 采用的也是 MPEG 技术，网络上常用的 MPEG-4 也采用了 MPEG 压缩技术。

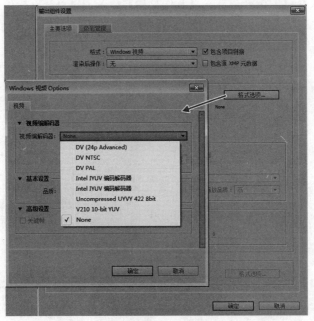

图2-43　AVI格式的压缩设置

3. MOV

MOV 格式是 Apple 公司开发的一种音频、视频文件格式，可以跨平台使用，还可以做成互动形式，在影视非线性编辑领域是常用的文件格式标准。可以选择压缩的算法，调解影片输出算法的压缩质量和帧容量，如图 2-44 所示。

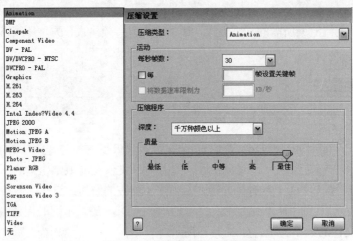

图2-44　MOV格式的压缩设置

4. RM

RM 格式是 Real Networks 公司开发的视频文件格式，其特点是在数据传输过程中可以边下载边播放，时效性比较强，在 Internet 上有着广泛的应用。

5. ASF

ASF（Advanced Streaming Format）是由 Microsoft 公司推出的在 Internet 上实时播放的多媒体影像技术标准。ASF 支持回放，具有扩充媒体播放类型等功能，使用了 MPEG-4 压缩算法，压缩率和图像的质量都很高。

6. FIC

FIC 格式是 Autodesk 公司推出的动画文件格式，FIC 格式是由早期 FLI 格式演变而来的，它是 8 位的动画文件，可以任意设定尺寸大小。

▶ 2.5.2 图像格式

1. GIF

GIF（Graphics Interchange Format）是 CompuServe 公司开发的压缩 8 位图像的文件格式，支持图像透明的同时还采用无失真压缩技术，多用于网页制作和网络传输。

2. JPEG

JPEG（Joint Photographic Experts Group）是由静止图像压缩编码技术而形成的一类图像文件格式，是目前网络上应用最广的图像格式，支持不同程度的压缩比。

3. BMP

BMP 格式最初是 Windows 操作系统的画笔所使用的图像格式，现在已经被多种图形图像处理软件所支持使用。它是位图格式，并有单色位图、16 色位图、256 色位图、24 位真彩色位图等几种。

4. PSD

PSD 格式是 Adobe 公司开发的图像处理软件 Photoshop 所使用的图像格式，它能保留 Photoshop 制作过程中各图层的图像信息，越来越多的图像处理软件开始支持这种文件格式。

5. FLM

FLM 格式是 Premiere 输出的一种图像格式。Adobe Premiere 将视频片段输出成序列帧图像，每帧的左下角为时间编码，以 SMPTE 时间编码标准显示，右下角为帧编号，可以在 Photoshop 软件中对其进行处理。

6. TGA

TGA 是由 Truevision 公司开发用来存储彩色图像的文件格式。TGA 格式主要用于计算机生成的数字图像向电视图像的转换。TGA 文件格式被国际上的图形、图像行业所广泛接受，成为数字化图像以及光线跟踪和其他应用程序所产生的高质量图像的常用格式。TGA 文件的 32 位真彩色格式在多媒体领域有着很大的影响，因为 32 位真彩色拥有通道信息，如图 2-45 所示。

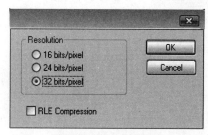

图2-45 TGA格式设置

7. TIFF

TIFF（Tag Image File Format）是 Aldus 和 Microsoft 公司为扫描仪和台式计算机出版软件开发的图像文件格式。它定义了黑白图像、灰度图像和彩色图像的存储格式，与操作系统平台以及软件无关，并且扩展性好。

8. WMF

WMF(Windows Meta File) 是 Windows 图像文件格式，与其他位图格式有着本质的不同，它和 CGM、DXF 类似，是一种以矢量格式存放的文件，矢量图在编辑时可以无限缩放而不影响分辨率。

9. DXF

DXF（Drawing-Exchange Files）是 Autodesk 公司的 AutoCAD 软件所使用的图像文件格式。

10. PIC

PIC（Quick Draw Picture Format）用于 Macintosh Quick Draw 图片的格式。

11. PCX

PCX（PC Paintbrush Images）是 Z-soft 公司为存储画笔软件产生的图像而建立的图像文件格式，是位图文件的标准格式，是一种基于 PC 绘图程序的专用格式。

12. EPS

EPS（PostScript）语言文件格式可以包含矢量和位图图形，几乎支持所有的图形和页面排版程序。EPS 格式应用于程序间传输 PostScript 语言图稿。在 Photoshop 中打开其他程序创建的包含矢量图形的 EPS 文件时，Photoshop 会对此文件进行栅格化，将矢量图形转换为像素。EPS 格式支持多种颜色模式，但不支持 Alpha 通道，还支持剪贴路径。

13. SGI

SGI（SGI Sequence）输出的是基于 SGI 平台的文件格式，可以用于 After Effects 与其 SGI 上的高端产品间的文件交互。

14. RLA/RPF

RLA/RPF 是一种可以包括 3D 信息的文件格式，通常用于三维软件在特效合成软件中的后期合成。该格式中可以包括对象的 ID 信息、Z 轴信息、法线信息等。RPF 相对于 RLA 来说，可以包含更多的信息，是一种较先进的文件格式。

▶ 2.5.3 音频文件格式

1. MID

MID 是一种数字合成音乐文件，文件小、易编辑，每一分钟的 MID 音乐文件大约有 5 ～ 10KB 的容量。MID 文件主要用于制作电子贺卡、网页和游戏的背景音乐等，并支持数字合成器与其他设备交换数据。

2. WAV

WAV 是微软推出的具有很高音质的声音文件，由于它不经压缩，文件所占容量较大，每分钟的音频大约需要 10MB 的存储空间。WAV 是刻入 CD-R 之前存储在硬盘上的格式文件。

3. Real Audio

Real Audio 是 Progressive Network 公司推出的文件格式，由于 Real 格式的音频文件压缩比大、音质高、便于网络传输，因此许多音乐网站都会提供 Real 格式试听版本。

4. AIF

AIF（Audio Interchange File Format）是 Apple 公司和 SGI 公司推出的声音文件格式。

5. VOC

VOC 是 Creative Labs 公司开发的声音文件格式，多用于保存 CREATIVE SOUND BLASTEA 系列声卡所采集的声音数据，被 Windows 平台和 DOS 平台所支持。

6. VQF

VQF 是由 NTT 和 Yamaha 共同开发的一种音频压缩技术，音频压缩率比标准的 MPEG 音频压缩率高出近一倍。

7. MP1、MP2、MP3

MP1、MP2、MP3 指的是 MPEG 压缩标准中的声音部分，即 MPEG 音频层。根据压缩质量和编码复杂程度的不同，将之分为三层（MP1、MP2 和 MP3）。MP1 和 MP2 的压缩率分别为 4:1 和 6:1，而 MP3 的压缩率则高达 10:1。MP3 具有较高的压缩比，压缩后的文件在回放时能够达到比较接近原音源的声音效果。

◑ 2.6 输出设置

输出是将创建的项目经过处理与加工后，转化为影片播放格式的过程，一个影片只有输出后才能够被用到各种媒介设备上播放，比如输出为 Windows 通用格式 AVI 压缩视频。可以依据要求输出不同分辨率和规格的视频，也就是常说的 Render（渲染）。

确定制作的影片完成后就可以输出了，在菜单中选择【图像合成】→【制作影片】命令，也可以使用快捷键【Ctrl+M】进行渲染输出操作。可以通过不同的设置将最终影片进行存储，以不同的名称、不同的类型进行保存。

在"渲染队列"控制面板中可以看到渲染信息和渲染进度，还可以设置多个合成组的渲染队列，如图 2-46 所示。

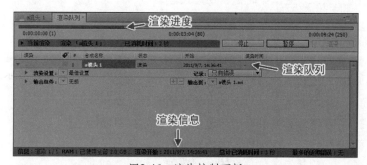

图2-46　渲染控制面板

033

影视特效高手

2.6.1 全部渲染面板

单击"渲染"按钮后，将切换为"暂停"和"停止"按钮，单击"继续"按钮可以继续渲染。

- 【信息】：可以显示当前渲染状态信息，显示当前有多少个合成项目需要渲染，以及当前渲染到第几个项目。
- 【RAM（内存）】：可以显示内存状态。
- 【渲染开始】：可以显示渲染开始的时间。
- 【总计已消耗时间】：能够显示渲染需要耗费的时间。
- 【最多的近期错误】：可以显示渲染文件日志的正确与错误。

2.6.2 当前渲染面板

"当前渲染"窗口中显示当前正在渲染的合成场景进度、正在执行的操作、当前输出路径、文件的大小、预测的文件最终大小和剩余的磁盘空间等信息。

2.6.3 渲染设置

在渲染控制面板中单击"渲染设置"右侧的"最佳设置"命令，在弹出的渲染设置对话框中可以对渲染的质量、分辨率等进行相应的设置，如图 2-47 所示。

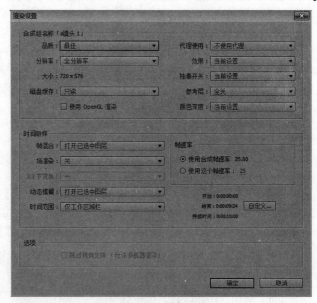

图2-47 渲染设置

- 【品质】：可以设置合成的渲染质量，包括当前设置、最佳、草图和线框模式。
- 【分辨率】：可以设置像素采样质量，包括全分辨率、1/2、1/3、1/4 和自定义质量。
- 【大小】：可以设置渲染影片的尺寸，尺寸在创建合成项目时已经设置完成。
- 【磁盘缓存】：可以设置渲染缓存，可以使用 OpenGL 渲染。
- 【代理使用】：可以设置渲染时是否使用代理。
- 【效果】：可以设置渲染时是否渲染特效。
- 【独奏开关】：可以设置是否渲染 Solo 单独层。
- 【参考层】：可以设置是否渲染参考层。
- 【颜色深度】：可以设置渲染项目的 8 位、16 位、32 位。
- 【帧混合】：可以控制渲染项目中所有层的帧混合设置。
- 【场渲染】：控制渲染时场的设置，包括上场优先和下场优先。
- 【动态模糊】：可以控制渲染项目中所有层的运动模糊设置。
- 【时间范围】：可以控制渲染项目的时间范围，如图 2-48 所示。

图2-48　自定义时间范围

- 【跳过现有文件】：当选择此项时，系统将自动忽略已经渲染过的序列帧图片，此功能主要在网络渲染时使用。

▶ 2.6.4　输出模块设置

在渲染控制面板中单击"输出组件"右面的"无损"压缩命令，会弹出"输出组件设置"对话框，其中包括了视频和音频输出的各种格式、视频压缩等方式，如图2-49所示。

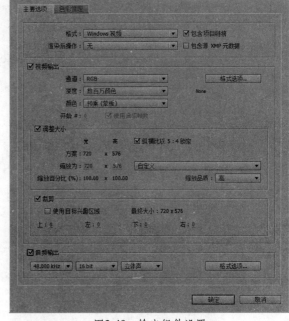

图2-49　输出组件设置

- 【格式】：可以设置输出文件的格式，选择不同的文件格式，系统会显示相应格式的设置。
- 【包含项目链接】：可以设置是否允许在输出的影片中嵌入项目链接。
- 【渲染后操作】：可以设置是否使用渲染完成的文件作为素材或者代理素材。
- 【通道】：可以设置输出的通道，包括 RGB、Alpha 和 Alpha+RGB。
- 【格式选项】：可以设置视频编码的方式。
- 【深度】：可以设置颜色深度。
- 【开始】：可以设置序列图片的文件名序列数。
- 【调整大小】：可以设置画面是否进行拉伸处理。
- 【裁剪】：可以设置是否裁切画面。
- 【音频输出】：可以设置音频的质量，包括赫兹、比特、立体声或单声道。

▶ 2.6.5　输出路径

在渲染队列控制面板中单击"输出到"右侧的文字，会自动弹出"输出影片到"对话框，在对话框中可以定位文件输出的位置和名称，如图 2-50 所示。

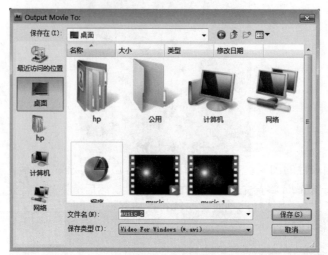

图2-50　输出路径选项

2.7　渲染顺序

After Effects 渲染的顺序将影响最终的输出效果，理解 After Effects 渲染顺序对制作出正确的动画、特效具有非常大的作用。

2.7.1　标准渲染顺序

渲染输出时，如果场景中都是二维图层合成时，After Effects 将根据图层在时间线窗口中排列的顺序进行处理，从最下面的图层开始向上运算渲染，如图 2-51 所示。

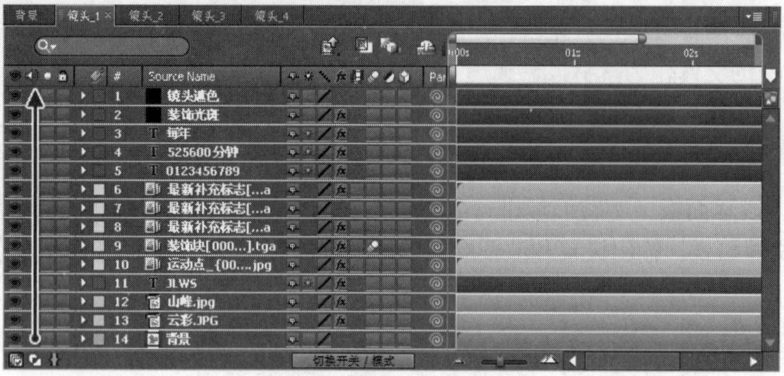

图2-51　场景的渲染顺序

在对各个图层进行渲染时，首先 After Effects 会渲染蒙板，再渲染滤镜特效，然后渲染变换属性，最后才运算图层叠加模式及轨道遮罩。

二维图层和三维图层混合渲染时，首先从最下层开始，依次向最上层进行渲染。当遇到三维图层时，After Effects 会将这些三维图层作为一个独立的组，按照由远及近的渲染顺序进行渲染，处理完这一组三维图层后，再继续向上渲染二维图层。

2.7.2 更改渲染顺序

通过默认的渲染顺序有时并不能达到创作一些特殊视觉效果的目的。例如，创建一张照片旋转并产生投影的效果，可以使用"旋转"图层变换属性配合"阴影"特效命令。

将制作好的场景进行渲染，这时 After Effects 的渲染顺序将会首先运算"阴影"特效命令，然后运算"旋转"属性，这样渲染完成的效果是错误的，如图 2-52 所示。

虽然不能改变 After Effects 默认的渲染顺序，但可以通过其他方法获得需要的渲染顺序。比如，对"调节层"增加滤镜特效命令时，After Effects 首先渲染调整层下面所有图层的所有属性后，再渲染调整层的属性。

在选择带有动画属性的图层，并将其进行"嵌套合层"形成嵌套层后，再为嵌套层增加滤镜特效。这时，After Effects 将首先渲染图层的动画属性，然后渲染滤镜特效，如图 2-53 所示。

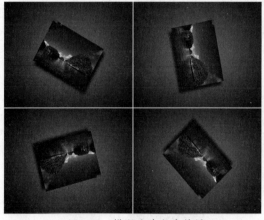
图2-52 错误渲染顺序结果

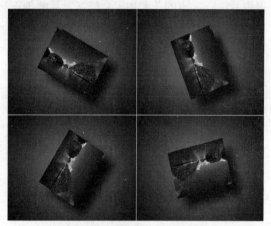
图2-53 正确渲染顺序结果

2.8 本章小结

本章主要引领读者快速认识 After Effects CS4，首先对界面布局的菜单栏、工具栏、项目窗口、合成窗口、时间线、工作界面切换、时间控制面板、信息面板、音频面板、特效预置面板、跟踪控制面板、排列面板、平滑面板、摇摆面板、运动模拟面板、精确蒙板插值面板、绘画面板、笔刷控制面板、段落面板、字符面板进行了讲解，然后对新特性和工作流程进行介绍，再对非常实用的支持文件格式、输出设置和渲染顺序进行讲解，快速地对 After Effects 的工作环境和流程进行掌握。

2.9 习题

1. 简述 After Effects 的开发公司和简介。
2. After Effects CS5 的工作界面有哪些？
3. After Effects CS5 的工作流程是怎样的？

第3章　滤镜效果

> 本章主要对After Effects CS5的滤镜效果、控制面板、应用方式和参数设置进行讲解，帮助读者快速了解及掌握After Effects CS5软件的精髓部分。

After Effects CS5 软件本身自带了许多标准滤镜效果，其中包括 3D 通道、实用工具、扭曲、文字、旧版插件、时间、杂波与颗粒、模拟仿真、模糊与锐化、生产、色彩校正、蒙板、表达式控制、过渡、透视、通道、键控、音频、风格化。除此之外，还可以安装第三方滤镜效果插件，对影片进行丰富的艺术加工来提高影片的画面质量和效果，如图 3-1 所示。

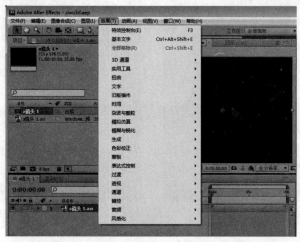

图3-1　滤镜效果位置

3.1　3D通道

3D 通道滤镜可以把三维场景融于二维合成中，并且对三维场景进行修改调整。3D 通道滤镜可以阅读和处理 RPF 附加通道的信息，包括 Z 轴深度、表面标准、目标标识符、结构匹配、背景颜色和素材标识等。可以沿着 Z 轴遮蔽 3D 元素、在 3D 场景中插入其他元素、模糊 3D 场景中区域、隔离 3D 元素、施加深度模糊滤镜和展开 3D 通道信息作为其他滤镜的参数，如图 3-2 所示。

1. 3D通道提取

3D 通道提取滤镜效果可以使灰度图像或多通道颜色图像中的辅助通道可见，可以利用该滤镜的效果层作为其他滤镜的参数，取得 3D 通道文件的 Z 轴深度信息

图3-2　3D通道菜单

或取得通道值生成高亮的遮罩，如图 3-3 所示。3D 通道提取滤镜效果的特效控制面板如图 3-4 所示。

图3-3　3D通道提取效果

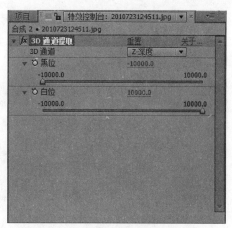

图3-4　3D通道提取特效控制面板

- 【3D 通道提取】：在其下拉菜单中选择不同的 3D 通道类型，从而可以获得 3D 文件中相应的通道信息。
- 【黑位 / 白位】：用于表示 3D 通道图像文件中，在 Z 轴深度通道中指定值之前或之后的图像显示为黑色或白色。利用该参数设置可以显示或隐藏 3D 图像中的内容，并得到基于 3D 通道的丰富变化。

2. EXtractoR提取器

EXtractoR 提取器是 After Effects CS5 新增加的滤镜效果，可以对图像中相应的通道信息进行提取，如图 3-5 所示。EXtractoR 提取器的特效控制面板如图 3-6 所示。在特效控制面板中可以设置 R、G、B 和 Alpha 通道深度，通过 Black Point（黑点）和 White Point（白点）进行设置。

图3-5　EXtractoR提取器效果

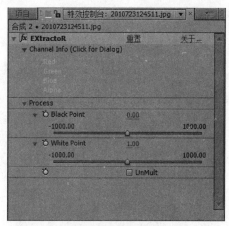

图3-6　EXtractoR提取器特效控制面板

3. ID蒙板

ID 蒙板滤镜效果可以隔离 3D 图像中的组件。许多 3D 程序都使用对象 ID 来标识场景中的每一个组件，After Effects 可以利用这一信息创建一个遮罩，从而遮蔽场景中不需要的物体，如

图 3-7 所示。ID 蒙板特效控制面板如图 3-8 所示。

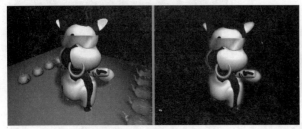
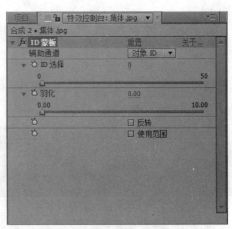

图3-7 ID蒙板效果　　　　　图3-8 ID蒙板特效控制面板

- 【辅助通道】：可以选择使用对象 ID 还是使用材质 ID 来选择场景物体。
- 【ID 选择】：可以利用该 ID 编号选择所需物体。
- 【羽化】：可以设置物体边缘的羽化值。
- 【反转】：可以设置反转当前保留物体以外的物体。
- 【使用范围】：可以删除物体边缘的颜色以创建一个清晰的遮罩。

4. IDentifier标识符

　　IDentifier 标识符是 After Effects CS5 新增加的滤镜效果，可以对图像中相应的 ID 通道信息进行标识，以便得到标识符效果，如图 3-9 所示。IDentifier 标识符特效控制面板如图 3-10 所示。

图3-9 IDentifier标识符效果　　　　图3-10 IDentifier标识符特效控制面板

- 【Channel Info】（通道信息）：可以设置物体 ID 数字。
- 【Display】（显示）：可以选择使用颜色、亮度蒙板、Alpha 蒙板和 Raw 类型显示 ID（号码）。

5. 景深

　　景深滤镜效果可以模拟摄影机在 3D 场景内某个区域内调整焦距效果。通过适当设置，使焦点以外范围产生模糊，得到真实的摄像效果，如图 3-11 所示。景深特效控制面板如图 3-12 所示。

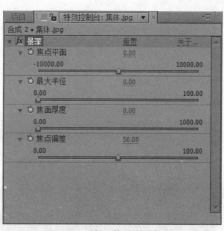

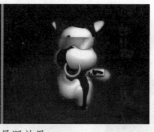

图3-11 景深效果　　　　　　　　　　　　　　　图3-12 景深特效控制面板

- 【焦点平面】：可以在 3D 场景中沿 Z 轴指定一个所需的特殊的距离或平面作为焦点区域。可以通过单击 3D 场景中的不同部分来确定这个距离。
- 【最大半径】：可以设置景深的最大模糊半径。
- 【焦面厚度】：可以设置焦点平面深度。
- 【焦点偏差】：可以设置焦点之外的元素距离焦点的速度。

6. 深度蒙板

深度蒙板滤镜效果可以对 3D 通道图像施加深度遮罩，从而可以沿 Z 轴对其进行切割，通过相应的设置可以得到分割的效果，如图 3-13 所示。深度蒙板特效控制面板如图 3-14 所示。

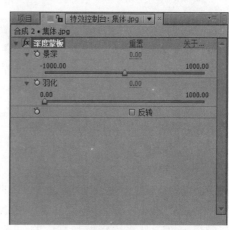

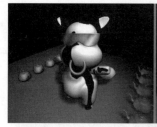

图3-13 深度蒙板效果　　　　　　　　　　　　图3-14 深度蒙板特效控制面板

- 【景深】：可以指定遮罩在 Z 轴分割的作用点位置。
- 【羽化】：可以设置遮罩分割画面后的边缘羽化值。
- 【反转】：可以反转当前遮罩分割的区域。

7. 雾化3D

雾化 3D 滤镜效果可以沿 Z 轴制作出烟雾的模糊效果。通过调节滤镜特效中各项参数设置，得到 3D 场景中远处部分看起来非常朦胧的视觉效果，如图 3-15 所示。雾化 3D 特效控制面板如图 3-16 所示。

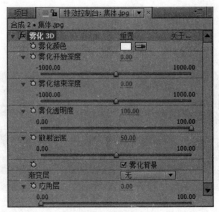

图3-15　雾化3D效果　　　　　　　　　图3-16　雾化3D控制面板

- 【雾化颜色】：可以通过单击颜色块进入拾色器设置雾效的颜色。
- 【雾化开始深度】：可以设置雾效在场景中的开始位置。
- 【雾化结束深度】：可以设置雾效在场景中的结束位置。
- 【雾化透明度】：可以设置雾效的不透明度。
- 【散射密度】：可以设置雾效的密度。
- 【雾化背景】：可以设置是否对背景应用烟雾效果。
- 【渐变层】：可以设置烟雾的渐变层；在下拉列表中列出了合成文件中的所有素材层。
- 【应用层】：可以设置渐变层对烟雾密度的影响度。

3.2　实用工具

实用工具滤镜主要设置素材颜色的输入和输出，其中包括 Cineon 转换、HDR 压缩、HDR 高光压缩、应用颜色 LUT、色彩方案转换、范围扩散，如图 3-17 所示。

1. Cineon转换

Cineon 转换主要应用于标准线性到曲线对变的转换，通过设置 10 位文件来模拟类似胶片颜色深度，从而得到更加宽广的动态范围。特效控制面板中可以根据需要设置转换类型，然后通过对黑色和白色分别进行 10bit（位）颜色深度设置。除此之外，还可以对 Gamma（伽马）和高光滚边调整图像的动态范围，很有效地还原图像，如图 3-18 所示。

2. HDR压缩

HDR 压缩滤镜效果主要应用不支持 HDR

图3-17　实用工具菜单

的工具进行 HDR 影片无损处理，其工作原理是首先压缩 HDR 图像中的高光到 8 位或 16 位文件范围，然后扩展回 32 位的范围，如图 3-19 所示。

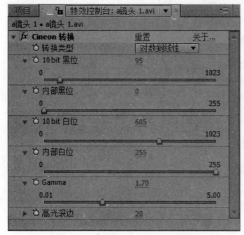

图3-18　转换特效控制面板　　　　图3-19　HDR压缩特效控制面板

3. HDR高光压缩

HDR 高光压缩滤镜效果能够压缩图层画面中的高光区域，而其中的数量值主要控制 HDR 高光压缩的百分比数量，如图 3-20 所示。

4. 色彩方案转换

色彩方案转换滤镜效果可以对图像的彩色轮廓进行转换和匹配，从而控制其他的色调效果。特效控制面板中可以选择输入的色彩空间和输出色彩空间，匹配方式项目可以选择色彩空间基于任何色彩调节，如图 3-21 所示。

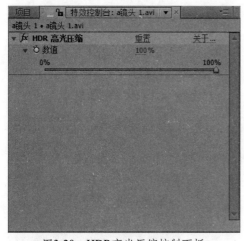
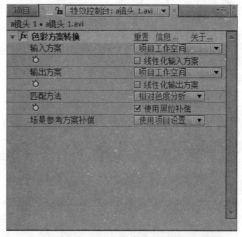

图3-20　HDR高光压缩控制面板　　　　图3-21　色彩方案转换特效控制面板

5. 范围扩散

范围扩散滤镜效果主要用于增加图层中画面周边像素的边缘，其中主要通过调节像素值指定半径内应用的效果，如图 3-22 所示。

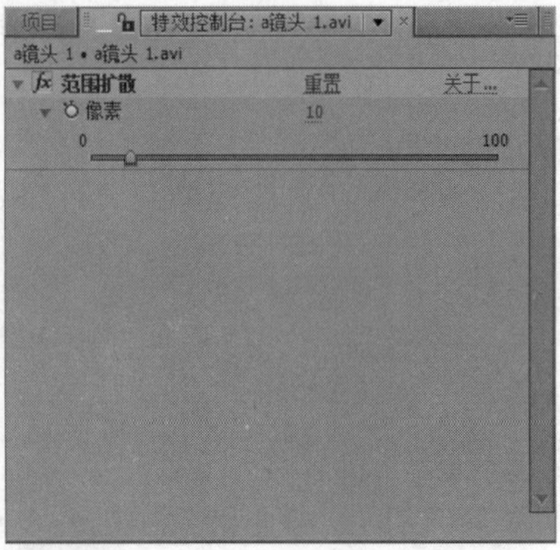

图3-22 范围扩散特效控制面板

3.3 扭曲

扭曲滤镜主要用于对图像进行几何学变形，创造出各种变形效果。该组特效中包括了偏移、光学补偿、变形、变换、弯曲、放大、旋转、极坐标、波形弯曲、波纹、涂抹、液化、球面化、紊乱置换、网格弯曲、置换映射、膨胀、贝塞尔弯曲、边角固定、镜像等多项扭曲滤镜特效，如图3-23所示。

1. 偏移

偏移滤镜效果主要用于在图层的画面上产生将画面从一边偏向另一边的效果，如图3-24所示。偏移特效控制面板如图3-25所示。

- 【中心移位】：用于设置原图像的偏移中心。
- 【与原始图像混合】：控制与原图像混合的程度。

图3-23 扭曲菜单

图3-24 偏移效果

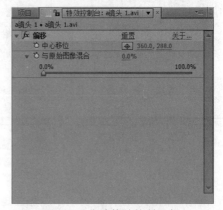

图3-25 偏移特效控制面板

2. 光学补偿

光学补偿滤镜效果用于模拟摄影机的光学透视效果。其中的可视区域（FOV）控制镜头视野的范围，视野方向和视觉中心与传统摄影机的设置完全相同，如图 3-26 所示。

图3-26　光学补偿特效控制面板

3. 变形

变形滤镜效果需要借助多个遮罩控制图像扭曲效果，主要是通过一层中的多个遮罩重新限定图像形状，从而使图像产生变形效果，如图 3-27 所示。变形特效控制面板如图 3-28 所示。

- 【来源遮罩】/【目标遮罩】/【界线遮罩】：控制图像的区域和变形。
- 【百分比】：调节变形的过程。
- 【对应点】：指定来源遮罩和目标遮罩对应点的数量。
- 【插值法】：其中提供了线性、非连续、平滑等选项。

图3-27　变形效果

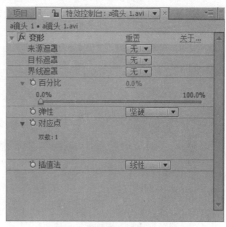

图3-28　变形特效控制面板

4. 变换

变换滤镜效果用于在图像中产生二维的几何变换，从而增加了层的变换属性，如图 3-29 所示。变换特效控制面板如图 3-30 所示。

- 【定位点】/【位置】：主要控制变换轴，其中的缩放项目控制变换的比例。
- 【倾斜】：主要模拟出三维的空间变换。
- 【旋转】：控制变换时的角度。
- 【快门角度】：控制变换时的运动模糊程度。

5. 弯曲

弯曲滤镜效果可以利用拱形、弧形、波形等 15 种规格的几何形类型定制弯曲变形的图像效果，如图 3-31 所示。弯曲特效控制面板如图 3-32 所示。

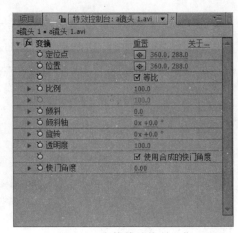

图3-29　变换效果　　　　　　　图3-30　变换特效控制面板

- 【弯曲样式】：可以设置滤镜的弯曲类型。
- 【弯曲轴】：可以设置滤镜弯曲效果的坐标轴。
- 【曲线】：可以控制弯曲效果的曲度大小。
- 【水平扭曲】：可以控制特效在水平方向上的扭曲程度。
- 【垂直扭曲】：可以控制特效在垂直方向上的扭曲程度。

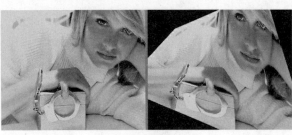

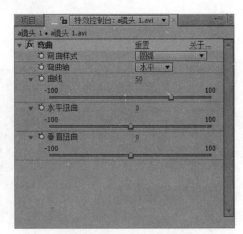

图3-31　弯曲效果　　　　　　　图3-32　弯曲特效控制面板

6. 放大

放大滤镜效果能够将局部区域进行放大，并且能将放大后的画面与应用层模式叠加到原始图像上，适合制作放大镜的效果，如图 3-33 所示。放大特效控制面板如图 3-34 所示。

- 【形状】：可以选择圆和正方形两种放大类型。
- 【中心】：设置放大区域中心的位置。
- 【放大】/【链接】/【尺寸】/【羽化】/【透明度】：分别设置放大区域的倍率、链接、尺寸、边缘羽化、透明度。
- 【混合模式】：与"层"混合模式控制方式相同。

图3-33　放大效果

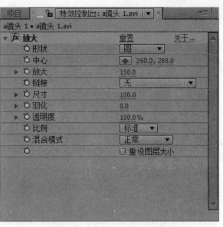
图3-34　放大特效控制面板

7. 旋转

旋转滤镜效果可以通过围绕指定的点渲染图像，从而得到类似漩涡般的效果，如图3-35所示。旋转特效控制面板如图3-36所示。

图3-35　旋转效果

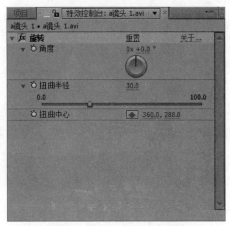
图3-36　旋转特效控制面板

- 【旋转】：可以设置旋转的角度，正值为顺时针，负值为逆时针。
- 【扭曲半径】：调节旋转的区域。
- 【扭曲中心】：设置旋转的中心位置。

8. 极坐标

极坐标滤镜特效是将图像的直角坐标转化为极坐标，以产生扭曲效果，如图3-37所示。极坐标特效控制面板如图3-38所示。

- 【插值】：可设置扭曲程度。
- 【变换类型】：其中有两种变换方式，一种为极线到矩形可将极坐标转化为直角坐标，另一种为矩形到极线可将直角坐标转化为极坐标。

9. 波形弯曲

波形弯曲滤镜效果可以在指定的范围内随机产生弯曲的波浪效果，可以创建多种不同的波形，其中提供了方形波、圆形波等 9 种不同类型的波形，如图 3-39 所示。波形弯曲特效控制面板如图 3-40 所示。

图3-37　极坐标效果

图3-38　极坐标特效控制面板

图3-39　波形弯曲效果

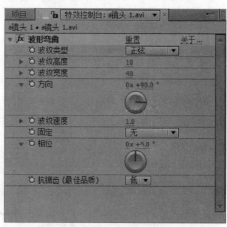

图3-40　波形弯曲控制面板

- 【波纹类型】：可以设置产生波纹的样式。
- 【波纹高度】/【波纹宽度】：可以控制波纹的垂直和水平值。
- 【方向】：可以控制波纹的光影方向。
- 【波纹速度】：可以控制波纹的运动速度。
- 【相位】：用于将波纹效果改变到新的一点，可以在波纹形成过程中的任意一点插入波纹。

10. 波纹

波纹滤镜特效可以使图像产生涟漪效果，在画面中指定一个圆心位置，波纹以圆心向外扩散，如图 3-41 所示。波纹特效控制面板如图 3-42 所示。

- 【半径】：可以控制涟漪波纹的半径，当波纹半径的数值过大时，会影响到图像边缘的形状。
- 【波纹中心】：可以控制波纹的中心位置。
- 【转换类型】：可以控制波纹变化的非对称和对称两种扭曲类型。
- 【波纹速度】：可以控制波纹运动的速度。
- 【波纹宽度】：可以控制波峰与波峰之间的宽度距离。

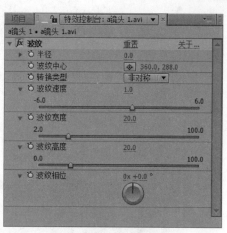

图3-41　波纹效果　　　　　　　图3-42　波纹特效控制面板

- 【波纹高度】：可以控制波纹扭曲的强度。
- 【波纹相位】：可以控制波形相位，可以在涟漪的任意点插入波纹。

11. 涂抹

涂抹滤镜效果可以在图像中定义一个区域，然后移动该区域到一个新的位置，通过定义区域延伸或变形周围的图像。涂抹滤镜效果使用遮罩来控制变形区域，使用该特效的层至少要有两个遮罩来定义变形区域，如图3-43所示。涂抹特效控制面板如图3-44所示。

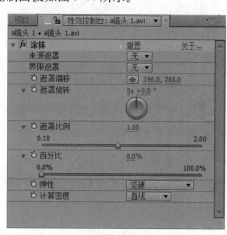

图3-43　涂抹效果　　　　　　　图3-44　涂抹特效控制面板

- 【来源遮罩】：可以指定一个遮罩为源遮罩。
- 【界限遮罩】：可以指定一个遮罩为边界的遮罩。
- 【遮罩偏移】：可以控制偏移遮罩的位置。
- 【遮罩旋转】：可以控制偏移遮罩的旋转角度。
- 【百分比】：可以控制效果实际应用的百分比，当该参数为50%时滤镜效果则执行偏移、旋转和缩放等设置的一半。
- 【计算密度】：可以控制关键帧之间的涂抹特效的内插算法。

12. 液化

液化滤镜效果可以在图像中产生液态变形的效果，其中提供了弯曲、旋转、收缩和膨胀等多项液化方式。通过灵活使用这些液化方式及液化滤镜效果参数,可以随意控制图像扭曲的艺术效果,如图 3-45 所示。液化特效控制面板如图 3-46 所示。

图3-45　液化效果

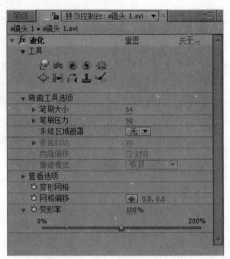

图3-46　液化特效控制面板

- 【工具】:提供了多个不同方式的液化工具,更丰富了液化图像的艺术效果。其中包括 弯曲、 液体、 顺时针旋转、 逆时针旋转、 收缩、 膨胀、 移动像素、 镜像、 复制、 重建等液化工具。
- 【弯曲工具选项】:可以设置被选择的各工具属性。
- 【查看选项】:可以设置滤镜特效的观察方式,在执行过液化的区域会以网格线显示液化状态。
- 【变形网格】:可以设置扭曲变形的动画。
- 【网格偏移】:可以设置网格的偏移量。
- 【变形率】:可以设置变形的百分比数量。

13. 球面化

球面化滤镜特效可使图像产生如同包围到不同半径的球面上的变形效果,如图 3-47 所示。球面化特效控制面板如图 3-48 所示,在其中可以设置球面半径大小和球体的中心位置。

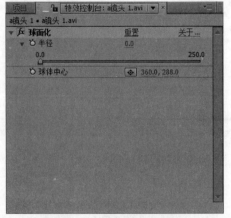

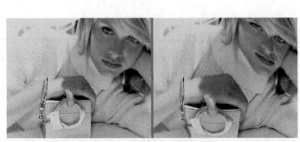

图3-47　球面化效果

图3-48　球面化特效控制面板

14. 紊乱置换

紊乱置换滤镜特效可以为影像产生剧烈的置换效果，该特效在图像上增加分形噪波，然后再进行图像扭曲，如图 3-49 所示。紊乱置换特效控制面板如图 3-50 所示。

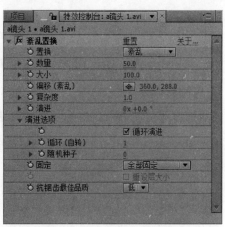

图3-49　紊乱置换效果　　　　　　　　图3-50　紊乱置换特效控制面板

- 【置换】：可以设置图像扭曲变形的类型。
- 【数量】：可以控制图像扭曲变形的位移数量。
- 【大小】：可以控制层中位移或扭曲的半径大小。
- 【偏移】：可以控制不规则图形在视频窗口中的可见部分。
- 【复杂度】：可以控制杂乱的细节水平来控制变形图像的细节精确度。
- 【演进】：可以控制杂乱在时间上的变化。
- 【演进选项】：可以控制该特效演化值的渲染方式。
- 【固定】：可以控制特效锁定图像边缘的方式来保持图像的原始位置不变。
- 【抗锯齿最佳品质】：可以设置扭曲图形的抗锯齿程度。

15. 网格弯曲

网格弯曲滤镜特效在层上使用网格贝塞尔切片控制图像的变形区域，网格越密对图像变化的控制也就越细。也可以使用滤镜特效在多个图像和层之间产生平稳的过渡效果，通过对该特效和层的不透明度设置关键帧，可以在层与层之间制作过渡动画，如图 3-51 所示。网格弯曲特效控制面板如图 3-52 所示。

- 【行】：控制水平方向的网格分配。
- 【列】：控制垂直方向的网格分配。
- 【品质】：可以控制弯曲后的平滑效果。

16. 置换映射

置换映射滤镜特效以指定的层作为置换图，这种由置换图产生变形特技效果可能变化非常大，其变化完全依赖于位移图及选项的设置，可以指定合成文件中任何层作为置换图，效果如图 3-53 所示。置换映射特效控制面板如图 3-54 所示。

- 【映射图层】：可以指定一个层作为置换的层。
- 【使用水平置换】：可以设置水平置换模式的通道。

图3-51　网格弯曲效果

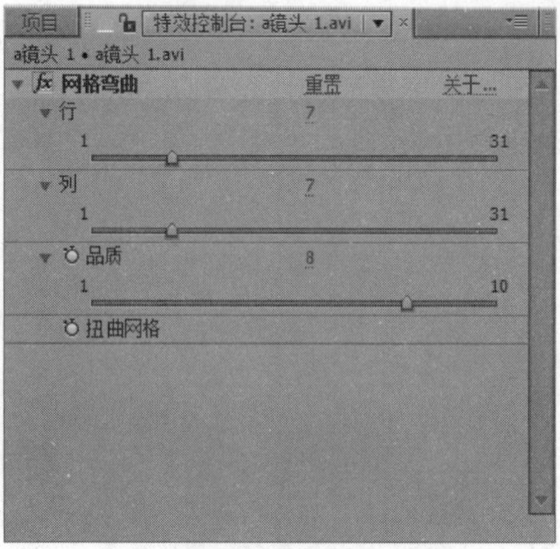

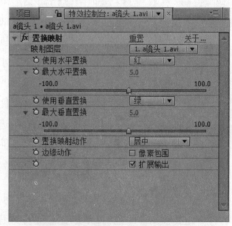

图3-52　网格弯曲特效控制面板

- 【最大水平置换】：可以控制置换层水平位置。
- 【使用垂直置换】：可以设置垂直置换模式的通道。
- 【最大垂直置换】：可以控制置换层垂直位置。
- 【置换映射动作】：可以控制置换层的大小以适应目标层。
- 【边缘动作】：可以控制边缘行为和约束边缘像素。

图3-53　置换映射效果

图3-54　置换映射特效控制面板

17. 膨胀

膨胀滤镜特效以效果点为基准，对指定的效果点周围进行缩放处理，使图像产生凹凸效果，可以利用该特效制作放大镜效果，如图 3-55 所示。膨胀特效控制面板如图 3-56 所示。

- 【水平半径】：可以控制凸起的水平半径的大小。
- 【垂直半径】：可以控制凸起的垂直半径的大小。
- 【凸透中心】：可以控制凸起的中心坐标位置。
- 【凸透高度】：可以控制凸起的高度，正值为向外凸起、负值为向内凹进。
- 【锥化半径】：可以控制锥形半径。
- 【抗锯齿】：可以控制图像的品质程度。
- 【固定所有边缘】：可以防止图像的边界发生扭曲。

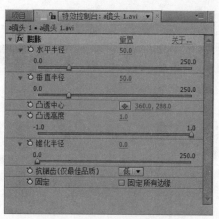

<table>
<tr><td>图3-55　膨胀效果</td><td>图3-56　膨胀特效控制面板</td></tr>
</table>

18. 贝塞尔弯曲

贝塞尔弯曲滤镜特效是在层的边界上沿一条封闭的 Bezier（贝塞尔曲线）改变形状图像。层的四角分别为效果控制点，每一个角有 3 个控制点（一个顶点和两条切线控制点），每个控制点用于控制层的顶点位置，切线用于控制层边缘的曲度。通过调整顶点以及切线，可以改变图像的扭曲程度，对图像进行扭曲变形，可以产生非常平滑的扭曲效果，如图 3-57 所示。贝塞尔弯曲特效控制面板如图 3-58 所示。

- 【上左顶点】/【右上顶点】/【下右顶点】/【左下顶点】：可以调整数值控制各顶点的位置。
- 【上左切线】/【上右切线】/【右上切线】/【右下切线】/【下右切线】/【下左切线】/【左下切线】/【左上切线】：可以调整数值控制各切线点的位置。
- 【品质】：可以控制图像边缘与贝塞尔曲线的接近程度，数值越高图像边缘就越接近贝塞尔曲线。

<table>
<tr><td>图3-57　贝塞尔弯曲效果</td><td>图3-58　贝塞尔特效控制面板</td></tr>
</table>

19. 边角固定

边角固定滤镜效果可改变图层四个角的位置使图像发生变形效果，可根据需要拉伸、收缩、倾斜来定位图像的位置，用来模拟透视效果，如图 3-59 所示。边角固定特效控制面板如图 3-60 所示。分别设置上左、上右、下左和下右 4 个定位点的值，可以重新定位图层 4 个角的不同位置。

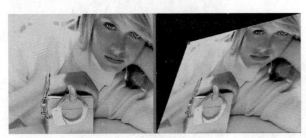

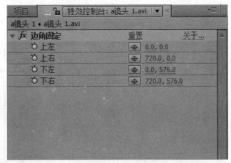

图3-59　边角固定效果

图3-60　边角固定特效控制面板

20. 镜像

镜像滤镜效果可使图像产生对称效果，如图3-61所示。镜像特效控制面板如图3-62所示。

- 【反射中心】：可调节参考线的位置。
- 【反射角度】：设置参考线的倾斜方向。

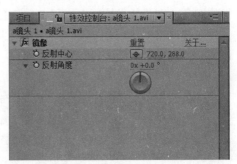

图3-61　镜像效果

图3-62　镜像特效控制面板

3.4　文字

文字滤镜特效可为影片增加时间码和编号效果。时间码的显示可直观展示出当前影片播放的时间位置，编号可对影片进行日期的标注，数字随机显示效果等功能，如图3-63所示。

1. 时间码

时间码滤镜特效可为影片增加时间显示效果，如图3-64所示。时间码特效控制面板如图3-65所示。

- 【显示格式】：可设置电视标准 SMPTE 时：分：秒：帧格式或电影 Frame Number 胶片编号格式。
- 【时间单位】：可设置帧数，应与合成设置一致，如 PAL 制的 25 帧 / 秒。
- 【起始帧】：设置初始数值。
- 【文字位置】：可以设置时间码显示的位置。

图3-63　文字菜单

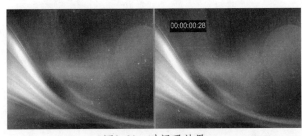

图3-64　时间码效果

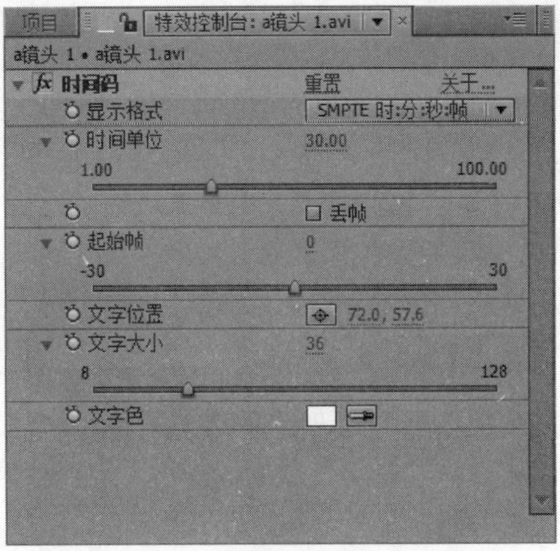

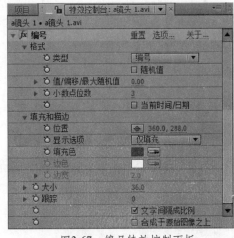

图3-65　时间码特效控制面板

- 【文字大小】：可以设置时间码的尺寸。
- 【文字色】：可以设置时间码的颜色。

2. 编号

编号滤镜特效可产生相关的数字效果，如图 3-66 所示。编号特效控制面板如图 3-67 所示。

图3-66　编号效果

图3-67　编号特效控制面板

影视特效高手

- 【格式】：其中类型可选编号、时间码、日期、时间和十六进制编号。
- 【随机值】：设置数字随机变化效果。
- 【值 / 偏移 / 最大随机值】：设置数字随机离散范围。
- 【小数点位数】：设置数字中小数点的位置。
- 【当前时间 / 日期】：以系统当前的时间及日期显示数字。
- 【填充和描边】：设置数字显示位置及方式，并可设置数字的颜色、描边的颜色、描边的宽度；也可设置数字尺寸大小、字间距离。
- 【文字间隔成比例】：设置数字均匀的间距。
- 【合成于原始图像之上】：是指数字与原图像合成。

🔄 3.5 旧版插件

旧版插件是 After Effect CS4 重新归档的一个特效组，包括基本 3D、基本文字、路径文字和闪电特效，如图 3-68 所示。

图3-68 旧版插件菜单

1. 基本3D

基本 3D（三维）滤镜特效可以在一个虚拟的三维空间中对图像进行巧妙的透视处理，围绕该层的水平或者垂直轴旋转图像，移动图像产生靠近或者远离效果。除此之外，该滤镜特效还可以建立一个能够增强图像表面反射的光源，如图 3-69 所示。基本 3D 特效控制面板如图 3-70 所示。

- 【旋转】：可以设置围绕垂直轴向控制图像水平旋转程度。
- 【倾斜】：可以设置围绕水平轴向控制图像垂直旋转程度。
- 【图像距离】：可以控制图像的远近距离。
- 【镜面高光】：可以控制是否显示镜面的高亮区域。
- 【预览】：可在拖曳预览时只按线框方式显示，可提高响应速度，但只在草稿质量有效，最好质量时这个设置无效。

影视特效高手

图3-69 基本3D效果

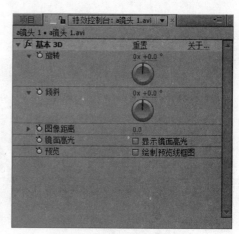

图3-70 基本3D特效控制面板

2. 基本文字

基本文字滤镜特效可在画面上增加基本的文字效果，如图 3-71 所示。基本文字特效控制面板如图 3-72 所示。

- 【位置】：设置文字的显示水平与垂直位置。
- 【填充与描边】：其中的显示选项可设置文字的外观，如只显示面或边，面在边上或边在面上；填充色设置文字的颜色，边色可设置文字描边的颜色，边宽设置文字描边宽度。

图3-71　基本文字效果

图3-72　基本文字特效控制面板

- 【大小】：设置文字尺寸。
- 【跟踪】：设置文字间的距离。
- 【行距】：设置行之间的距离。
- 【合成于原始图像之上】：设置文字与原图像合成，否则背景为黑色。

3. 路径文字

路径文字滤镜特效可使文字沿一条路径运动，并可定义任意直径的圆、直线或Bezier（贝塞尔）曲线作为运动的路径，如图3-73所示。路径文字特效面板如图3-74所示。

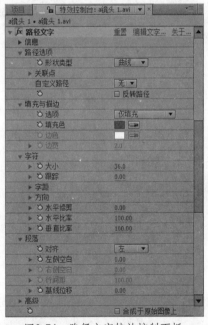

图3-73　路径文字效果

图3-74　路径文字特效控制面板

- 【信息】：可显示当前的字体、文本长度和路径长度的信息。
- 【路径选项】：可设置路径的形状类型，控制点的位置及曲线弧度，自定义路径及反转路径。
- 【填充与描边】：可设置填充方式、填充色、边色及边宽。

- 【字符】：可设置文字的大小、间距、方向、水平倾斜、水平缩放及垂直缩放。
- 【段落】：可设置文字的对齐方式、左右边距、行间距及基线位移。
- 【高级】：可设置显示字符、淡化时间、混合模式及抖动设置。

4. 闪电

闪电滤镜特效可模拟真实的闪电和放电效果，并能自动设置动画。该特效具有更多先进的调节选项，通过适当调整各选项参数可以产生千变万化的闪电效果，如图3-75所示。闪电特效控制面板如图3-76所示。

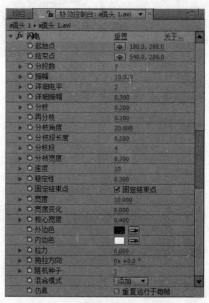

图3-75　闪电效果　　　　　图3-76　闪电特效控制面板

- 【起始点】/【结束点】：可以设置闪电的起始点与结束点。
- 【分段数】：设置闪电的分段数，分段数越多闪电越扭曲。
- 【振幅】：控制闪电的振动范围。
- 【分枝】：可控制闪电的分枝数量、角度、长度、段数及宽度值。
- 【速度】：控制闪电的速度，速度值越大闪电变化得越快。
- 【稳定性】：控制闪电的稳定性，较高的稳定值闪电变化会更剧烈。
- 【外边色】：设置闪电外围颜色。
- 【内边色】：控制闪电内部颜色，也可增加拉力并调节拉力方向。
- 【随机种子】：控制闪电的随机性。
- 【混合模式】：设置闪电与原素材图像的混合方式。

3.6　时间

时间特效用于控制层素材的时间特性，并以层的源素材作为时间基准。该特效使用时会忽略层上使用的其他效果。如果需要对应用过其他效果的层使用时间特效，首先要将这些层重组。该组特效中包括抽帧、拖尾、时间差、时间扭曲及时间置换特效，如图3-77所示。

1. 抽帧

抽帧特效可将影片正常的播放速度调制到新的播放速度，如低于标准速度，画面会产生"跳跃"效果，帧速率可将每秒播放的帧数调节到新的帧数。抽帧特效控制面板如图 3-78 所示。

图3-77　时间菜单

图3-78　滤镜效果控制面板

2. 拖尾

拖尾特效也可称为"画面延续"或"时间延迟"，是指在层的不同时间点上合成关键帧，对前后帧进行混合，创建出拖影或运动模糊的效果。该特效对静态图片不产生效果，如图 3-79 所示。拖尾特效控制面板如图 3-80 所示。

图3-79　拖尾效果

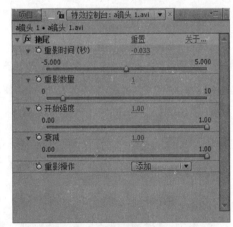

图3-80　拖尾特效控制面板

- 【重影时间】：控制延时图像的产生时间，以秒为单位，正值为之后出现，负值为之前出现。
- 【重影数量】：可以控制特效合并帧的数量。
- 【开始强度】：可以控制在延续画面中的开始帧强度。
- 【衰减】：可以控制延续画面的强度比。
- 【重影操作】：可以设置两个延续画面之间的操作方式。

3. 时间差

时间差特效通过对比两个层之间的像素差异产生特殊效果，并可设置目标层延迟或提前播放。时间差特效控制面板如图 3-81 所示。

- 【目标】：设置目标层。
- 【时间偏移】：以秒为单位设置时间偏移量。
- 【对比度】：控制两个层之间的对比度。
- 【Alpha 通道】：使用 Alpha 通道的混合模式设置。

图3-81　时间差特效控制面板

4. 时间扭曲

时间扭曲特效基于像素运动、帧融合和所有帧进行时间画面扭曲，可使用前几秒的图像或后几秒的图像来显示在当前画面。时间扭曲特效控制面板如图 3-82 所示。

- 【方法】：可选择需要何种方式进行扭曲。
- 【时间调整根据】：可根据速度或来源帧两种类型选择。
- 【调整】：可调节平滑、滤镜方式、精度阈值、块大小及颜色比率。
- 【动态模糊】：设置是否启用模糊效果及快门参数。
- 【蒙板层】/【蒙板通道】：可设置蒙板图层及蒙板通道类型。
- 【显示】：可设置标准、蒙板、前景及背景方式。
- 【素材源裁剪】：可对来源图像进行上下左右的修剪。

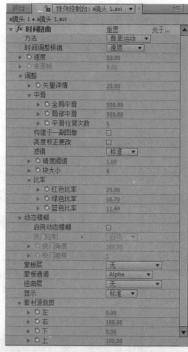

图3-82　时间扭曲特效控制面板

5. 时间置换

时间置换特效通过按时转换像素使影像变形，产生在同一画面反映出运动的全过程效果。该效果使用一个位移贴图，在前层对应于位移图的暗部和明亮区域像素进行处理，替换为临近相同位置的素材，如图 3-83 所示。时间置换特效控制面板如图 3-84 所示。

图3-83　时间置换效果

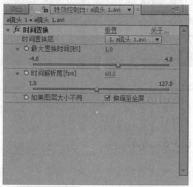

图3-84　时间置换特效控制面板

- 【时间置换层】：可以设置一个时间偏移层。
- 【最大置换时间】：可以控制最大位移量。
- 【时间解析度】：可以控制分辨率的时间。
- 【如果图层大小不同】：可以用于调节层的匹配效果。

3.7 杂波与颗粒

杂波与颗粒特效可以在影片中适当添加杂点及颗粒，从而创建出划痕或者一些比较特殊的纹理效果，是一组非常具有实用价值的特效，尤其是将静态图像与影片合成的时候，往往需要为过分清晰的图像增加一些噪波，或者为一些带有划痕的图像进行噪波清除，使图像得到理想的效果。该组特效中包括 Alpha 杂波、中值、分形杂波、匹配颗粒、杂波、杂波 HLS、添加颗粒、灰尘与刮痕、移除颗粒、紊乱杂波、自动 HLS 杂波，如图 3-85 所示。

1. Alpha 杂波

Alpha 杂波特效可向图像的 Alpha 通道中添加噪点，其特效控制面板如图 3-86 所示。

图3-85 时间菜单

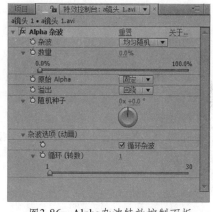

图3-86 Alpha杂波特效控制面板

- 【杂波】：选择形成噪点的方式。
- 【数量】：设置噪点的数量。
- 【原始 Alpha】：设置噪点与原始 Alpha 通道的混合模式。

2. 中值

中值滤镜特效可以设置半径范围内的像素值融合在一起，形成新的像素值来代替原始像素，指定较低数值时，该效果可以用来减少画面中的噪点，指定较高数值时，会产生绘画效果，如图 3-87 所示。中值特效控制面板如图 3-88 所示。

- 【半径】：可以设置周围像素产生融合作用的范围。
- 【在 Alpha 通道上操作】：可以设置是否将效果应用于 Alpha 通道。

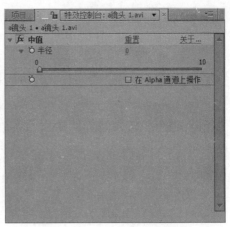

图3-87 中值效果　　　　图3-88 中值特效控制面板

3. 分形杂波

分形杂波滤镜特效可以为影片增加分形噪波，用于创建一些复杂的物体及纹理效果。该滤镜可以模拟自然界真实的烟尘、云雾和流水等多种效果，如图 3-89 所示。分形特效控制面板如图 3-90 所示。

- 【分形类型】：可以设置所需要使用的分形方式。
- 【杂波类型】：可以设置所需要使用的噪点类型。
- 【反转】：可以控制是否反转分形杂波效果。
- 【对比度】：可以控制分形杂波效果的对比度。
- 【亮度】：可控制分形杂波效果的亮度。
- 【溢出】：设置分形杂波的溢出方式。
- 【变换】：设置噪点图案的大小比例、旋转及偏移。
- 【复杂性】：可以控制分形杂波的复杂程度。
- 【附加设置】：对附加影响率、附加的大小比例、旋转及偏移的调节。
- 【演变】：可以控制分形杂波的相位、循环及随机性。

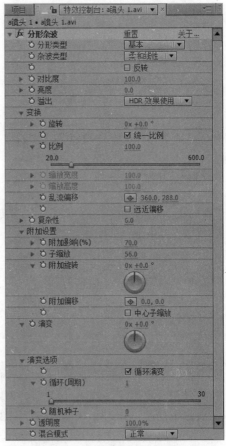

图3-89 分形杂波效果　　　　图3-90 分形杂波特效控制面板

- 【透明度】：可以控制分形杂波的不透明度。
- 【混合模式】：可以控制分形杂波与原始图像的混合模式。

4. 匹配颗粒

匹配颗粒滤镜特效可从一个已经添加噪点颗粒的源图像上读取噪点颗粒信息，添加到本层上，并再次对噪点颗粒进行调整。匹配颗粒特效控制面板如图3-91所示。

- 【视图模式】：可选择观察噪点颗粒的模式。
- 【杂波来源层】：设置作为采样层的源层。
- 【预览区域】：设置显示范围。
- 【补偿现有杂波】：设置补偿数值。
- 【调整】：可设置噪点颗粒、通道的强度、大小等参数。
- 【颜色】：可设置噪点颗粒的颜色、单色或杂色。
- 【效果】：可设置混合模式、明暗及通道平衡。
- 【取样】：可设置取样点、数量、大小、强度及颜色来对源层进行取样。
- 【动画】：可设置噪点颗粒的动画速度、平滑动画及随机性。
- 【与原始图像混合】：可设置数量、颜色匹配及遮罩图层等信息。

5. 杂波

杂波滤镜特效可以为图像增加细小的彩色或单色杂点，以消除图像中明显的阶层感，由于变化比较细微，所以在增加杂点后仍然可以保持图像轮廓的清晰度，如图3-92所示。杂波特效控制面板如图3-93所示。

- 【杂色值】：可以控制杂色的数量，通过随机的置换像素控制杂点的数量。
- 【杂波类型】：可以切换单色或彩色类型。
- 【限幅】：可以决定杂点是否影响色彩像素的出现。

图3-91 匹配颗粒特效控制面板

图3-92 杂波效果

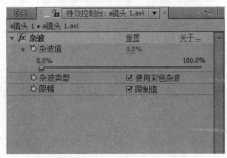

图3-93 杂波特效控制面板

影视特效高手

6. 杂波HLS

杂波 HLS 滤镜特效可对添加的噪点按色相、亮度及饱和度来控制，其特效控制面板如图 3-94 所示。

- 【杂波】：设置噪点产生方式。
- 【色相】：设置噪点在色相中生成的数量。
- 【亮度】：设置噪点在亮度中生成的数量。
- 【饱和度】：设置噪点在饱和度中生成的数量。
- 【颗粒大小】：设置噪点尺寸。
- 【杂波相位】：设置杂波相位。

7. 添加颗粒

添加颗粒滤镜特效可以为图像增加不同形状及颜色组合的颗粒效果，如图 3-95 所示。在添加颗粒特效控制面板中可设置显示模式、预览范围、调整、颜色、效果、动画及与原始图像混合项目，如图 3-96 所示。

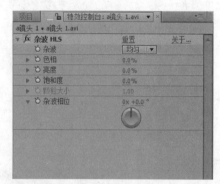

图3-94　杂波HLS特效控制面板

图3-95　添加颗粒效果

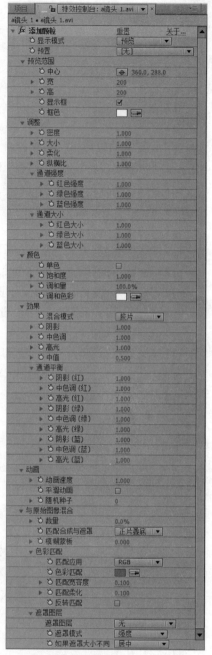

图3-96　添加颗粒特效控制面板

8. 灰尘与刮痕

灰尘与刮痕滤镜特效通过修补像素来减少图像中的杂色，得到隐藏图像中瑕疵的效果，如图 3-97 所示。灰尘与刮痕特效控制面板如图 3-98 所示。

- 【半径】：可以控制修补不同像素的范围，使图像变得模糊。
- 【界限】：可以设置应用在中间颜色上的像素范围。
- 【在 Alpha 通道上操作】：在 Alpha 通道上应用效果。

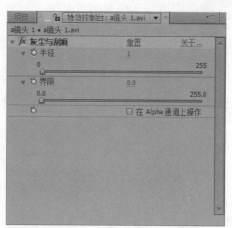

图3-98 灰尘与刮痕特效控制面板

图3-97 灰尘与刮痕效果

9. 移除颗粒

移除颗粒滤镜特效可以定义一个区域并去除图像中该区域的噪点，使不是很清晰的图像变得清晰，如图3-99所示。移除颗粒特效控制面板如图3-100所示。

- 【杂波减少设置】：可以控制图像整体或逐个通道减少噪波的程度和减少噪波的方式等设置。
- 【精细调整】：可以对特效进行色度抑制、质感和杂波大小倾向等参数精确设置。

10. 紊乱杂波

紊乱杂波滤镜特效可设置不规则噪点类型，其特效控制面板如图3-101所示。

- 【碎片类型】：包括基本、紊乱平滑及基本紊乱。
- 【杂波类型】：包括柔和线性、块、线性及样条曲线。
- 【变换】：可设置旋转、比例、宽度、高度、紊乱偏移及透视偏移。

11. 自动HLS杂波

自动HLS杂波滤镜特效与杂波HLS特效基本相同，只是此特效能够自动生成噪波动画，其特效控制

图3-99 移除颗粒效果

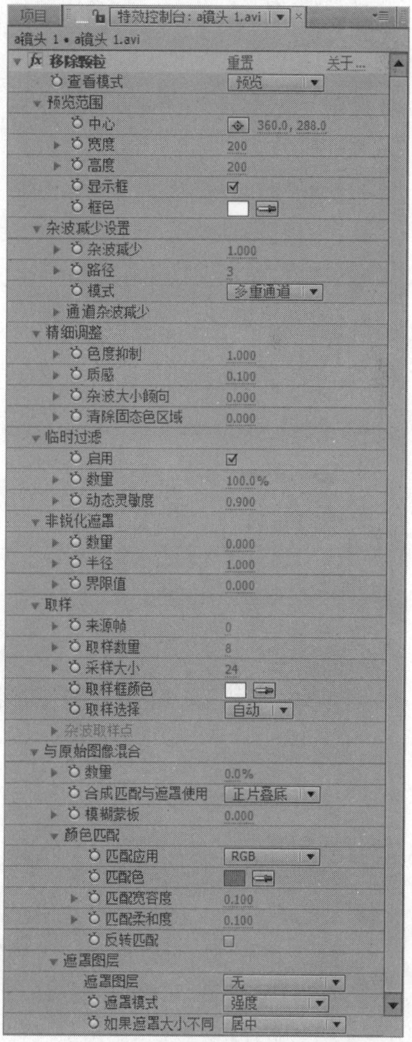

图3-100 移除颗粒特效控制面板

面板如图 3-102 所示。

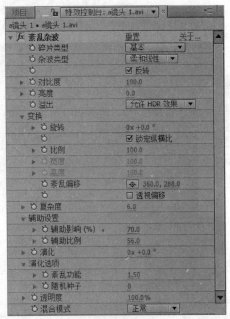

图3-101　紊乱杂波特效控制面板　　　　图3-102　自动HLS特效控制面板

- 【杂波】：设置噪点产生方式。
- 【色相】：设置噪点在色相中生成的数量。
- 【亮度】：设置噪点在亮度中生成的数量。
- 【饱和度】：设置噪点在饱和度中生成的数量。
- 【颗粒大小】：设置噪点尺寸。

▶ 3.8　模拟仿真

　　模拟仿真特效中提供了粒子运动效果，该组特效主要用于模拟现实世界中物体间的相互作用，创建出反射、泡沫、雪花和爆炸等效果。该组特效中包括卡片舞蹈、水波世界、泡沫、焦散、碎片及粒子运动，如图 3-103 所示。

1.卡片舞蹈

　　卡片舞蹈滤镜特效可根据指定层的特征分割画面，产生卡片翻转的效果，能沿 X、Y、Z 轴进行位移、旋转或缩放等在三维空间中来操作特效，还可以设置摄像机位置、焦距、角度、灯光方向及质感等项目，如图 3-104 所示。卡片舞蹈特效控制面板如图 3-105 所示。

- 【行与列】：可以设置碎片的排列方式。独立排列方式可分别设置行与列的数量，列跟随行由行的参数控制列数量。
- 【背面层】：可以选择碎片用于参考的图像。
- 【旋转顺序】：可以设置旋转轴的旋转优先顺序。
- 【顺序变换】：可以设置变换位置时的优先顺序，控制碎片在 X、Y、Z 轴方向上的位置、旋转及比例。

图3-103　模拟仿真菜单

图3-104　卡片舞蹈效果

2. 水波世界

水波世界滤镜特效可制作液体波纹来模拟水波或超现实的声波效果，系统从效果点发射波纹，并与周围环境相影响，波纹的方向、力量、速度及大小可精细控制，如图 3-106 所示。水波世界特效控制面板如图 3-107 所示。

- 【查看】：可选择水波世界的类型。
- 【线框图控制】：可设置水平、垂直旋转及垂直比例。
- 【高度贴图控制】：可设置亮度、对比度、中间色调及透明度。
- 【模拟】：可设置栅格分辨率、速度、衰减及边缘反射。
- 【地面】：可设置倾斜度、高度及强度。
- 【制作 1】/【制作 2】：细致控制水波效果。

图3-106　水波世界效果

图3-105　卡片舞蹈特效控制面板

图3-107　水波世界特效控制面板

3. 泡沫

泡沫滤镜特效可模拟气泡、水珠等流体效果，并能控制气泡的粘性、柔韧度及寿命，甚至可以在气泡上反射一段影片，如图 3-108 所示。泡沫特效控制面板如图 3-109 所示。

- 【查看】：可以选择特效的显示方式。
- 【生成】：可设置泡沫产生点、方向及速率。
- 【泡沫】：可以设置气泡粒子发射器的参数属性。
- 【物理】：可以设置气泡运动的物理因素，其中包括速度、风速、混流和粘度等。
- 【缩放】/【总体范围大小】：设置泡沫的显示区域。
- 【渲染】：可以控制粒子气泡的渲染属性。
- 【流动映射】：可以控制气泡粒子的流动范围的贴图效果。

图3-108　泡沫效果

图3-109　泡沫特效控制面板

4. 焦散

焦散滤镜特效可以模拟真实的反射和折射效果，如图 3-110 所示。焦散特效控制面板如图 3-111 所示。

- 【下】：可以调整对象为滤镜特效的底层，以重叠显示画面。
- 【水】：可以在下拉列表中设置一个层为波纹的产生纹理。
- 【天空】：可以在下拉列表中选择一个层作为天空的反射层。
- 【照明】：控制光的类型、强度、位置及高度。
- 【质感】：控制反射效果。

图3-110　焦散效果

图3-111　焦散特效控制面板

5. 碎片

碎片滤镜特效可以对图像进行爆炸处理，使图像产生爆炸飞散的碎片。该滤镜特效除了可以控制爆炸碎片的位置、力量和半径等基本参数以外，还可以自定义碎片的形状，如图 3-112 所示。碎片特效控制面板如图 3-113 所示。

- 【查看】：可以设置爆炸特效的显示方式。
- 【渲染】：可以设置图像爆炸的渲染部分。
- 【外形】：可以对爆炸产生的碎片形状进行设置。
- 【焦点 1】/【焦点 2】：可以设置爆炸效果的位置、深度、半径及强度。
- 【倾斜】：可以指定一个层并利用该层渐变来影响爆炸效果。
- 【物理】：可以对爆炸效果进行旋转速度、滚动轴、随机度和重力等物理特性进行设置。
- 【质感】：可以对爆炸碎片的颜色、透明度、正侧背面纹理等选项进行设置。
- 【摄影机位置】：可以对摄影机的 X、Y、Z 轴进行旋转和位置的参数进行控制。
- 【角度】：可设置四个角及焦距。
- 【照明】：可以控制特效的灯光效果。
- 【质感】：可以设置素材的材质属性，其中提供了碎片材质的漫反射强度、镜面反射强度和高光锐化度等参数设置。

图3-112　碎片效果

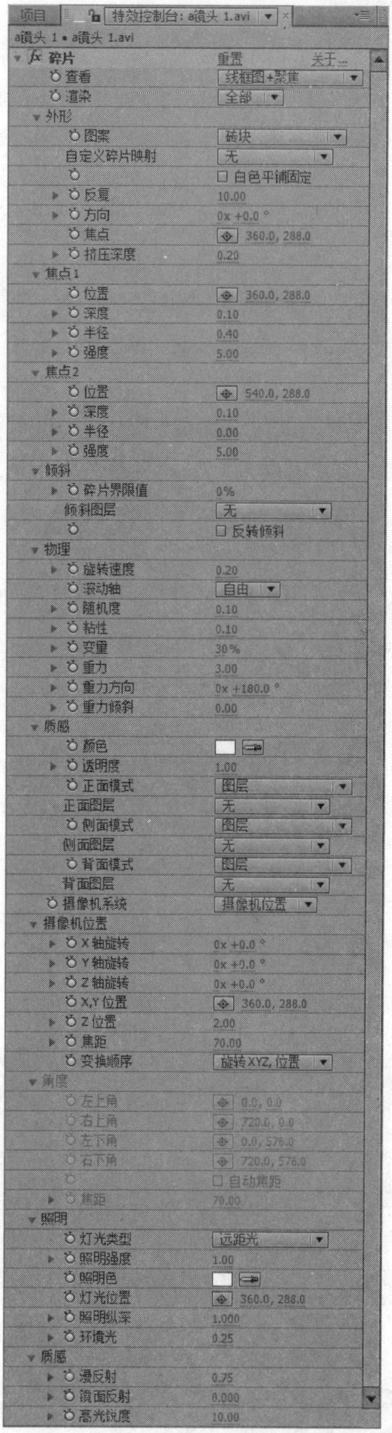

图3-113　碎片特效控制面板

影视特效高手

6. 粒子运动

粒子运动滤镜特效可以产生大量相似物体单独运动的动画效果。该特效通过内置的物理函数保证了粒子运动的真实性，如图 3-114 所示。粒子运动特效控制面板如图 3-115 所示。

- 【发射】：可通过发射器在层上产生连续的粒子流，如同向外发射炮弹，其内部可设置发射位置、圆筒半径、粒子/秒、方向、速度及颜色。
- 【栅格】：使用发射器可以从一组网格交叉点产生连续的粒子面。栅格粒子的移动完全依赖于重力、排斥、墙壁和属性映像的参数设置。
- 【图层爆炸】：可以设置目标层分裂粒子，创建出爆炸和烟火等效果。
- 【粒子爆炸】：可以将一个粒子分裂成多个粒子，分裂出的新粒子继承了原始粒子的位置、速度、透明度、缩放和旋转等属性。
- 【图层映射】：可以设置指定合成中的任意一层作为粒子的贴图替换圆点。
- 【重力】：可以在指定的方向上拖动现有粒子。
- 【排斥】：可以控制相邻粒子间的相互排斥或吸引程度，避免粒子相互碰撞。
- 【墙】：可以牵制粒子，将粒子的移动范围限制在一个区域之内。
- 【短暂特性映射】：可以在每一帧后恢复粒子属性为初始值。

影视特效高手

图3-114　粒子运动效果

图3-115　粒子运动特效控制面板

3.9　模糊与锐化

模糊与锐化特效可以使图像模糊或清晰化，是针对图像的相邻像素进行计算来产生效果。可以利用该特效模仿摄影机的变焦以及制作其他一些特殊效果。模糊与锐化特效包括双向模糊、复合模糊、径向模糊、快速模糊、方向模糊、智能模糊、盒状模糊、通道模糊、锐化、镜头模糊、降低隔行扫描闪烁、非锐化遮罩、高斯模糊，如图3-116所示。

1. 双向模糊

双向模糊滤镜特效可对画面中的细节部分进行模糊处理,其特效控制面板如图 3-117 所示。

图3-116 模糊与锐化菜单

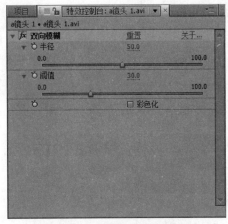

图3-117 双向模糊特效控制面板

- 【半径】:控制模糊的半径。
- 【阈值】:控制模糊的阈值。
- 【彩色化】:设置彩色画面,未勾选时画面为灰度模式。

2. 复合模糊

复合模糊滤镜特效可用某层的亮度值对当前层进行模糊处理,其特效控制面板如图 3-118 所示。

- 【模糊层】:可指定当前合成中的哪一层为模糊映射层,也可选择本图层。
- 【最大模糊】:控制最大模糊的数值,以像素为单位。
- 【反转模糊】:可将模糊效果反转。

3. 径向模糊

径向模糊滤镜特效可以在层中围绕特定点为图像增加移动或旋转模糊的效果,如图 3-119 所示。径向模糊特效控制面板如图 3-120 所示。

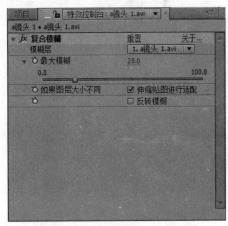

图3-118 复合模糊特效控制面板

影视特效高手

- 【模糊量】:可以控制图像的模糊程度。模糊程度的大小取决于选取的类型,在选择旋转类型状态下数量值表示旋转模糊的程度,而在缩放类型下数量值表示缩放模糊的程度。
- 【中心值】:可以调整模糊中心点的位置。
- 【抗锯齿】:主要控制图像保真的效果。

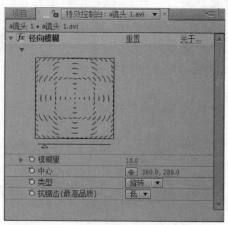

图3-119 径向模糊效果　　　　　　　图3-120 径向模糊特效控制面板

4. 快速模糊

快速模糊滤镜特效可以模糊、柔和图像并消除图像噪点，如图 3-121 所示。快速模糊特效控制面板如图 3-122 所示。

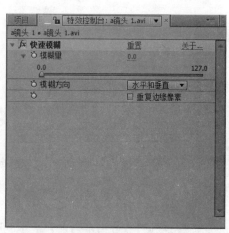

图3-121 快速模糊效果　　　　　　　图3-122 快速模糊特效控制面板

- 【模糊量】：可以调整图像的模糊程度。
- 【模糊方向】：其中提供了水平、垂直、水平和垂直 3 种模糊方式。

5. 方向模糊

方向模糊滤镜特效可以使图像沿着指定的方向产生模糊效果，该滤镜特效通过模糊方向的变化使图像产生一种速度感，如图 3-123 所示。其特效控制面板如图 3-124 所示。

- 【方向】：可以调整模糊的方向。
- 【模糊长度】：可以调整滤镜的模糊程度，数值越大模糊的程度也就越大。

6. 智能模糊

智能模糊滤镜特效可以精确地模糊图像。在除图像边线部分以外的其他部分上，只在对比值低的颜色上设置模糊效果，如图 3-125 所示。智能模糊特效控制面板如图 3-126 所示。

- 【半径】：可以控制模糊像素的范围。值越大，应用模糊的像素也就越多。

- 【界限值】：可以设置应用在相似颜色上的模糊范围。
- 【模式】：可以设置效果的应用方法。

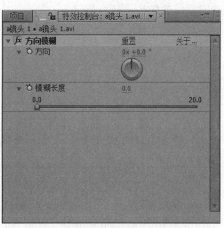

图3-123　方向模糊效果　　　　　图3-124　方向模糊特效控制面板

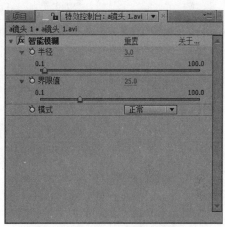

图3-125　智能模糊效果　　　　　图3-126　智能模糊特效控制面板

7. 盒状模糊

盒状模糊滤镜特效会在模糊的图像四周形成一个盒状像素边缘，特效控制面板如图 3-127 所示。

- 【模糊半径】：设置模糊半径的大小。
- 【重复】：设置重复模糊的次数。
- 【模糊尺寸】：可设置模糊的水平方向、垂直方向或水平与垂直方向。
- 【重复边缘像素】：可将边缘保持清晰。

8. 通道模糊

通道模糊滤镜特效对图像中的 RGB 和 Alpha 通道进行单独的模糊，使用该效果可以制作特殊的发光效果或者使图像的边缘变的模糊，如图 3-128 所示。

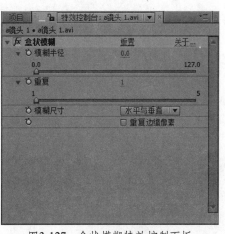

图3-127　盒状模糊特效控制面板

在特效控制面板中可以设置 R/G/B/A 模糊选项中的 RGB 和 Alpha 通道的模糊值,可以针对单独的某一通道进行调整。同时也可以设置所有通道的参数,将会得到图像整体模糊效果。通道模糊特效控制面板如图 3-129 所示。

图3-128　通道效果

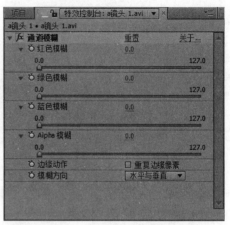

图3-129　通道模糊特效控制面板

- 【边缘动作】:描述如何处理实施模糊效果之后图像的边缘区域。
- 【重复边缘像素】:可以复制边缘周围的像素,防止图像边缘变黑从而保持图像边缘的锐化。
- 【模糊方向】:可以指定模糊方式。

9. 锐化

锐化滤镜特效通过增加相邻像素点之间的对比度,可以使用该滤镜来锐化模糊的图像,使其变得更加清晰锐利,如图 3-130 所示。锐化特效控制面板如图 3-131 所示。

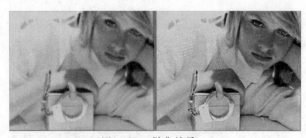

图3-130　锐化效果

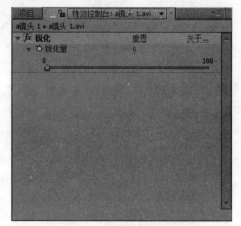

图3-131　锐化特效控制面板

- 【锐化量】:可以调整锐化程度,数值越大产生的清晰化效果也就越强,但数值设置过大画面中产生杂点。

10. 镜头模糊

镜头模糊滤镜特效可以模拟镜头景深产生模糊效果,如图 3-132 所示。镜头模糊特效控制面板如图 3-133 所示。

图3-132　镜头模糊效果

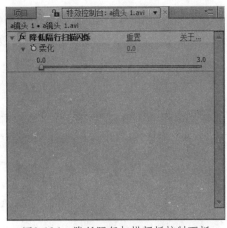

图3-133　镜头模糊特效控制面板

在镜头模糊滤镜特效的参数设置中可以调节景深映射层、景深映射通道、反转景深映射、模糊焦距、光圈形状、光圈半径、光圈叶片弯度、光圈旋转、光圈亮度、光圈阈值、杂波数量、杂波分布、单色杂波和如果图层大小不同自动伸缩映射进行匹配。

11. 降低隔行扫描闪烁

降低隔行扫描闪烁滤镜特效可消除隔行闪烁现象，以降低图像中的高色度来消除细线、残影及闪烁效果，主要应用于动态视频。降低隔行扫描闪烁特效控制面板中柔化可柔化图像的边界，避免细线隔行扫描时产生闪烁，如图 3-134 所示。

12. 非锐化遮罩

非锐化遮罩滤镜特效也就是一般印刷中经常提到的 USK 锐化。该滤镜特效通过增加定义边缘颜色的对比度，产生边缘遮罩锐化效果，如图 3-135 所示。

在非遮罩锐化滤镜特效的参数设置中可控制数量、半径及界限值，如图 3-136 所示。

图3-134　降低隔行扫描闪烁控制面板

图3-135　非锐化遮罩效果

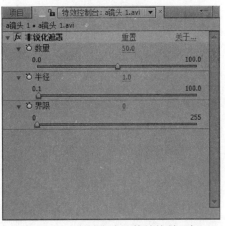

图3-136　非锐化遮罩特效控制面板

13. 高斯模糊

高斯模糊滤镜特效是 After Effects CS5 中最常用也是最有使用价值的模糊滤镜特效之一。通过该滤镜特效可以模糊、柔和图像并消除图像噪点，如图 3-137 所示。高斯模糊特效控制面板如图 3-138 所示。

图3-137　高斯模糊效果　　　　　　　　　　图3-138　高斯模糊特效控制面板

- 【模糊量】：可以调整图像的模糊程度。
- 【模糊尺寸】：其中提供了水平、垂直、水平和垂直的 3 种模糊尺寸。

▶ 3.10　生成

生成特效可以在层上创建一些特殊的效果。生成特效中还提供了一些自然界中的模拟效果，如闪电、云层噪波等。其中的大部分特效，在层质量不同的情况下，效果也有所不同。该组特效中提供了书写、光束、分形、勾画、吸色管填充、四色渐变、圆、填充、描边、棋盘、椭圆、油漆桶、涂鸦、渐变、电波、网格、蜂巢图案、镜头光晕、音频波形、音频频谱及高级闪电多项滤镜特效，如图 3-139 所示。

1. 书写

书写滤镜特效可以设置用画笔在画面中绘画的动画，模拟笔迹和绘制过程。在书写特效控制面板中可设置画笔位置、颜色、笔触大小、笔头硬度、笔触透明度、笔触长度、笔画间隔、绘制时间属性、笔触时间属性及混合样式，如图 3-140 所示。

图3-139　生成菜单

2. 光束

光束滤镜特效可在图像上创建光束图形，来模拟激光光束的移动效果，光束特效控制面板如图 3-141 所示。

图3-140　滤镜效果控制面板

图3-141　光束特效控制面板

- 【开始点】/【结束点】：控制激光光束的起点与终点。
- 【长度】：控制激光光束的长度。
- 【时间】：设置激光光束从起始位置到结束位置的时间。
- 【开始点厚度】/【结束点厚度】：设置起点与终点宽度，可设置为梯形。
- 【柔化】：设置激光光束的边缘的柔化程度。
- 【内侧色】/【外侧色】：设置激光光束的中间与外围颜色。
- 【3D 透视】：允许三维纵深透视。
- 【合成于原始图像之上】：设置是否将激光光束合成于原始图像之上。

3．分形

分形滤镜特效可以为影片创建奇妙的纹理效果。尤其是记录分形滤镜特效的动画时，可以产生很奇妙的万花筒般的效果，如图 3-142 所示。分形特效控制面板如图 3-143 所示。

图3-143　分形特效控制面板

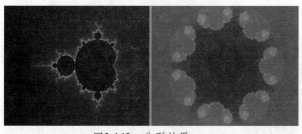

图3-142　分形效果

- 【设置选择】：可以在选项菜单中设置所使用的分形方式。
- 【方程式】：可以设置分形所使用的几何方程式。
- 【曼德布罗特】：可以在选项菜单下对分形进行 X、Y 坐标位置的参数设置。
- 【反转后偏移】：可以设置以 X、Y 轴控制分形倒置后的偏移量。

- 【颜色】：可以在选项菜单下控制分形的透明效果和扩展颜色的偏移等多项细节的参数控制。
- 【高品质设置】：可以在选项菜单中设置分形的采样方式和采样因子的数量来控制分形的质量。

4. 勾画

勾画滤镜特效可以沿着图像的轮廓或指定的路径创建艺术化的勾画效果，如图 3-144 所示。勾画特效控制面板如图 3-145 所示。

- 【线】：可以设置描边方式，其中提供了【图像轮廓】和【遮罩/路径】两种方式。
- 【分段数】：可以对勾画的线段进行分段数量、长度、分布状态以及旋转角度等多项参数设置。
- 【渲染】：可以控制勾画渲染的选项菜单。

5. 吸色管填充

图3-144　勾画效果

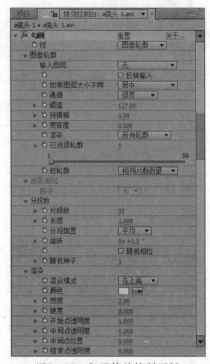

图3-145　勾画特效控制面板

吸色管填充滤镜特效可以在图像中指定样本颜色，然后使样本颜色填充到原始层中，如图 3-146 所示。吸色管填充特效控制面板如图 3-147 所示。

图3-146　吸色管填充效果

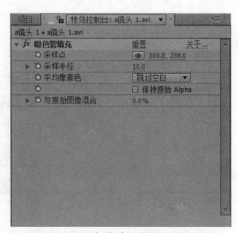

图3-147　吸色管填充特效控制面板

- 【采样点】：可以设置颜色采样点的位置。
- 【采样半径】：可以设置采样点的半径大小。

- 【平均像素色】：可以设置采样区域内的采样方式。
- 【与原始图像混合】：可以设置采样颜色与原始层的混合模式。

6. 四色渐变

四色渐变滤镜特效可以在层上指定 4 种颜色，并且利用不同的混合模式创建出多种不同风格的渐变效果，如图 3-148 所示。四色渐变特效控制面板如图 3-149 所示。

图3-148　四色渐变效果

图3-149　四色渐变特效控制面板

- 【位置与颜色】：可以设置 4 种颜色以及分布位置。
- 【混合】：可以设置 4 种颜色间相互混合程度。
- 【抖动】：可以控制颜色的不稳定性，参数值越小，色彩的稳定性就越大。
- 【透明度】：可以控制色彩的不透明度。
- 【混合模式】：可以设置色彩与图像之间的混合模式。

7. 圆

圆滤镜特效可在图像中创建一个圆形或环形图案，特效控制面板如图 3-150 所示。

- 【中心】：可设置圆形的中心位置。
- 【半径】：设置圆的半径值。
- 【边缘】：选择圆形的边缘形式。
- 【没有使用】：在设置边缘项后即可设置此项参数。
- 【羽化】：设置圆形的边缘羽化程度。
- 【反转圆】：设置是否开启反转圆项。
- 【颜色】：设置圆形的颜色。
- 【透明度】：设置圆形的不透明程度。
- 【混合模式】：可选择圆形与原图像的混合模式。

8. 填充

填充滤镜特效可对图层画面或画面中遮罩内填充指定的颜色，填充特效控制面板如图 3-151 所示。

- 【填充遮罩】：可选择要填充的遮罩，是否开启所有遮罩项。
- 【颜色】：可设置填充的颜色。

- 【水平羽化】/【垂直羽化】：可对水平或垂直边缘进行羽化。
- 【透明度】：可设置填充色的不透明程度。

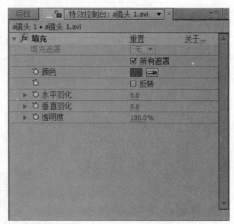

图3-150　圆特效控制面板　　　　　　　图3-151　填充特效控制面板

9. 描边

　　描边滤镜特效可以沿指定的路径产生描边效果。通过记录关键帧动画，可以模拟书写或绘画等过程性的动作，如图 3-152 所示。描边特效控制面板如图 3-153 所示。

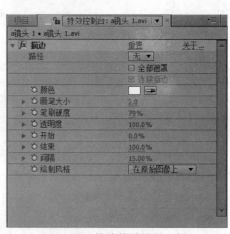

图3-152　描边效果　　　　　　　图3-153　描边特效控制面板

- 【路径】：可以设置所需要选择的路径。
- 【全部遮罩】：可以控制是否使用全部的遮罩路径。
- 【连续描边】：可以按顺序进行描边。
- 【颜色】：可以设置笔画的颜色。
- 【画笔大小】：可以控制画笔的笔刷尺寸大小。
- 【笔刷硬度】：可以控制画笔的笔刷边缘柔软度变化。
- 【透明度】：可以控制描边的不透明度。
- 【开始】/【结束】：可以控制描边效果的开始点与结束点在路径中的位置。
- 【间隔】：可以控制笔触之间的间隔距离。
- 【绘制风格】：可以控制描边效果的类型。

10. 棋盘

棋盘滤镜特效可以在层上创建高质量的棋盘格图案，并可以利用丰富的混合模式与原始层进行混合，得到更多的视觉效果，如图 3-154 所示。棋盘特效控制面板如图 3-155 所示。

图3-154　棋盘效果

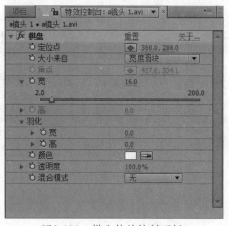

图3-155　棋盘特效控制面板

- 【定位点】：可以控制棋盘格图案的起始点或定位点。
- 【大小来自】：可以定义特效方格大小的方式。
- 【角点】：可以控制拐角点与定位点之间的空间关系。
- 【宽】：可以控制棋盘格图案的水平宽度。
- 【高】：可以控制棋盘格图案的垂直高度。
- 【羽化】：可以控制棋盘格图案的边缘羽化程度，在该菜单下可以单独控制棋盘格图案水平与垂直的羽化程度。
- 【颜色】：可以设置棋盘格图案的颜色。
- 【透明度】：可以控制棋盘格图案的不透明度。
- 【混合模式】：可以设置棋盘格图案与原始层之间的混合模式。

11. 椭圆

椭圆滤镜特效可在图像中创建一个椭圆形图案，特效控制面板如图 3-156 所示。

- 【中心】：可设置椭圆形的中心位置。
- 【宽】/【高】：设置椭圆的宽度与高度值。
- 【厚度】：设置椭圆边缘的厚度。
- 【柔化】：设置椭圆的边缘羽化程度。
- 【内侧色】/【外侧色】：设置椭圆内部与外部的颜色。
- 【与原始图像混合】：可将椭圆与原图像进行合成。

12. 油漆桶

油漆桶滤镜特效可以根据指定区域创建卡通轮廓或油漆填充的效果，如图 3-157 所示。油漆桶特效控制面板如图 3-158 所示。

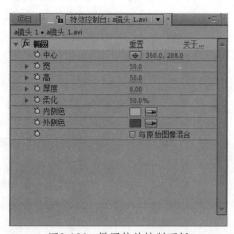

图3-156　椭圆特效控制面板

图3-157 油漆桶效果

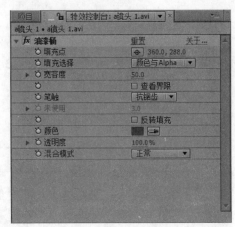

图3-158 油漆桶特效控制面板

- 【填充点】：可以拾取相近颜色的方式设置图像中需要填充颜色的区域。
- 【填充选择】：可以设置填充颜色的通道类型。可以通过选择不同的通道类型控制需要填充新颜色的区域范围。
- 【宽容度】：可以控制指定填充颜色的区域像素范围。
- 【笔触】：可以设置处理填充颜色区域边缘的方式。
- 【反转填充】：可以反转填充区域，使已被填充区域与未被填充区域反转。
- 【颜色】：可以设置需要填充的颜色。
- 【透明度】：可以控制填充区域的不透明度。
- 【混合模式】：可以控制填充区域的颜色与原始图像之间的混合模式。

13．涂鸦

涂鸦滤镜特效根据层上的遮罩来填充或描边，创建类似手工涂绘的效果，如图 3-159 所示。涂鸦特效控制面板如图 3-160 所示。

- 【草书】：可以设置特效使用遮罩的方式。
- 【遮罩】：可以设置选择使用的遮罩。
- 【填充类型】：可以确定特效对遮罩路径的涂鸦方式。
- 【边缘选项】：可以控制描边线条的边缘末端处理方式，该选项菜单中还可以控制边缘宽度、线条的拐角形状以及角连接的时间限制等参数。
- 【颜色】：可以设置描边线条的颜色。
- 【透明度】：可以控制描边线条的不透明度。
- 【角度】：可以控制描边线条的角度。
- 【描边宽度】：可以控制描边的宽度。
- 【描边选项】：可以控制描边的弯曲、间隔以及重叠等参数设置。
- 【开始】/【结束】：可以控制描边线条的开始点和结束点。
- 【摆动类型】：可以设置描边线条的动画类型。
- 【摆动】/【秒】：可以控制新描边线条产生的频率。
- 【随机种子】：可以控制随机线条生成的数量。
- 【合成】：可以控制滤镜效果与原始图像的合成方式。

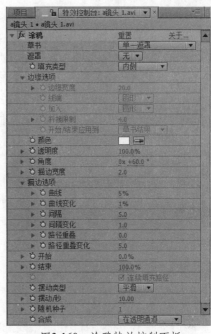

图3-159　涂鸦效果　　　　　　　　　　　图3-160　涂鸦特效控制面板

14. 渐变

渐变滤镜特效可以在图像上创建一个线性渐变或放射性渐变斜面，并可以将其与原始图像相融合，如图 3-161 所示。渐变特效控制面板如图 3-162 所示。

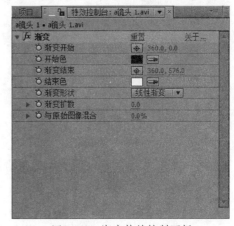

图3-161　渐变效果　　　　　　　　　　　图3-162　渐变特效控制面板

- 【渐变开始】/【渐变结束】：可以设置渐变的开始与结束位置。
- 【开始色】/【结束色】：可以设置渐变的开始与结束颜色。
- 【渐变形状】：可以设置渐变的类型，其中提供了线性渐变和放射性渐变两种。
- 【渐变扩散】：可以控制渐变层的色彩分散程度，该参数设置过高可以使渐变产生颗粒效果。
- 【与原始图像混合】：可以控制渐变与原始图像之间的混合程度。

15. 电波

电波滤镜特效是一种由圆心向外扩散的波纹效果，类似无线电波传递发散的动画效果，如图3-163所示。电波特效控制面板如图3-164所示。

- 【产生点】：可以设置发射点位置。
- 【参数设置于】：可选择产生及每一帧。
- 【渲染品质】：可以控制渲染的质量，数值越大则渲染质量越高。
- 【波形类型】：可以选择波纹的样式，在下拉菜单中可以选择多边形、图像轮廓和遮罩3种波纹样式。
- 【多边形】：可设置边数、曲线大小、弯曲度及星形边数。
- 【图像轮廓】：可设置来源图层、来源中心、值通道、界限值、预模糊、宽容度及轮廓。
- 【遮罩】：可使用封闭的遮罩作为波形的形状。
- 【波形运动】：可以设置电波动画的各项参数。
- 【描边】：可以设置波形的形状、颜色、透明度、淡入淡出时间及开始结束宽度。

图3-163 电波效果

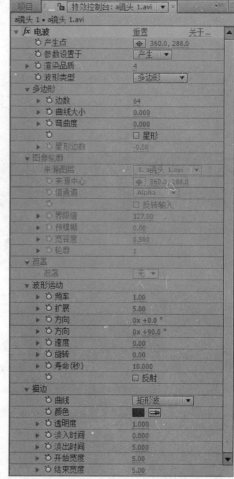
图3-164 电波特效控制面板

16. 网格

网格滤镜特效可在画面中产生网格效果，特效控制面板如图3-165所示。

- 【定位点】：设置网格的位置点。
- 【大小来自】：可选择网格尺寸方式。
- 【边角】：设置边角点的位置。
- 【宽】/【高】：设置单元格的宽度与高度。
- 【边缘】：设置网格线的精细度。
- 【羽化】：设置网格线的柔化度。
- 【反转栅格】：可反转显示网格效果。

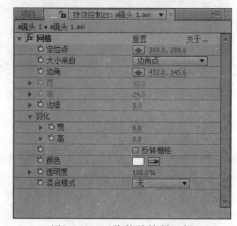
图3-165 网格特效控制面板

17. 蜂巢图案

蜂巢图案滤镜特效可以自由创建多种高质量的细胞单元状图案，如泡沫、结晶、电镀及管状等效果，如图 3-166 所示。蜂巢图案特效控制面板如图 3-167 所示。

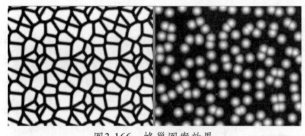

图3-166 蜂巢图案效果

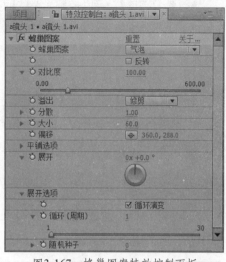

图3-167 蜂巢图案特效控制面板

- 【蜂巢图案】：可以设置图案类型。
- 【对比度】：可以控制图案的对比度。
- 【溢出】：可以设置溢出类型。
- 【分散】：可以控制蜂巢图案的分散程度。
- 【大小】：可以控制蜂巢图案的尺寸大小。
- 【偏移】：可以控制图案偏移位置。
- 【平铺选项】：可以设置蜂巢图案的水平和垂直参数。
- 【展开】：可以控制蜂巢图案的运动角度。
- 【展开选项】：可以设置蜂巢图案的循环周期和随机速度。

18. 镜头光晕

镜头光晕滤镜特效可以模拟摄影机的镜头光晕制作出光斑照射的效果，如图 3-168 所示。镜头光晕特效控制面板如图 3-169 所示。

图3-168 镜头光晕效果

图3-169 镜头光晕特效控制面板

中文版After Effects CS5
影视动画特效制作

- 【光晕中心】：可以控制光晕的中心位置。
- 【光晕亮度】：可以控制光晕的明亮程度。
- 【镜头类型】：可以设置摄影机镜头的类型。
- 【与原始图像混合】：可以控制光晕效果与原始图像之间的混合程度。

19. 音频波形

音频波形滤镜特效是一个制作视觉效果的滤镜，可以将指定的声音素材以其波形样式图像化。图像化的音频波形可以沿层的路径显示或与其他层叠加显示，如图 3-170 所示。音频波形特效控制面板如图 3-171 所示。

图3-170 音频波形效果　　　　图3-171 音频波形特效控制面板

- 【音频层】：可以设置用于显示波形的图层。
- 【开始点】：可以通过该项设置波形的开始位置。
- 【结束点】：可以通过该项设置波形的结束位置。
- 【路径】：可以选择层中的遮罩作为波形的显示路径。
- 【取样显示】：设置图像化频率的采样数。
- 【最大高度】：可以设置以像素为单位控制频率的最大高度。
- 【音频长度】：可以设置以毫秒为单位控制音频的持续时间，用于计算波形。
- 【音频偏移】：可以设置以毫秒为单位，控制用于检索音频的时间偏移量。
- 【混浊】：厚度是波形宽度。
- 【柔和】：是波形的柔化程度。
- 【随机种子（类似）】：设置波形显示的随机数量。
- 【内侧颜色】/【外侧颜色】：可设置波形的内侧与外侧颜色。
- 【波形选项】：指定波形显示方式。
- 【显示选项】：可以控制波形的显示方式。
- 【与原始图像混合】：可以控制效果是否与图像混合。

20. 音频频谱

音频频谱滤镜特效用于产生音频频谱，将看不见的声音图像化，有效推动音乐的感染力，音频频谱特效控制面板如图 3-172 所示。

影视特效高手

- 【音频层】：可以设置合成中的音频参考层。
- 【开始点】/【结束点】：可以设置频谱的开始和结束位置。
- 【路径】：可在层上建立一个路径作为频谱变化的路径。
- 【开始频率】/【结束频率】：设置频谱起始与截止频率。
- 【最大高度】：设置频谱显示的振幅。
- 【音频长度】：可设置以毫秒为单位控制音频的持续时长。
- 【音频偏移】：可控制音频频谱的位移偏移量。
- 【厚度】：可设置频谱的波形宽度。
- 【柔化】：是对频谱的柔和程度。
- 【色调插值】：设置频谱的颜色插值。
- 【动态色相位】：控制频谱的颜色相位变化。
- 【显示选项】：可设置显示方式。
- 【面选项】：可设置边缘显示方式。
- 【长度均化】：设置是否平均化处理产生较小的随机性变化。
- 【合成至原始图像】：可以控制效果是否与图像混合。

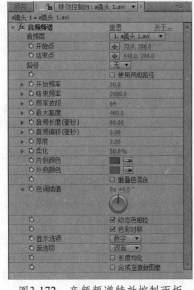

图3-172 音频频谱特效控制面板

21. 高级闪电

高级闪电滤镜特效可以模拟自然界真实的闪电效果。该特效与闪电滤镜特效不同，该特效具有更多先进的调节选项，通过适当调整各选项参数可以产生更真实的闪电效果，如图 3-173 所示。高级闪电特效控制面板如图 3-174 所示。

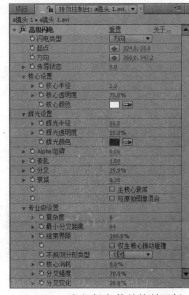

图3-174 高级闪电特效控制面板

图3-173 高级闪电效果

- 【闪电类型】：可以设置闪电类型，其中提供了方向、撞击、垂直等 8 种类型。
- 【起点】：可以控制闪电的起始点。
- 【方向】：可以控制闪电的方向。
- 【传导状态】：可设置闪电的随机状态。
- 【核心设置】：用来设置闪电半径、透明度及颜色。

- 【辉光设置】：用来设置闪电外围辉光的半径、透明度及颜色。
- 【Alpha 阻碍】：设置 Alpha 通道对闪电的影响。
- 【紊乱】：设置闪电的混乱程度。
- 【分叉】：设置闪电分支数量。
- 【衰减】：可以控制闪电分支的衰减，其下包括主核心衰减和与原始图像混合两个选项。
- 【专业级设置】：可设置闪电的复杂度，分支距离、强度、变化、结束界限。
- 【仅主核心振动碰撞】：会产生只有闪电的枝干发生碰撞的效果。
- 【核心消耗】：闪电主干核心的衰减度。

⟳ 3.11 色彩校正

After Effects CS5 系统本身自带了许多种色彩校正方式，包括改变图像的色调、饱和度和亮度等特效，还可以通过滤镜特效并配合层模式改变图像。色彩校正可以将导入的素材进行颜色和其他信息上的调节，使其产生最受人欢迎的视觉效果，如图 3-175 所示。

色彩校正特效菜单中提供了大量的针对图像色彩调整的滤镜特效，包括 Gamma/基准/增益、PS任意贴图、三色调、亮度与对比度、分色、广播级颜色、彩色光、曝光、曲线、更改颜色、浅色调、照片滤镜、特定颜色选择、独立色阶控制、自动对比度、自动电平、自动颜色、自然饱和度、色彩均化、色彩平衡、色彩平衡 (HLS)、色彩稳定器、色彩链接、色相位/饱和度、色阶、转换颜色、通道混合、阴影/高光、黑白等滤镜特效，如图 3-176 所示。

图3-175　色彩校正　　　　　　　　　　　图3-176　色彩校正菜单

1. Gamma/基准/增益

Gamma/基准/增益滤镜特效可以单独调整每个通道的反应曲线，如图 3-177 所示，Gamma/基准/增益特效控制面板如图 3-178 所示。

- 【黑色伸缩】：可以重新设置所有通道的暗部像素值。
- 【红色 Gamma】/【绿色 Gamma】/【蓝色 Gamma】：控制图像中间区域的明暗变化。
- 【红色基础】/【绿色基础】/【蓝色基础】：控制图像中间区域和阴影区域的亮度。
- 【红色增益】/【绿色增益】/【蓝色增益】：控制图像中间区域和高亮区域的亮度。

图3-177 Gamma/基准/增益效果

图3-178 Gmama/基准/增益控制面板

2. PS任意贴图

PS任意贴图滤镜特效将 Photoshop 中的贴图文件用于当前层。贴图用于调整图像的亮度值。重新设定一个确定的亮度区域以减暗或者加亮色调，如图 3-179 所示。PS任意贴图特效控制面板如图 3-180 所示。

图3-179 PS任意贴图效果

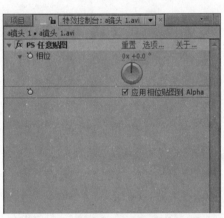

图3-180 PS任意贴图特效控制面板

- 【相位】：设置贴图的循环，向右移动增加任意贴图的量，向左移动减少任意贴图的量。
- 【应用相位贴图到 Alpha】：可应用确定的贴图到层的 Alpha 通道。

3. 三色调

三色调滤镜特效用来调整图像中包含的颜色信息，此特效可对画面的高光、中间色及阴影部进行调节，如图 3-181 所示。

4. 亮度与对比度

亮度与对比度滤镜特效用于调节图像的亮度和对

图3-181 三色调特效控制面板

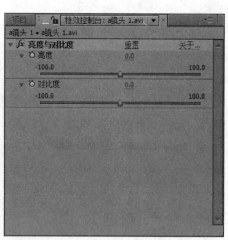

比度，同时调整所有像素的高光、暗部和中间色，如图3-182所示。亮度与对比度特效控制面板如图3-183所示。

图3-182　亮度与对比度效果　　　　　图3-183　亮度与对比度特效控制面板

- 【亮度】：控制亮度值，正值增加亮度，负值降低亮度。
- 【对比度】：控制对比度值，正值增加对比度，负值降低对比度。

5. 分色

分色滤镜特效用于保留图像中的指定颜色，去掉其他颜色信息，拾取一种颜色并保留其颜色的信息值，从而得到对图像局部去色的效果，如图3-184所示。分色特效控制面板如图3-185所示。

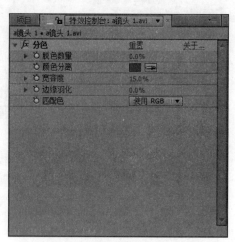

图3-184　分色效果　　　　　图3-185　分色特效控制面板

- 【脱色数量】：控制脱色程度。
- 【颜色分离】：选择脱色，即保留的颜色。
- 【宽容度】：控制相似程度。
- 【边缘羽化】：控制去除颜色与保留颜色之间的边缘柔化程度。
- 【匹配色】：设置RGB或Hue色彩匹配形式。

6. 广播级颜色

广播级颜色滤镜特效用于将视频素材制作成播出节目时，校正广播级的颜色和亮度，如图 3-186 所示，广播级颜色特效控制面板如图 3-187 所示。

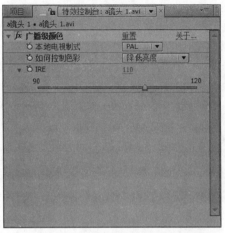

图3-186 广播级颜色效果　　　　　　图3-187 广播级颜色特效控制面板

- 【本地电视制式】：选择应用的电视制式，PAL 或 NTSC。
- 【如何控制色彩】：其中提供了降低亮度、降低饱和度、将不安全的像素透明及将安全颜色透明选项。

7. 彩色光

彩色光滤镜特效是以渐变色的方式进行颜色填充，可在原图上映射出彩光、彩虹及霓虹灯等效果。彩色光特效控制面板如图 3-188 所示。

- 【输入相位】：可对渐变映射进行设置。
- 【输出循环】：可对渐变映射的样式进行设置。
- 【修改】：可在选项中指定渐变映射如何影响当前层。
- 【像素选择】：可指定渐变映射在当前层上所影响的像素范围。
- 【遮罩】：可为当前层指定一个遮罩层。

8. 曝光

曝光滤镜特效以图像的曝光程度调整图像颜色，RGB通道可分别设置曝光程度，如图 3-189 所示。曝光特效控制面板如图 3-190 所示。

- 【通道】：选择需要曝光的主要通道或单个的 RGB 通道。
- 【主体】：设置将应用在整个画面。
- 【红色】/【绿色】/【蓝色】：做出不同颜色的曝光效果。

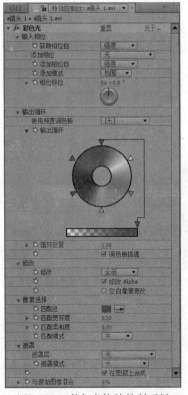

图3-188 彩色光特效控制面板

影视特效高手

图3-189　曝光效果　　　　　　　　　　图3-190　曝光特效控制面板

9. 曲线

曲线滤镜特效是一个非常重要的颜色校正命令，与 Photoshop 中的曲线功能类似，如图 3-191 所示。

曲线特效控制面板可以通过设置通道对图像的 RGB 复合通道或单个的 R(红)、G(绿)、B(蓝) 颜色通道进行控制，曲线滤镜特效不仅使用高亮、中间色调和暗部 3 个变量进行颜色调整，而且使用坐标曲线还可以调整 0 ~ 255 之间的颜色灰阶，曲线特效控制面板如图 3-192 所示。

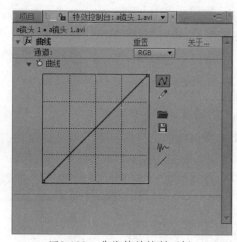

图3-191　曲线效果　　　　　　　　　　图3-192　曲线特效控制面板

10. 更改颜色

更改颜色滤镜特效可以在图像中特定一个颜色，然后替换图像中特定的颜色，也可以设置特定颜色的色相、饱和度、亮度等选项，如图 3-193 所示。更改颜色特效控制面板如图 3-194 所示。

- 【查看】：其中的校正层用于查看更改颜色效果的调节结果，颜色校正遮罩用于查看层上的哪个部分被改变。

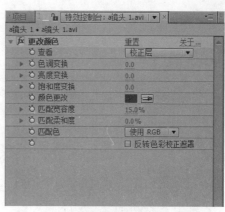

| 图3-193　更改颜色效果 | 图3-194　更改颜色特效控制面板 |

- 【色调变换】：控制所选颜色色调。
- 【亮度变换】：调整所选颜色明度。
- 【饱和度变换】：调整所选颜色饱和度。
- 【颜色更改】：选择图像中要改变颜色的区域颜色。
- 【匹配宽容度】：调整颜色匹配的相似程度。
- 【匹配柔和度】：控制更改颜色的柔化程度。
- 【匹配色】：可以使用 RGB 颜色、Hue 色相及 Chroma 饱和度项。

11. 浅色调

浅色调滤镜特效可以修改图像的颜色信息，亮度值在两种颜色间对每一个像素进行混合处理，如图 3-195 所示。浅色调特效控制面板如图 3-196 所示。

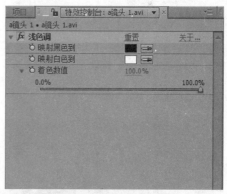

| 图3-195　浅色调效果 | 图3-196　浅色调特效控制面板 |

- 【映射黑色到】：控制图像中的暗色像素被映射为该项所指定的颜色。
- 【映射白色到】：控制图像中的亮色像素被映射为该项所指定的颜色。
- 【着色数值】：控制色彩化强度。

12. 照片滤镜

照片滤镜特效可以通过定义不同的过滤器来过滤图像中的任意一种颜色，可为画面添加合适的滤镜效果，如图 3-197 所示。照片滤镜特效控制面板如图 3-198 所示。

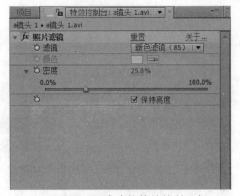

图3-197 照片滤镜效果　　　　　图3-198 照片滤镜特效控制面板

- 【滤镜】：提供了暖光、冷光及各种常用有色光的镜头滤镜效果。
- 【颜色】：控制自定义滤镜时所指定的颜色。
- 【密度】：设置滤光镜的滤光浓度。
- 【保持亮度】：控制是否开启保持亮度项。

13. 特定颜色选择

特定颜色选择滤镜特效可对画面中不平衡的颜色进行校正，能有区分地选择画面中的某种特定颜色，对其进行色彩的调整操作，特定颜色选择特效控制面板如图 3-199 所示。

14. 独立色阶控制

独立色阶控制滤镜特效是在色阶滤镜特效的基础

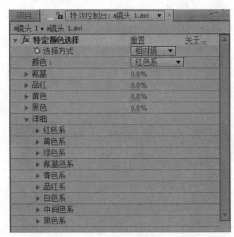

图3-199 特定颜色选择特效控制面板

上扩展出来的，包括了色阶滤镜特效的全部功能，只是将参数分散到了各个通道而已，如图 3-200 所示。独立色阶控制特效控制面板如图 3-201 所示。

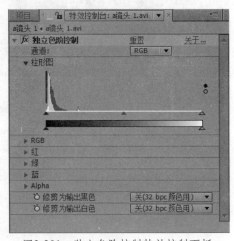

图3-200 独立色阶控制效果　　　　　图3-201 独立色阶控制特效控制面板

- 【通道】：用于选择通道类型，其中有 RGB、红、绿、蓝及 Alpha 通道选项。

- 【柱形图】：显示像素值在图像中的分布，水平方向显示亮度值，垂直方向显示该亮度值的像素数量。
- 【修剪为输出黑色】/【修剪为输出白色】：用于限定输出图像黑色/白色值的阈值。

15. 自动对比度

自动对比度滤镜特效可对画面的对比度进行自动化处理，如图 3-202 所示。自动对比度特效控制面板如图 3-203 所示。

- 【时间线定向平滑（秒）】：可指定平滑范围。
- 【场景侦测】：可检测层中图像的场景。
- 【阴影】：可裁切阴影部分的图像，用于加深阴影。
- 【高光】：可裁切高光部分的图像，用于提高高光部分的亮度。
- 【与原始图像混合】：将调整后的效果与原始图像进行混合。

图3-202　自动对比度效果

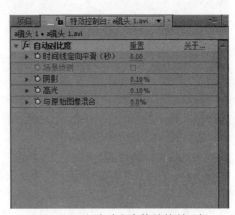

图3-203　自动对比度特效控制面板

16. 自动电平

自动电平滤镜特效可对画面的色阶进行自动化处理，如图 3-204 所示。

自动电平特效控制面板中设置了时间线定向平滑（秒）、场景侦测、阴影、高光、与原始图像混合等多项参数信息，如图 3-205 所示。

图3-204　自动电平效果

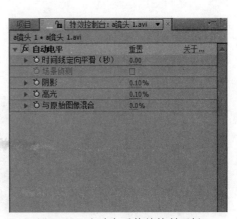

图3-205　自动电平特效控制面板

影视特效高手

17. 自动颜色

自动颜色滤镜特效可对画面的颜色进行自动化处理，如图 3-206 所示。

自动颜色特效控制面板中设置了时间线定向平滑（秒）、场景侦测、阴影、高光、吸附中间色、与原始图像混合多项参数信息，如图 3-207 所示。

图3-206　自动颜色效果

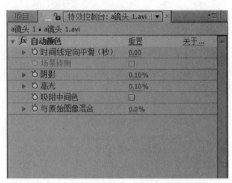

图3-207　自动颜色特效控制面板

18. 自然饱和度

自然饱和度滤镜特效可通过自然饱和度、饱和度两项参数来调整画面的饱和度效果，如图 3-208 所示。

19. 色彩均化

色彩均化滤镜特效可以对图像的色阶平均化。自动以白色取代图像中最亮的像素；以黑色取代图像中最暗的像素，平均分配白色与黑色间的色阶取代最亮与最暗之间的像素，如图 3-209 所示。色彩均化特效控制面板如图 3-210 所示。

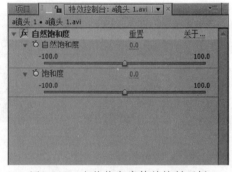

图3-208　自然饱和度特效控制面板

- 【均衡】：可选择均衡方式，其中 Photoshop 风格可重新分布图像中的亮度值，RGB 基于红绿蓝平衡图像，亮度基于像素亮度。
- 【均衡数量】：可重新分布亮度值的程度，平均分配白和黑之间的阶调取代最亮与最暗部之间的像素。

图3-209　色彩均化效果

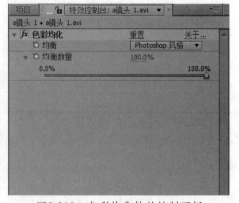

图3-210　色彩均化特效控制面板

20. 色彩平衡

色彩平衡滤镜特效用于调整图像的颜色平衡，通过对图像的红、绿、蓝通道进行调节，分别调节颜色在高亮、中间色和暗部的强度，以增加色彩的均衡效果，如图 3-211 所示。色彩平衡特效控制面板如图 3-212 所示。

图3-211 色彩平衡效果

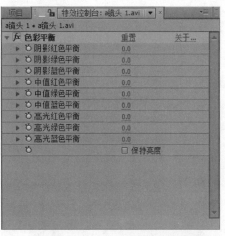

图3-212 色彩平衡特效控制面板

- 【阴影红色平衡】/【阴影绿色平衡】/【阴影蓝色平衡】：用于调整 RGB 颜色的阴影范围平衡。
- 【中值红色平衡】/【中值绿色平衡】/【中值蓝色平衡】：用于调整 RGB 颜色的中间亮度范围平衡。
- 【高光红色平衡】/【高光绿色平衡】/【高光蓝色平衡】：用于调整 RGB 颜色的高光范围平衡。
- 【保持亮度】：设置是否开启保持亮度项，用于保持图像的平均亮度，使图像整体保持平衡。

21. 色彩平衡（HLS）

色彩平衡（HLS）滤镜特效通过调整色相、亮度和饱和度对颜色的平衡进行调节，如图 3-213 所示。色彩平衡（HLS）特效控制面板如图 3-214 所示。

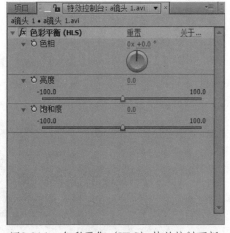

图3-213 色彩平衡（HLS）效果

图3-214 色彩平衡（HLS）特效控制面板

- 【色相】：控制画面色调。
- 【亮度】：控制画面的明暗程度。
- 【饱和度】：控制画面饱和度。

22. 色彩稳定器

色彩稳定器滤镜特效可以根据周围的环境改变素材的颜色，使该层素材与周围环境光进行统一，如图 3-215 所示。色彩稳定器特效控制面板如图 3-216 所示。

图3-215　色彩稳定器效果

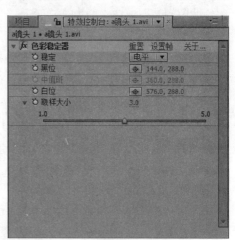

图3-216　色彩稳定器特效控制面板

- 【稳定】：可选择颜色稳定方式。
- 【黑位】：用来指定稳定需要的最暗点。
- 【中值斑】：用来指定稳定需要的中间颜色。
- 【白位】：用来指定稳定需要的最亮点。
- 【取样大小】：设置采样点的尺寸大小。

23. 色彩链接

色彩链接滤镜特效可拾取其他层的颜色与当前层进行颜色的链接，得到颜色混合效果，可将素材与周围环境进行融合统一，如图 3-217 所示。色彩链接特效控制面板如图 3-218 所示。

图3-217　色彩链接效果

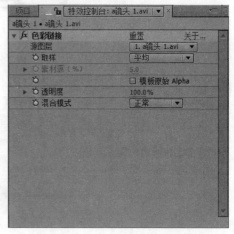

图3-218　色彩链接特效控制面板

- 【源图层】：可选择需要与颜色匹配的图层。
- 【取样】：可选择采样的调整方式。

- 【素材源】：可修剪百分比数值。
- 【模板原始 Alpha】：读取原图像的透明模板。
- 【透明度】：控制调整颜色后的不透明程度。
- 【混合模式】：控制所选颜色层的混合模式。

24. 色相位/饱和度

色相位/饱和度滤镜特效可以很方便地通过复合通道或多个单一通道调整图像的色相、饱和度和亮度平衡设置，以及彩色化色相、饱和度和明度设置；色相/饱和度滤镜特效中还提供了一个简单而又强大的通道范围项，可指定一个通道范围使指定范围内的颜色起到相应变化，而指定范围以外的颜色不变，如图 3-219 所示。色相位/饱和度特效控制面板如图 3-220 所示。

- 【通道控制】：用于选择所应用的颜色通道，主体控制所有颜色，或单独控制红色、黄色、绿色、青色及洋红通道。
- 【主色调】：控制所调节的颜色通道的色调。
- 【主饱和度】：控制所调节的颜色通道的饱和度。
- 【主亮度】：控制所调节的颜色通道的亮度。
- 【彩色化】：可调整图像为一个色调值。
- 【色调】/【饱和度】/【亮度】：控制彩色化图像后的色调/饱和度/亮度。

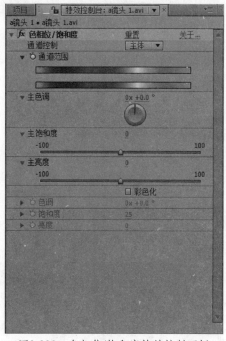

图3-219　色相位/饱和度效果　　　　　　　图3-220　色相位/饱和度特效控制面板

25. 色阶

色阶滤镜特效用于修改图像的高亮、中间部和暗部色调。可以将输入的颜色级别重新映射到新的输出颜色级别。该滤镜特效对于基础图像质量调整来说是非常重要的，如图 3-221 所示。色阶特效控制面板如图 3-222 所示。

- 【通道】：用于选择通道类型，其中有 RGB、红、绿、蓝及 Alpha 通道选项。
- 【柱形图】：显示像素值在图像中的分布。水平方向显示亮度值，垂直方向显示该亮度值的像素数量。
- 【输入黑色】/【输入白色】：用于限定输入图像黑色/白色值的阈值。
- 【Gamma（伽马）】：调整输入输出的对比度。
- 【输出黑色】/【输出白色】：用于限定输出图像黑色/白色值的阈值。
- 【修剪为输出黑色】/【修剪为输出白色】：用于限定输出图像黑色/白色值的阈值。

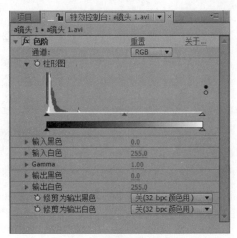

图3-221　色阶效果　　　　　　　图3-222　色阶特效控制面板

26. 转换颜色

转换颜色滤镜特效可以在图像中特定一个颜色，然后替换图像中特定的颜色为另一特定颜色，同时也可以设置特定颜色的色相、饱和度、亮度等颜色信息的容差值，如图 3-223 所示。转换颜色特效控制面板如图 3-224 所示。

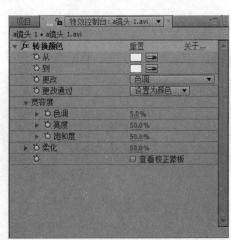

图3-223　转换颜色效果　　　　　　　图3-224　转换颜色特效控制面板

- 【从】：可以选择一个需要转换的颜色。
- 【到】：可以选取一个目标颜色。
- 【更改】：选择改变颜色的类型，有色调、色调/亮度、色调/饱和度及色调/亮度/饱和度4项。
- 【更改通过】：可选择颜色的替换方式，有设置为颜色和变换为颜色两项。
- 【宽容度】：可设置修改颜色的容差值。
- 【柔化】：调节替换后的颜色柔化度。
- 【查看校正蒙板】：可查看修正后的遮罩图。

27. 通道混合

通道混合滤镜特效可以用当前颜色通道的混合值修改一个颜色通道，同时可以控制 RGB 通道混合中的每个合成图像，制作出富有创意的颜色效果，如图 3-225 所示。通道混合特效控制面板如图 3-226 所示。

图3-225　通道混合效果

图3-226　通道混合特效控制面板

- 【通道混合】：可以控制所有的 RGB 通道混合，包括所选通道与其他通道的混合程度。
- 【单色】：可产生包含灰阶的单色图像。

28. 阴影/高光

阴影/高光滤镜特效可以通过图像的暗部与亮部范围调整图像的明暗度，使图像的明暗丰富的相结合，如图 3-227 所示。阴影/高光特效控制面板如图 3-228 所示。

图3-227　阴影/高光效果

图3-228　阴影/高光特效控制面板

- 【自动数量】：可自动取值，分析当前画面的颜色而自动分配明暗关系。
- 【阴影数量】：可暗部取值，只对画面的暗部进行调节。
- 【高光数量】：可亮部取值，只对画面的亮部进行调节。
- 【临时平滑】/【场景侦测】：主要控制颜色的过渡。
- 【更多选项】：其中可设置阴影/高光/中值的半径、宽度及对比度等参数便于对图像的明暗度调整。

●【与原始图像混合】：可以设置调色程度。

29. 黑白

黑白滤镜特效可将彩色的画面转变为黑白的效果，通过对不同色彩参数的调整来设置对应部分的明暗度，也可在黑白效果的基础上添加某种颜色的着色效果。黑白特效控制面板中提供了红色系、黄色系、绿色系、氰基色系、青色系、品红系多项色系，着色设置及适合颜色的提取，如图3-229所示。

图3-229　黑白特效控制面板

▶ 3.12　蒙板

蒙板特效可创建蒙板，也可辅助键控特效进行抠像处理，蒙板特效组中包括mocha形状、简单抑制、蒙板抑制和蒙板改善滤镜特效，如图3-230所示。

1. mocha形状

mocha形状滤镜特效是跟踪特效，可对跟踪信息数据进行进一步的调整设置，有助于制作复杂精准的跟踪合成效果。mocha形状特效控制面板如图3-231所示。

●【未命名图层】：是在添加特效时自动产生的特效名称。

●【混合模式】：可选加、减及正片叠底等模式。

●【渲染类型】：可选形状剪贴、颜色合成、颜色形状剪贴。

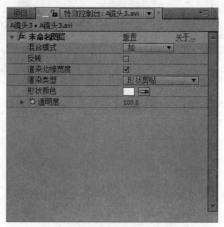

图3-230　蒙板菜单　　　　　　　　　　图3-231　mocha形状特效控制面板

2. 简单抑制

简单抑制滤镜特效可收缩或扩展蒙板的边界，建立更清晰整齐的蒙板效果。简单抑制特效控制面板如图 3-232 所示。

- 【查看】：可选择合成窗口所显示的视图方式，包括最终输出及蒙板项。
- 【蒙板抑制】：控制抑制范围，正值收缩，负值扩展。

3. 蒙板抑制

蒙板抑制滤镜特效可扩展和填充 Alpha 通道的透明区域，来抑制通道中的缝隙或剩余的像素。蒙板抑制特效控制面板如图 3-233 所示。

- 【几何柔化 1】/【几何柔化 2】：指定最大扩展值。
- 【抑制 1】/【抑制 2】：控制抑制范围，正值收缩，负值扩展。
- 【灰度电平柔化 1】/【灰度电平柔化 2】：控制边界的柔化度。
- 【反复次数】：设置蒙板扩展和抑制的重复次数。

图3-232　简单抑制特效控制面板

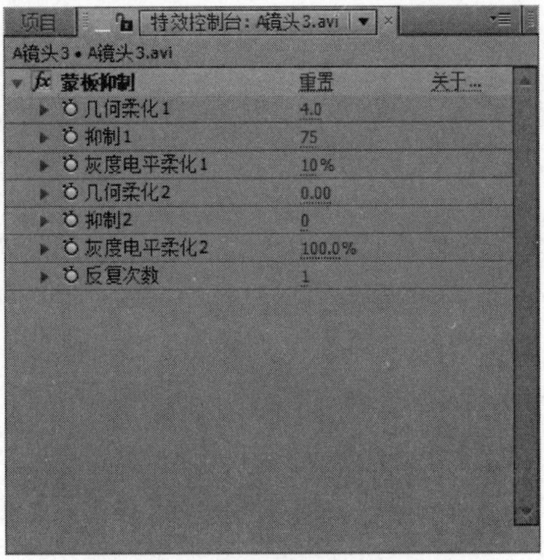

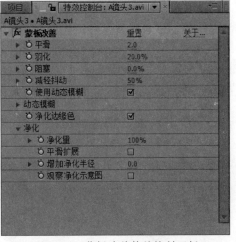

图3-233　蒙板抑制特效控制面板

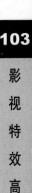

影视特效高手

4. 蒙板改善

蒙板改善滤镜特效可辅助键控特效操作，蒙板改善特效控制面板可对蒙板进行平滑、羽化、阻塞及减轻抖动的参数设置，以及是否开启动态模糊项及净化边缘色项，在净化项目中可设置净化量、平滑扩展、增加净化半径及观察净化示意图，如图 3-234 所示。

图3-234　蒙板改善特效控制面板

3.13 表达式控制

表达式控制特效可将一个图层的动画参数关键帧与另一个图层的动画参数进行关联。表达式控制特效组中包括图层控制、复选框控制、滑杆控制、点控制、色彩控制及角度控制项。表达式控制菜单如图3-235所示。

- 【图层控制】：可在选项列表中选择当前合成中的图层，这个控制中不可对关键帧进行设置。
- 【复选框控制】：可控制有间隔区间动画的开始或停止。
- 【滑杆控制】：可设置默认值范围在0-100的滑条。
- 【点控制】：可对位置点的动画进行设置。
- 【色彩控制】：可控制颜色逐渐转变的动画。
- 【角度控制】：可旋转调节角度控制器。

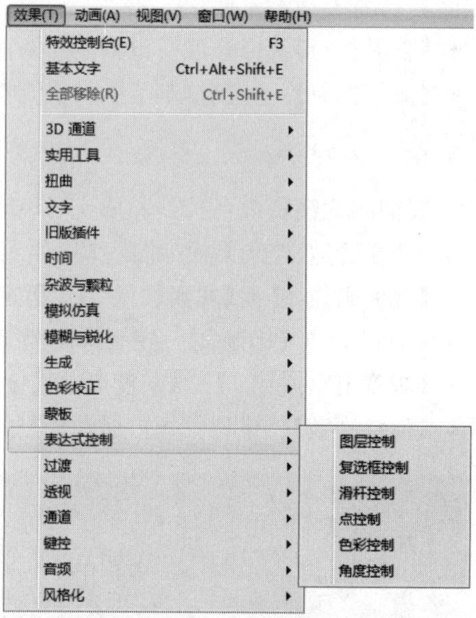

图3-235　表达式控制菜单

3.14 过渡

过渡特效可以在过渡层与其下的所有层之间建立过渡，并将两个镜头进行连接。在影片合成的过程中经常需要创造各种特殊的切换来进行两个镜头间的过渡，过渡特效针对这项工作提供了多项滤镜特效。其中包括卡片擦除、块溶解、形状划变、径向擦除、渐变擦除、百叶窗和线性擦除多项滤镜特效，如图3-236所示。

1. 卡片擦除

卡片擦除滤镜特效可以产生类似卡片效果的图像翻转，如图3-237所示。卡片擦除特效控制面板如图3-238所示。

- 【变换完成度】：控制过渡完成百分比。
- 【变换宽度】：控制产生片状图像的线形宽度。
- 【背景图层】：可以设置背景图层。
- 【行】：可以设置产生卡片的图形有多少行。
- 【列】：可以设置产生卡片的图形列数。
- 【卡片比例】：控制卡片尺寸大小。
- 【反转轴】：可以设置翻转变换的轴向，其中包括X、Y轴及随机选择。
- 【反方向】：控制卡片翻动的方向。

图3-236　过渡菜单

- 【反转顺序】：选择在切换过程中卡片出入场的顺序。
- 【渐变层】：可选择一个渐变图层。
- 【随机时间】：可以设置卡片翻转的随机速度。
- 【随机种子】：设置的值越高影响的卡片块就越多。
- 【摄像机系统】：可选择卡片的各种角度、位置及过程等选项。
- 【摄像机位置】：设置摄像机的位置、焦距、旋转及变换顺序等参数。
- 【角度】：在摄像机系统下拉列表选中角度才能激活此选项。
- 【照明】：设置灯光的类型、强度及范围。
- 【质感】：可以设置漫反射、镜面反射和高光锐度3种效果。
- 【位置振动】：可设置在卡片的原位置上发生抖动的速度及动量。
- 【旋转振动】：设置在卡片的原角度上发生抖动的速度及动量。

图3-237　卡片擦除效果

图3-238　卡片擦除特效控制面板

2. 块溶解

块溶解滤镜特效以随机的方块对两个层的重叠部分进行切换，如图3-239所示。块溶解特效控制面板如图3-240所示。

图3-239　块溶解效果

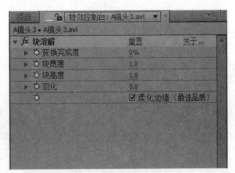

图3-240　块溶解特效控制面板

影视特效高手

- 【变换完成度】：可以控制过渡完成百分比。
- 【块宽度】：可以控制块的宽度。
- 【块高度】：可以控制块的高度。
- 【羽化】：可以控制块边缘的羽化程度。
- 【柔软边缘】：可以设置块边缘是否柔和。

3. 形状划变

形状划变滤镜特效以辐射状过渡指定顶点数产生切换，并可以指定是否运用内径效果产生星形收缩，如图 3-241 所示。形状划变特效控制面板如图 3-242 所示。

图3-241　形状划变效果

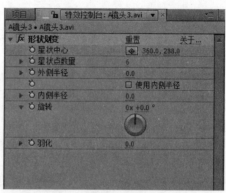

图3-242　形状划变特效控制面板

- 【星状中心】：可以控制星形辐射的中心位置。
- 【星状点数量】：可以控制产生辐射的点数。
- 【外侧半径】：可以控制辐射孔外部半径的大小。
- 【使用内侧半径】：可以设置是否使用内半径，产生星形内缩效果。
- 【内侧半径】：可以控制辐射孔内部半径的大小。
- 【旋转】：可以控制辐射孔的旋转角度。
- 【羽化】：可以控制辐射孔边缘的羽化程度。

4. 径向擦除

径向擦除滤镜特效可以围绕特定的点呈辐射状擦除层，如图 3-243 所示。径向擦除特效控制面板如图 3-244 所示。

图3-243　径向擦除效果

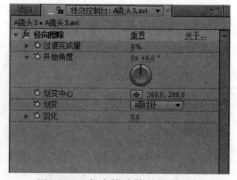

图3-244　径向擦除特效控制面板

- 【过渡完成量】：可以控制过渡完成百分比。
- 【开始角度】：可以控制开始擦除的角度。
- 【划变中心】：可以控制擦除范围的中心位置。
- 【划变】：可以设置擦除范围的扩散方式。
- 【羽化】：可以控制擦除边缘的羽化程度。

5. 渐变擦除

渐变擦除滤镜特效以指定一个层的亮度值为基础创建一个渐变过渡的效果。在渐变层擦除中，渐变层的像素亮度决定当前层中哪些对应像素透明，以显示底层，如图3-245所示。渐变擦除特效控制面板如图3-246所示。

图3-245 渐变擦除效果

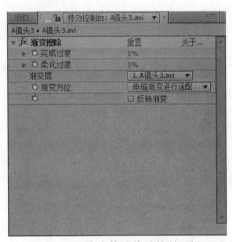

图3-246 渐变擦除特效控制面板

- 【完成过渡】：可以控制过渡完成百分比。
- 【柔化过渡】：可以控制切换时渐变层溶解边缘的柔和程度。
- 【渐变层】：用于设置渐变层的擦除。
- 【渐变方位】：可以控制渐变层溶解的位置和大小。
- 【反转渐变】：可以反转渐变层。

6. 百叶窗

百叶窗滤镜特效可产生类似百叶窗开合的过渡动画效果。百叶窗特效控制面板如图3-247所示。

- 【变换完成量】：控制过渡完成百分比。
- 【方向】：控制过渡开始的位置。
- 【宽度】：设置百叶窗的间隔度。
- 【羽化】：设置百叶窗边缘的柔化程度。

7. 线性擦除

线性擦除滤镜特效可产生从某个方向以直线的方式进行擦除的效果。线性擦除特效控制面板如图3-248所示。

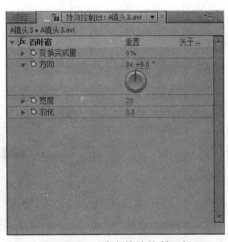

图3-247 百叶窗特效控制面板

影视特效高手

- 【完成过渡】：可以控制过渡完成百分比。
- 【擦除角度】：可设置直线以多大的角度进行擦除，即过渡开始的位置。
- 【羽化】：设置直线边缘的柔化程度。

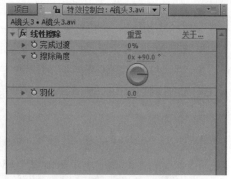

图3-248　线性擦除特效控制面板

3.15　透视

透视特效是 After Effects 中特别具有实用价值的特效之一，利用该组特效可以在一个虚拟的三维空间中创建一个 Z 轴调整图像的位置。透视特效组中提供了 3D 眼镜、放射阴影、斜角边、斜面 Alpha 及阴影滤镜特效，如图 3-249 所示。

1. 3D眼镜

3D 眼镜滤镜特效通过对左右两侧的两个 3D 视图进行组合，产生一个单一的三维立体图像，以表现一种蒙太奇的艺术效果，如图 3-250 所示。3D 眼镜特效控制面板如图 3-251 所示。

- 【左视图】/【右视图】：可以设置左右视图的使用层。
- 【聚合偏移】：可以控制两个视图之间集中偏移量。
- 【左右互换】：可以交换左右视图的图像。
- 【3D 视图】：可以设置特效三维视图的渲染模式。
- 【平衡】：可以控制色彩水平的平衡状态。

图3-249　透视菜单

图3-250　3D眼镜效果

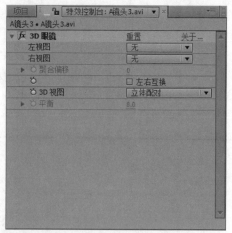

图3-251　3D眼镜特效控制面板

2. 放射阴影

放射阴影滤镜特效可模拟灯光照射在图像上的效果，放射阴影特效控制面板如图 3-252 所示。

- 【阴影色】：设置放射阴影的颜色。
- 【透明度】：设置放射阴影的透明程度。
- 【光源】：设置光源的位置。
- 【投影距离】：设置放射阴影的放射距离。
- 【柔化】：设置放射阴影的柔和程度。
- 【渲染】：可选择放射阴影的渲染方式。
- 【色彩感应】：设置颜色对放射阴影的影响。
- 【只有阴影】：设置是否只显示放射阴影。
- 【重设图层大小】：可调整放射阴影层的尺寸大小。

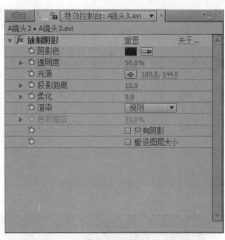

图3-252 放射阴影特效控制面板

3. 斜角边

斜角边滤镜特效可以在图像的边缘创建出一种轮廓分明、具有发光效果的立体外观效果，图像边缘的位置是由 Alpha 通道决定的，如图 3-253 所示。斜角边特效控制面板如图 3-254 所示。

图3-254 斜角边特效控制面板

图3-253 斜角边效果

- 【边缘厚度】：可以控制图像边缘倒角的宽窄程度。
- 【照明角度】：可以控制光照效果的方向。
- 【照明色】：可以控制光源的颜色。
- 【照明强度】：可以控制光源的强弱程度。

4. 斜面Alpha

斜面 Alpha 滤镜特效可通过二维的 Alpha 通道效果形成三维的外观。斜面 Alpha 特效控制面板如图 3-255 所示。

- 【边缘厚度】：设置边缘的厚度值。
- 【照明角度】：设置阴影产生的方向。

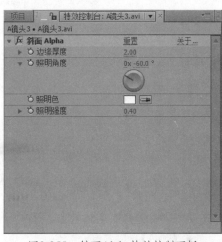

图3-255 斜面Alpha特效控制面板

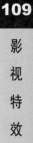

- 【照明色】：可设置灯光照射高光部分的颜色。
- 【照明强度】：可设置灯光照射高光部分的强度。

5. 阴影

阴影滤镜特效可以为图像增加阴影效果，使图像与背景之间产生空间感效果。投影的形状由图像的 Alpha 通道决定，如图 3-256 所示。阴影特效控制面板如图 3-257 所示。

图3-256　阴影效果

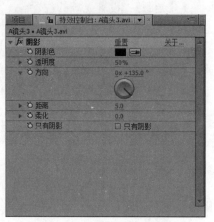

图3-257　阴影特效控制面板

- 【阴影色】：可以控制投影的颜色。
- 【透明度】：可以控制投影的不透明度。
- 【方向】：可以控制投影从图像后面投射的方向。
- 【距离】：可以控制投影与图像之间的距离。
- 【柔化】：可以控制投影边缘的柔和程度。
- 【只有阴影】：可以设置是否单独显示投影。

3.16　通道

通道特效菜单控制图像各个通道的操作，其中提供了部分针对图像颜色调整的滤镜特效。包括单色合成、反转、复合运算、最大 / 最小、混合、移除颜色蒙板、算术、计算、设置蒙板、设置通道、转换通道、通道合成器滤镜特效，如图 3-258 所示。

1. 单色合成

单色合成滤镜特效是用一种颜色与当前层进行模式和透明度的合成，也可用一种颜色填充当前层，如图 3-259 所示。单色合成特效控制面板如图 3-260 所示。

- 【素材源透明度】：控制源层的不透明程度。
- 【颜色】：设置混合颜色。

图3-258　通道菜单

- 【透明度】：控制混合颜色的不透明度。
- 【混合模式】：选择颜色与源层的混合模式。

图3-259　单色合成效果　　　　　　　图3-260　单色合成特效控制面板

2. 反转

反转滤镜特效用于反转图像的颜色信息，可以通过设置通道选择不同的通道对图像颜色反转，如图 3-261 所示。反转特效控制面板如图 3-262 所示。

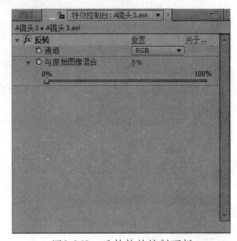

图3-261　反转效果　　　　　　　图3-262　反转特效控制面板

- 【通道】：可选择应用反转效果的通道。
- 【与原始图像混合】：设置与原图像的混合程度。

3. 复合运算

复合运算滤镜特效可将两个层通过运算的方式进行混合。复合运算特效控制面板如图 3-263 所示。

- 【第二来源层】：可选择混合的第二个图像层。
- 【操作】：可选择作用的方式。
- 【在通道上运算】：可选择 RGB、RGBA 和 Alpha 通道类型。

111

影视特效高手

- 【溢出行为】：可以设置对超出允许范围的像素值的处理方式。
- 【伸缩第二来源进行适配】：控制在两个层的尺寸不同时，可按第二来源层的尺寸进行伸缩适应。

4. 最大/最小

最大/最小滤镜特效可对指定的通道进行最大值或最小值的填充。最大可对该范围内最亮的像素填充，最小可对该范围内最暗的像素填充，最大/最小特效控制面板如图 3-264 所示。

- 【操作】：可选择作用的方式。
- 【半径】：设置应用效果的半径。
- 【通道】：可选择应用的通道类型，可对 RGB 和 Alpha 通道单独作用，不影响画面其他元素。
- 【方向】：可选择水平、垂直或水平/垂直项。
- 【不缩小边缘】：设置是否启用不缩小边缘项。

图3-263　复合运算特效控制面板

图3-264　最大/最小特效控制面板

5. 混合

混合滤镜特效用多种模式将两个层混合在一起，构成一个全新的图像，混合特效控制面板如图 3-265 所示。

- 【与图层混合】：可指定一个层与当前层进行混合。
- 【模式】：可选择混合运用的模式，有交叉淡化、颜色、色调、变暗及变亮模式。
- 【如果图层大小不同】：其中可设置居中或拉伸至适合。

6. 移除颜色蒙板

移除颜色蒙板滤镜特效用于删除或改变遮罩颜色，在合成项目中导入包含 Alpha 通道的素材

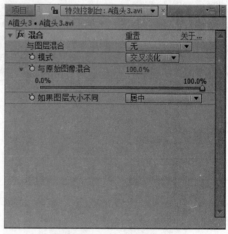

图3-265　混合特效控制面板

时，需要去除图像中的光晕，而光晕通常和图像是有很大反差的，此特效可以消除或改变光晕。

移除颜色蒙板特效控制面板如图 3-266 所示。

- 【背景色】：可选择要消除的背景颜色。
- 【HDR 修剪结果】：设置是否启用 HDR 修剪结果。

7. 算术

算术滤镜特效对图像中的红、绿、蓝通道进行简单的运算。算术特效控制面板如图 3-267 所示。

图3-266　移除颜色蒙板特效控制面板　　　　图3-267　算术特效控制面板

- 【操作运算】：在其中可选择不同的算法。
- 【红色值】/【绿色值】/【蓝色值】：可应用计算中的红色 / 绿色 / 蓝色通道数值。
- 【修剪结果值】：用来防止设置的颜色值超出所有功能函数项的限定范围。

8. 计算

计算滤镜特效对各颜色通道进行计算来合成新的图像。计算特效控制面板如图 3-268 所示。

- 【输入】：输入通道可选择使用何种颜色通道进行混合，反转输入可反转输入颜色的通道。
- 【第二图层】：可选择一个层作为混合层。
- 【反转第二图层】：可反转混合层。
- 【伸缩第二图层至全屏】：可拉伸或缩小混合层直到尺寸匹配原层。
- 【混合模式】：可选择两层间的混合方式。

9. 设置蒙板

设置蒙板滤镜特效可将其他图层的通道设置为当前层的蒙板，通常用于创建运动蒙板效果。设置蒙板特效控制面板如图 3-269 所示。

- 【从图层获取蒙板】：可选择要应用蒙板的层。
- 【用于蒙板】：选择何种通道作为当前层的蒙板。
- 【反转蒙板】：可将蒙板反向。
- 【如果图层大小不同】：可选择是否伸缩蒙板进行适配。
- 【与原始图像合成蒙板】：可将蒙板与原图像合成。

- 【预乘蒙板层】：可选择与背景合成的蒙板层。

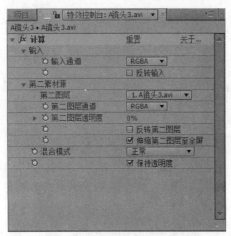
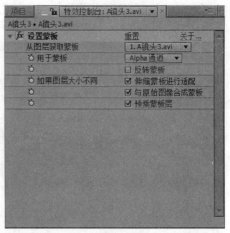

图3-268　计算特效控制面板　　　　　　　　图3-269　设置蒙板特效控制面板

10. 设置通道

设置通道滤镜特效可以复制其他层通道到当前层的指定通道中，制作出不同凡响的颜色效果，如图 3-270 所示。设置通道特效控制面板如图 3-271 所示。

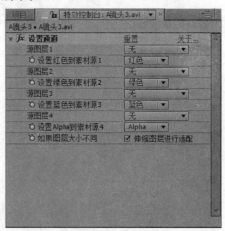

图3-270　设置通道效果　　　　　　　　　图3-271　设置通道特效控制面板

- 【源图层 1】/【源图层 2】/【源图层 3】/【源图层 4】：可分别将当前层的 RGBA 4 个通道改为其他层。
- 【设置红色到素材源 1】/【设置绿色到素材源 2】/【设置蓝色到素材源 3】/【设置 Alpha 到素材源 4】：可选择当前层要被替换的 RGBA 通道。
- 【如果图层大小不同】：可选择是否伸缩图层进行适配。

11. 转换通道

转换通道滤镜特效可在当前层的 RGB 及 Alpha 通道之间进行转换，对图像的颜色和明暗产生效果，也可消除某种颜色，如图 3-272 所示。转换通道特效控制面板如图 3-273 所示。

- 【获取 Alpha 自】/【获取红色自】/【获取绿色自】/【获取蓝色自】：可分别在其下拉列表中选择当前层中的其他通道，应用到 Alpha、红、绿、蓝通道。

图3-272　转换通道效果

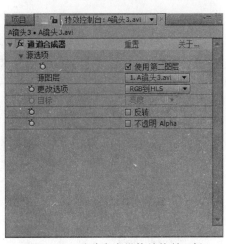

图3-273　转换通道特效控制面板

12. 通道合成器

通道合成器滤镜特效可提取、显示和调整图像的不同通道，并重新组合计算产生不同的颜色效果，也可在不同的颜色模式间进行转换，如图 3-274 所示。通道合成器特效控制面板如图 3-275 所示。

图3-274　通道合成器效果　　　　　　图3-275　通道合成器特效控制面板

- 【源选项】：可使用第二图层项。
- 【源图层】：设置来源层。
- 【更改选项】：选择来源信息和被改变后的信息。
- 【目标】：只有在更改选项中选择了单个信息后才能激活此项。
- 【反转】：可反转所选的信息。
- 【不透明 Alpha】：可使用不透明的 Alpha 通道信息。

🔄 3.17　键控

键控即抠像技术，它是一种在影视制作领域被广泛采用的技术手段，键控特效组中包括亮度键、内部／外部键、差异蒙板、提取（抽出）、溢出抑制、线性色键、色彩范围、颜色差异键及颜色键多项特效，如图 3-276 所示。

1. 亮度键

亮度键滤镜特效可根据层的亮度对图像进行抠像处理，可将图像中具有指定亮度的所有像素都键出，从而创建透明效果，而层质量设置不会影响滤镜效果。亮度键特效控制面板如图 3-277 所示。

- 【键类型】：可使用暗部抠出、亮部抠出、相似抠出及相异抠出方式进行键处理。
- 【阈值】：可指定键出的亮度值。
- 【宽容度】：可指定接近键出极限值的像素键出范围，数值的大小可以直接影响抠像区域。
- 【边缘变薄】：设置对键出区域边界的调整范围。
- 【边缘羽化】：设置对键出区域边界的羽化程度。

图3-276 键控菜单

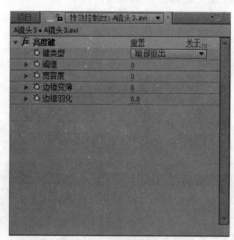

图3-277 亮度键特效控制面板

2. 内部／外部键

内部／外部键滤镜特效通过层的遮罩路径来确定要隔离的物体边缘，从而把前景物体从它的背景上隔离出来。使用该滤镜特效可以将具有不规则边缘的物体从它的背景中分离出来，这里使用的遮罩路径可以十分粗略，不一定正好在物体的四周边缘。内部／外部键特效控制面板如图 3-278 所示。

- 【前景（内侧）】：在其下拉列表中可为键控特效指定前景遮罩，即内侧边缘遮罩定义图像中保留的像素范围。
- 【添加前景】：可添加更多的前景遮罩。
- 【背景（外侧）】：在其下拉列表中可为键控特效指定背景遮罩，即外侧边缘遮罩定义图像中键出的像素范围。
- 【添加背景】：可添加更多的背景遮罩。

- 【单个遮罩高光】：仅使用一个遮罩时此项可用。
- 【清除前景】/【清除背景】：可根据指定的遮罩路径清除前景色或背景色。
- 【边缘变薄】/【边缘羽化】/【边缘阈值】：是对键出区域边界的控制。
- 【反转提取】：可反转键出区域。

3. 差异蒙板

差异蒙板滤镜特效可以通过对比源层和对比层的颜色值，将源层中与对比层颜色相同的像素消除从而创建透明效果。该滤镜特效的典型应用就是将一个复杂背景中的移动物体合成到其他场景中，通常情况下对比层采用源层的背景图像。差异蒙板特效控制面板如图 3-279 所示。

图3-278　内部/外部键特效控制面板

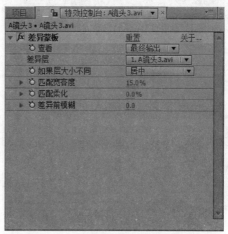

图3-279　差异蒙板特效控制面板

- 【查看】：可切换预览窗口和合成窗口的视图。
- 【差异层】：可设置哪一层将作为对比层。
- 【如果层大小不同】：可设置居中或伸缩匹配差异层。
- 【匹配宽容度】：可调整匹配范围控制透明颜色的容差度。
- 【匹配柔化】：可控制匹配的柔化程度。
- 【差异前模糊】：通过比较前对两个层做细微的模糊并清除图像中的杂点。

4. 提取（抽出）

提取（抽出）滤镜特效通过图像的亮度范围来创建透明效果。图像中所有与指定亮度范围相近的像素都将被消除，对于具有黑色或白色背景的图像，或者是背景亮度与保留对象之间亮度反差很大的复杂背景图像抠像是该滤镜特效的优点，也可用来删除影片中的阴影，提取特效控制面板如图 3-280 所示。

- 【柱形图】：可显示层中亮度公布级别，以及在每个级别上的像素量。
- 【通道】：可选择应用抽出键控的通道。
- 【黑色部分】/【白色部分】：控制颜色透明，小于黑色部分的颜色透明，大于白色部分的颜色透明，拖动滑块可加大或缩小透明范围。
- 【黑色柔化】/【白色柔化】：可设置左边暗区/右边亮区的柔和程度。
- 【反转】：可反转键控区域。

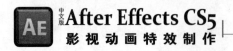

5. 溢出抑制

溢出抑制滤镜特效可消除图像边缘溢出的键控色。颜色溢出是光线从屏幕反射到图像物体上的颜色，是由透明物体中显示的背景颜色，溢出抑制特效可删除对图像抠像以后留下一些溢出颜色的痕迹。溢出抑制特效控制面板如图 3-281 所示。

- 【色彩抑制】：可选择溢出的颜色。
- 【色彩精度】：可选择更快或更好的运算方式。
- 【抑制量】：控制抑制程度。

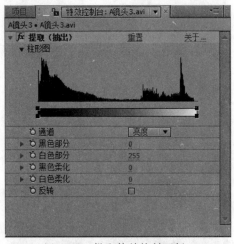

图3-280　提取特效控制面板

图3-281　溢出抑制特效控制面板

6. 线性色键

线性色键滤镜特效可以用来进行抠像处理，还可以用来保护其他误删除但不应删除的颜色区域。如果在图像中抠出物体包含被抠像颜色，当对其进行抠像时这些区域可能也会变成透明区域，这时可对图像添加该滤镜特效，在键操作选项中选择键色并找回不该去除的部分。线性色键特效控制面板如图 3-282 所示。

- 【预览】：用于显示遮罩情况的缩略图。
- 【　吸管】：可吸取键控色，用于在遮罩视图选择开始的键控色，加减吸管可增加或减少键控色的颜色范围。
- 【查看】：可切换预览窗口和合成窗口的视图。
- 【键色】：设置基本键控颜色。
- 【匹配色】：指定键控色的颜色空间。
- 【匹配宽容度】：可调整匹配范围控制透明颜色的容差度。
- 【匹配柔和度】：可控制匹配的柔化程度。

7. 色彩范围

色彩范围滤镜特效可以通过去除 Lab、YUV 或 RGB 模式中指定的颜色范围来创建透明效果。可应用在由多种颜色组成的背景图像，或不均匀光照并且包含同种颜色阴影的蓝色及绿色图像。色彩范围特效控制面板如图 3-283 所示。

- 【模糊性】：对边界进行柔和模糊。

- 【色彩空间】：可设置颜色之间的距离，其中有 Lab、YUV、RGB3 种选项，每种选项对颜色的不同变化有相应的反应。
- 【最小】/【最大】：可以对层的透明区域进行微调设置。

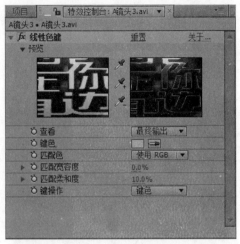

图3-282　线性色键特效控制面板

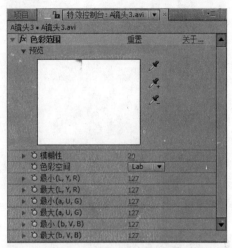

图3-283　色彩范围特效控制面板

8. 颜色差异键

颜色差异键滤镜特效通过把图像划分为两个蒙板创建透明效果。蒙板 A 使指定键控色之外的其他颜色的区域变为透明，蒙板 B 使指定的键控色的区域变为透明，这两种蒙板效果联合起来就得到最终的第 3 种蒙板区域透明效果。颜色差异键特效控制面板如图 3-284 所示。

颜色差异键控制面板中的左侧缩略图表示原始图像，右侧缩略图表示蒙板效果。

- 【吸管】：用于在原始图像缩略图中拾取键控色。
- 【吸管】：用于在蒙板缩略图中拾取透明区域的颜色。
- 【吸管】：用于在蒙板缩略图中拾取不透明区域颜色。
- 【查看】：可显示蒙板效果或显示键出效果。
- 【键色】：可选择键控颜色。
- 【色彩匹配精度】：可用更快或更精确来设置颜色匹配的精度。
- 【部分 A】：可对遮罩 A 进行精确的参数调整。
- 【部分 B】：可对遮罩 B 进行精确的参数调整。
- 【蒙板】：可对 Alpha 遮罩进行精确的参数调整。

9. 颜色键

颜色键滤镜特效是一种比较初级的抠像技术，通过设定键控色及颜色范围把图像中该范围内的色彩像素进行消除。颜色键特效控制面板如图 3-285 所示。

- 【键颜色】：可通过吸管拾取透明区域的颜色。
- 【色彩宽容度】：可调节键控色匹配的颜色范围，该参数值越高透明颜色的范围就越大，该参数值越低透明颜色的范围就越小。
- 【边缘变薄】：可设置键出区域的边缘宽度是扩张还是收缩。
- 【边缘羽化】：可对键出区域的边缘产生柔化效果。

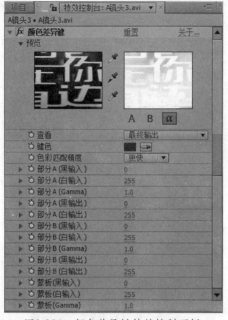

图3-284　颜色差异键特效控制面板　　　　　图3-285　颜色键特效控制面板

3.18　音频

After Effects CS5 的音频特效组中包含了低音与高音、倒放、参数 EQ、延迟、混响、立体声混合、调制器、镶边与和声、音调、高通 / 低通滤镜效果。利用该组滤镜特效可以增强或纠正音频特性并产生效果，使单调的场景富有更强的生命力，如图 3-286 所示。

1. 低音与高音

低音与高音滤镜特效可以对音频层的音调进行基本调整，提升或降低声音中的高低频部分。例如，对于一些在低音方面较差的音频文件，就需要提高低音，得到更理想的音频质量。

设置低音可以在混合器中调节低音通道的数值，从而改变其侧重点；高音可以在混合器中调节高音通道的数值，从而改变其侧重点，如图 3-287所示。

图3-286　音频菜单

2. 倒放

倒放滤镜特效可以将声音从结束关键帧播放到开始关键帧，通过滤镜特效中提供的交换声道设置选项，可以实现反向播放声音的效果。若不选择此参数，则整段音频或所选取的两个关键帧之间的部分被反转过来，如图 3-288 所示。

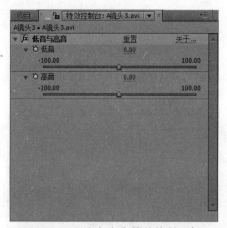 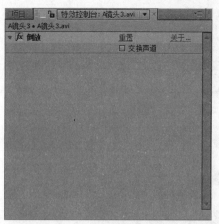

图3-287 低音与高音特效控制面板　　图3-288 倒放特效控制面板

3. 参数EQ

参数 EQ 滤镜特效可以精确地调整音频的声音，可加强或削弱特定的频率范围。滤镜特效设置主要分成频率响应曲线图和 3 种不同的频段。每种不同的波段中分别提供了频率、频段宽度、推进 / 剪切 3 项相同的参数设置，当激活不同波段并做相应调整后，频率响应曲线图中会以曲线的形式显示响应的设置情况。其中频段 1 显示为红色曲线，频段 2 显示为绿色曲线，频段 3 显示为蓝色曲线。参数 EQ 特效控制面板如图 3-289 所示。

- 【频段 1 启用】：可以控制波形及参数的激活状态，选中此选项后曲线图中将显示该曲线，其效果有效；如果没有选中则曲线图中不显示该曲线，其调整也是无效的。
- 【频率】：可以调整要修改的频率。这里指定的值就是频率响应曲线图上的最高点（顶点）在水平轴上所对应的数值。
- 【频段宽度】：可以设置音频率的带宽。在频率响应曲线图上表现为最高点（顶点）的平滑度。
- 【推进】/【剪切】：可以调节指定带宽的频率幅度值，即频率响应曲线图中的最高点（顶点）的值。

4. 延迟

延迟滤镜特效可以在调整之后的音频素材中产生重复声音。通过调整滤镜特效中提供的各项参数设置，可以精确控制整段声音的延迟和调制，模拟声音在阻挡面上弹回的效果，达到产生各种回声的效果。延迟特效控制面板如图 3-290 所示。

- 【延迟时间】：可以调节源声音与其回音之间的间隔时间，时间单位为毫秒。该设置的数值越大源声音与其回音之间的间隔时间也就越长，数值越小源声音与其回音之间的间隔时间也就越短。
- 【延迟量】：可以调整第一次声音延迟的水平，系统默认设置为 50%，可以通过调整该设置控制源声音发送的数量。
- 【回授】：可以调节回音在延迟航线上被反馈的数量，以创建"连续的"回音。通过调整参数的大小控制回音信号在延迟航线上反馈的数量。
- 【干输出】/【湿输出】：可以在最后输出时调节源声音和处理声音之间的平衡，系统默认设置为 75%。

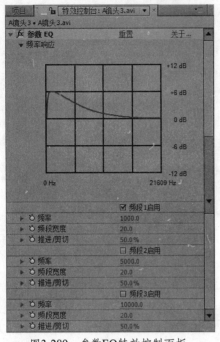

图3-289 参数EQ特效控制面板

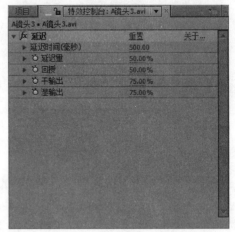

图3-290 延迟特效控制面板

5. 混响

混响滤镜特效能够模拟房间内部的声音情况。可以在一个指定的时间重复声音,以产生回声模拟声音被远处的平面反射回来的效果,能表现出宽阔而真实的回声效果。混响特效控制面板如图 3-291 所示。

- 【混响时间】:可以指定源声音和反射声音之间的平均时间。
- 【扩散】:可以调整源声音的扩散量,较大的值会使声音听起来像远离麦克风的声音所发出的效果。
- 【衰减】:可以调整声音效果在衰减过程中所花费的时间,较大的衰减值会产生较大的空间效果。
- 【明亮度】:可以调整源声音中的保留信息量,较大的明亮值可以生成空旷的效果或较高反射声音。
- 【干输出】/【湿输出】:可以设置在最后输出时调节源声音和处理声音之间的平衡。

6. 立体声混合

立体声混合滤镜特效可以混合音频层的左右声道,并产生从一个声道到另一个声道的完整的音频信号,通过参数调整可以得到更完美的声音混合效果。立体声混合特效控制面板如图 3-292 所示。

- 【左声道电平】/【右声道电平】:分别调整音频层左右声音通道的水平。
- 【左声道声像平移】/【右声道声像平移】:可以从一个声音通道向另一个声音通道转换混合的立体声信号。
- 【反转相位】:可以转换立体声信号的两个声道的状态,选中此项可以防止两种相同频率的声音相互掩盖。

图3-291　混响特效控制面板 　　　　图3-292　立体声混合特效控制面板

7. 调制器

调制器滤镜特效通过调整声波的频率和振幅，为声音增加颤音和震音，产生一个多普勒效果，比如声音逐渐消失。调制器特效控制面板如图 3-293 所示。

- 【变调类型】：可以确定要使用的波形类型，选择使用不同的类型可以产生不同效果的声音。
- 【变调比率】：可以调整频率的速度。
- 【变调深度】：可以调整频率的深度。
- 【振幅变调】：可以调整振幅的音量。

8. 镶边与和声

镶边与和声滤镜特效把两个独立的声音效果合并到一个滤镜中，合成两种分离的音频特技效果，特效控制面板如图 3-294 所示。

图3-293　调制器特效控制面板 　　　　图3-294　镶边与和声特效控制面板

- 【声音分离时间】：可以调节声音的分离时间，用于延长尾音产生一种合唱效果。音频文件若为独唱则可选取较小的数值，音频文件若为合唱则可选取较大的数值。
- 【声音】：可以调节声音数量。
- 【变调速率】：可以调整回响声音的频率。
- 【变调深度】：可以调整回响声音的深度。

- 【声音相位改变】：可以调整后续声音间的相位变化。
- 【反转相位】：可以设置反转处理声音的相位，反相后侧重于高音频，不反相则侧重于低音频。
- 【立体声】：可以调整声音在两个通道之间的变换，使先后出现的每种声音在两个通道间交替出现。
- 【干声输出】/【湿声输出】：可以在最后输出时调节源声音和处理声音之间的平衡。

9. 音调

音调滤镜特效可以合成简单的音调，产生各种特技效果。可以为每种效果添加 5 种音调以创建合音，当对音频素材实施这一滤镜效果后，源声音将会被屏蔽，只有该滤镜合成的声音被播放。使用该滤镜特效可以自定义一些喜欢的声音效果。音调特效控制面板如图 3-295 所示。

- 【波形选项】：可以选择所要使用的波形。包括正弦波、三角波形、锯齿波形和方形波。
- 【频率 1】/【频率 2】/【频率 3】/【频率 4】/【频率 5】：可以设置声调的频率，从第一声调到第五声调，当参数设置为 0 时，可以屏蔽某个声调。
- 【级别】：可以调整所有声调的幅度。

10. 高通/低通

高通/低通滤镜特效可以将低频部分或高频部分从声音中滤除，只允许指定的频率通过。对该滤镜特效的参数做相应的调整可以规定高低音频的极限值，起到增强或削弱声音的作用，从而得到一个随时间推移不断从一种声音变换侧重点的效果。高通/低通特效控制面板如图 3-296 所示。

- 【滤镜选项】：提供了高音过滤和低音过滤两个选项。
- 【频率截断】：可以确定频率的极限值。
- 【干输出】/【湿输出】：可以在最后输出时调节源声音和处理声音之间的平衡。

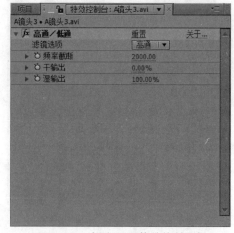

图3-295　音调特效控制面板　　　　图3-296　高通/低通特效控制面板

▶ 3.19　风格化

风格化特效通过对图像中的像素及色彩进行替换和修改等处理，可以模拟各种画风，创作出丰富而真实的艺术效果。该组特效中提供的艺术化滤镜特效包括动态平铺、卡通、彩色浮雕、招贴画、散射、材质纹理、查找边缘、浮雕、笔触、粗糙边缘、辉光、闪光灯、阈值和马赛克滤镜特效，如图 3-297 所示。

图3-297　风格化菜单

1. 动态平铺

动态平铺滤镜特效可以复制多个原图像到输出图像中，整个屏幕分割为许多个小方块，并且在每个小方块中都显示整个图像，如图 3-298 所示。动态平铺特效控制面板如图 3-299 所示。

- 【平铺中心】：可以控制被分割出的全部方格的中心位置。
- 【平铺宽度】/【平铺高度】：可以设置拼贴的宽度和高度尺寸。
- 【输出宽度】/【输出高度】：可以控制输出图像的尺寸大小。
- 【镜子边缘】：可以控制其周围所有分割出的图像都以镜像的方式被复制。
- 【相位】：可以控制相邻拼贴的偏移量。
- 【水平相位移动】：可以将拼贴相位以水平方式进行偏移。

图3-298　动态平铺效果

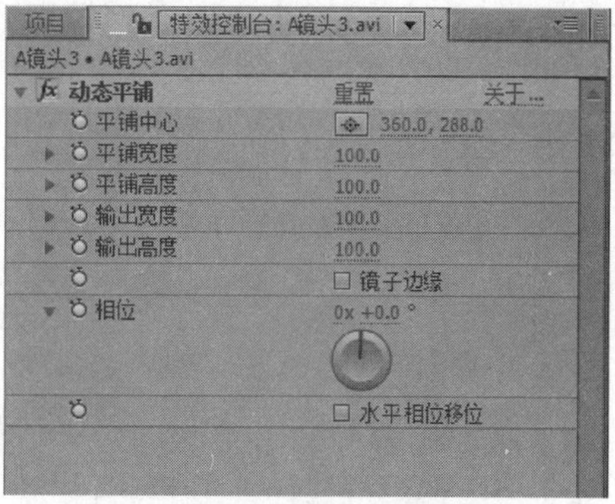

图3-299　动态平铺特效控制面板

2. 卡通

卡通滤镜特效可将图像处理成类似卡通画的效果。卡通特效控制面板如图 3-300 所示。

- 【渲染】：可选择填充、边缘及填充与边缘类型，可设置详细半径及阈值参数。
- 【填充】：可设置阴影层次与阴影不滑度。
- 【边缘】：可设置阈值、宽度、柔化及透明度项。
- 【详细】：可对边缘进行强调、色阶及对比度设置。

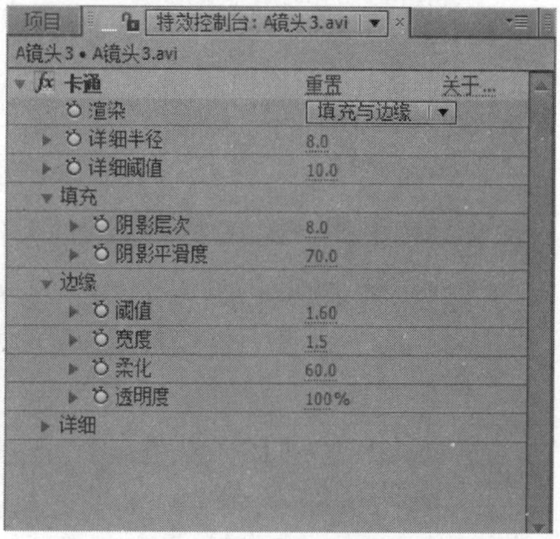

3. 彩色浮雕

彩色浮雕滤镜特效可以为平面图像创建彩色的立体浮雕效果，如图 3-301 所示。彩色浮雕特效控制面

图3-300　卡通特效控制面板

板如图 3-302 所示。

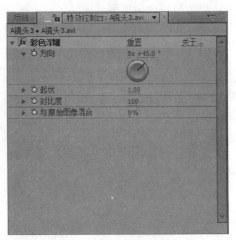

图3-301　彩色浮雕效果　　　　图3-302　彩色浮雕特效控制面板

- 【方向】：可以控制光源照射的方向，通过调整光源的方向控制浮雕的角度。
- 【起伏】：可以控制浮雕效果的深度。
- 【对比度】：可以控制浮雕效果与原始图像之间的颜色对比度，从而影响效果与图像的分离程度。
- 【与原始图像混合】：可以控制浮雕效果与原始图像之间的混合程度。

4. 招贴画

招贴画滤镜特效可将图像处理成类似招贴画的效果。在招贴画特效控制面板中可对电平进行设置，如图 3-303 所示。

5. 散射

散射滤镜特效可以在不改变每个独立像素色彩的前提下，重新分配随机的像素。利用分散层中的像素，创建一种模糊或污浊的涂抹外观效果，如图 3-304 所示。散射特效控制面板如图 3-305 所示。

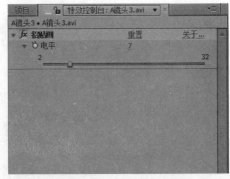

图3-303　招贴画特效控制面板

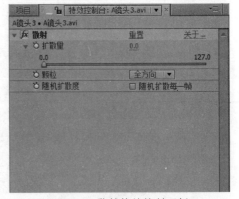

图3-304　散射效果　　　　图3-305　散射特效控制面板

- 【扩散量】：可以控制特效分散出的颗粒数量。
- 【颗粒】：可以控制颗粒扩散的方式。
- 【随机扩散度】：可以控制效果是否随机排列在每一帧上。

6. 材质纹理

材质纹理滤镜特效可以先指定一个层，然后使被指定层的图像作为纹理映射到当前层的图像中，如图 3-306 所示。材质纹理特效控制面板如图 3-307 所示。

图3-306 材质纹理效果

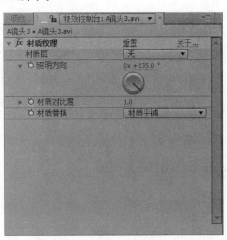

图3-307 材质纹理特效控制面板

- 【材质层】：可以设置一个层作为纹理层。
- 【照明方向】：可以控制光源的照射方向。
- 【材质对比度】：可以控制纹理显示的对比度。
- 【材质替换】：可以设置纹理化效果的应用类型。

7. 查找边缘

查找边缘滤镜特效可以强化颜色变化区域的过渡像素，模仿铅笔勾边的方式创建出线描的艺术效果。通过使用该滤镜特效结合 After Effects 提供的校色功能可以制作出完美的水墨画效果，如图 3-308 所示。查找边缘特效控制面板如图 3-309 所示。

图3-308 查找边缘效果

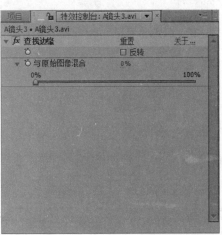

图3-309 查找边缘特效控制面板

影视特效高手

- 【反转】：可以设置图像的反转效果。
- 【与原始图像混合】：可以控制特效与原始图像之间的混合程度。

8. 浮雕

浮雕滤镜特效可为平面图像创建立体的浮雕效果，浮雕效果只应用在图像的边缘，且不含颜色。浮雕特效控制面板如图 3-310 所示。

- 【方向】：可以控制光源照射的方向，通过调整光源的方向控制浮雕的角度。
- 【起伏】：可以控制浮雕效果的深度。
- 【对比度】：可以控制浮雕效果与原始图像之间的对比度，从而影响效果与图像的分离程度。
- 【与原始图像混合】：可以控制浮雕效果与原始图像之间的混合程度。

图3-310　浮雕特效控制面板

9. 笔触

笔触滤镜特效可以创建出画笔描绘的粗糙外观效果，通过设置笔触的各项属性可以完成各种画派风格，如图 3-311 所示。笔触特效控制面板如图 3-312 所示。

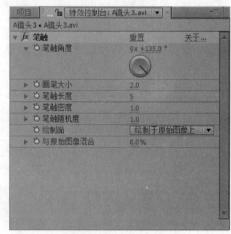

图3-311　笔触效果　　　　　　　　　　图3-312　笔触特效控制面板

- 【笔触角度】：可以控制笔触生成的方向。
- 【画笔大小】：可以控制每个单独笔触的尺寸大小。
- 【笔触长度】：控制每个单独笔触的长度。
- 【笔触密度】：可以控制笔触的密度。
- 【笔触随机度】：可以控制笔触效果的随机性。
- 【绘制面】：可以设置图像中使用笔触的范围。
- 【与原始图像混合】：可以控制笔触效果与原始图像之间的混合程度。

10. 粗糙边缘

粗糙边缘滤镜特效可以对图像的边缘进行粗糙化处理，创建出艺术化边框效果，如图 3-313 所示。粗糙边缘特效控制面板如图 3-314 所示。

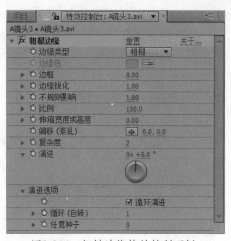

图3-313 粗糙边缘效果　　　　　图3-314 粗糙边缘特效控制面板

- 【边缘类型】：可以设置边缘处理类型，系统提供了多种预置处理方式。
- 【边缘色】：可以设置边缘效果的使用颜色。
- 【边框】：可以控制图像边缘的宽度。
- 【边缘锐化】：可以控制边缘的锐化程度。
- 【不规则影响】：可以控制边缘效果的粗糙碎片对相邻像素的影响程度。
- 【比例】：可以控制边缘粗糙程度的缩放效果。
- 【伸缩宽度或高度】：可以控制图像边缘的宽度和高度的拉伸程度。
- 【偏移（紊乱)】：可以控制粗糙边缘碎片的偏移点位置。
- 【复杂度】：可以控制边缘粗糙效果的复杂度。
- 【演进】：可以控制边缘粗糙碎片的演化角度。
- 【演进选项】：可控制循环演进与任意种子。

11. 辉光

辉光滤镜特效通过搜索图像中的明亮部分，对其周围像素进行加亮处理，创建一个扩散的光晕效果，如图 3-315 所示。辉光特效控制面板如图 3-316 所示。

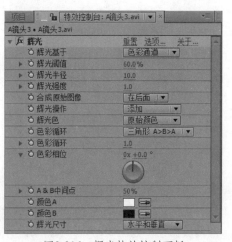

图3-315 辉光效果　　　　　图3-316 辉光特效控制面板

- 【辉光基于】：可以控制辉光效果基于那一种通道方式产生辉光。
- 【辉光阈值】/【辉光半径】/【辉光强度】：可以分别控制光晕效果的极限值、半径和强度。
- 【合成原始图像】：可以设置光晕与原始图像混合的应用方式。
- 【辉光操作】：可以控制光晕的产生方式。选择不同的操作方式可以产生不同的辉光效果。
- 【辉光色】：可以控制辉光颜色的使用方式，其中包括原始颜色、A 与 B 颜色和强制映像等方式。
- 【色彩循环】：可以设置颜色光圈的使用方式及控制在光晕中产生颜色循环的色轮圈数。
- 【色彩相位】：可以控制颜色循环的开始点，A 与 B 中间点可以控制颜色之间的平衡点。
- 【颜色 A】/【颜色 B】：可以设置 A 和 B 的颜色。
- 【辉光尺寸】：可以设置辉光的扩展方式，包括水平和垂直、水平、垂直 3 种方式。

12. 闪光灯

闪光灯滤镜特效可以在画面中加入一帧闪白或其他颜色，应用一帧层混合模式，然后又立刻恢复，使连续画面产生闪烁效果，主要用于模拟屏幕闪白的效果，如图 3-317 所示。闪光灯特效控制面板如图 3-318 所示。

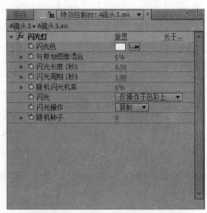

图3-317　闪光灯效果　　　　　　　　图3-318　闪光灯特效控制面板

- 【闪光色】：可以设置闪光颜色。
- 【与原始图像混合】：可以设置与原始层的混合程度。
- 【闪光长度】：可以设置闪烁周期的长度。
- 【闪光周期】：可以设置闪烁间隔周期的长度。
- 【随机闪光机率】：可以设置闪烁随机概率。
- 【闪光】：可设置闪烁方式。
- 【闪光操作】：可控制闪烁的叠加模式。
- 【随机种子】：设置频闪的随机性，值越大透明度越高。

13. 阈值

阈值滤镜特效可以将一个灰度或彩色的图像转换为一个高对比度的黑白图像。该滤镜特效将一定的色阶指定为阈值，所有比该阈值亮的像素被转成白色，相反，所有比该阈值暗的像素被转成黑色，如图 3-319 所示。阈值特效控制面板如图 3-320 所示。

- 【级别】：可以控制图像的颜色阈值，低于阈值的像素转化为黑色，高于阈值的像素转化为白色，取值范围在 0 ~ 255。

图3-319　阈值效果

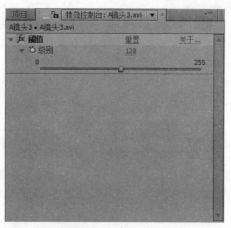

图3-320　阈值特效控制面板

14. 马赛克

马赛克滤镜特效可在画面中产生类似马赛克的方块图案效果，如图 3-321 所示。在马赛克特效控制面板中可设置水平块与垂直块的色块尺寸，以及是否开启锐化色彩项，如图 3-322 所示。

图3-321　马赛克效果

图3-322　马赛克特效控制面板

3.20　本章小结

本章主要对 After Effects CS5 的所有滤镜效果进行讲解，在调节时可以根据特效的叠加组合出更丰富的效果。

3.21　习题

1. After Effects CS5 的标准滤镜效果有哪些？
2. 使运动的文字动画产生拖尾幻影的特效如何实现？
3. 使用哪款滤镜特效可以建立基本文字？

第**4**章 常用特效插件

> 本章主要对常用的特效插件进行讲解，常用的特效插件不仅只应用于After Effects中，还可以在Combustion和Fusion等后期合成软件中使用。

除 After Effects CS5 自带的标准滤镜以外，还可以根据需要添加安装第三方滤镜来增加特效功能。After Effects CS5 的所有滤镜都存放于 Plug-ins 目录中，每次启动时系统会自动搜索 Plug-ins 目录中的滤镜，并将搜索到的滤镜加入 After Effects 的 Effect（特效）菜单中，如图 4-1 所示。

图4-1 插件文件夹

⟳ 4.1 Shine体积光

Shine(体积光)是 Trap Code 公司开发的经典光效插件，主要制作扫光及太阳光等特殊光效果。Trap Code 公司开发了许多重量级的后期插件，在许多后期影片和合成软件中会经常使用到，安装插件后可以在菜单中选择【效果】→【Trap Code】→【Shine】命令，如图 4-2 所示。

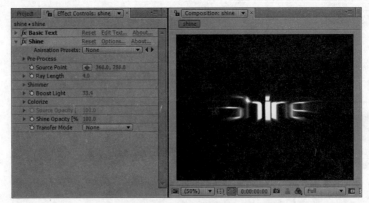

图4-2 体积光插件

1. 预处理过程

Pre-Process（预处理过程）卷展栏主要包含了 Threshold（阀值）、Use Mask（是否使用遮罩）、Mask Radius（遮罩半径）和 Mask Feather（遮罩羽化），通过遮罩控制体积光的显现区域，如图 4-3 所示。

2. 发射点与光芒长度

Source Point（发射点）卷展栏和 Ray Length（光芒长度）卷展栏主要控制体积光的显现动画，如图 4-4 所示。

图4-3　预处理过程　　　　　　　　　　　　图4-4　发射点和光芒长度

Source Point（发射点）可以通过发射点按钮和 XY 轴值进行扫光控制，配合记录项目的按钮进行动画设置，如图 4-5 所示。

Ray Length（光芒长度）主要设置体积光发散光芒的光线长度，在制作体积光逐渐显示的动画效果时尤其实用，如图 4-6 所示。

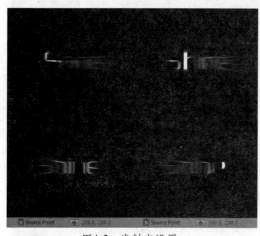

图4-5　发射点设置

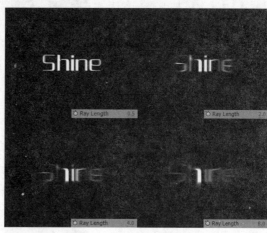

图4-6　光芒长度设置

3. 微光与推进光

Shimmer（微光）卷展栏中主要有 Amount（数量）、Detail（细节）、Source Point affects Shimmer（微光随发射点影响）、Radius（半径）、Reduce flickering（减少闪烁）、Phase（相位）、Use Loop（使用循环）、Revolutions in Loop（在循环中旋转），Boost Light（推进光）主要控制体积光更加精细的主光线强度效果，如图 4-7 所示。

4. 彩色模式

Colorize（彩色模式）卷展栏中有 One Color（一种颜色）、4-Color Gradient（4 种颜色渐变）、

5-Color Gradient（5种颜色渐变）彩色方案，还有许多不同方案的预设，如图4-8所示。

图4-7　微光与推进光

图4-8　彩色模式

　　在 Colorize（彩色模式）卷展栏中提供了许多颜色渐变方案，其中有 Fire（火颜色方案）、Mars（火星颜色方案）、Chemistry（化学颜色方案）、Deepsea（深海颜色方案）、Electric（电颜色方案）、Spirit（幽灵颜色方案）、Aura（光环颜色方案）、Heaven（天堂颜色方案）、Romance（浪漫颜色方案）、Magic（魔术颜色方案）、USA（美国国旗颜色方案）、Rastafari（牙买加国旗颜色方案）、Enlightenment（教化颜色方案）、Radioaktiv（无线电波颜色方案）、IR Vision（化学元素颜色方案）、Lysergic（麦角酸颜色方案）、Rainbow（彩虹颜色方案）、RGB（三原色颜色方案）、Technicolor（染印法颜色方案）、Chess（国际象棋颜色方案）、Pastell（粉笔画家颜色方案）、Desert Sun（沙漠太阳颜色方案），如图4-9所示。

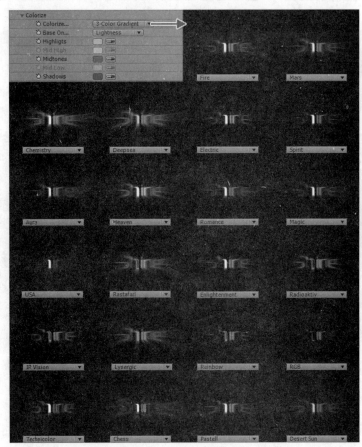

图4-9　微光与推进光

　　5. 透明与叠加

　　Source Opacity（来源透明度）卷展栏、Shine Opacity（体积光透明度）卷展栏、Transfer Mode（传递模式）卷展栏主要控制体积光与原始图像的叠加与透明设置，如图4-10所示。

图4-10　透明与叠加

4.2　3D Stroke三维描边

Trap Code 公司开发的 3D Stroke（三维描边）滤镜特效可以勾画出光线在三维空间中旋转和运动的效果，安装插件后可以在菜单中选择【效果】→【Trap Code】→【3D Stroke（三维描边）】命令，如图 4-11 所示。

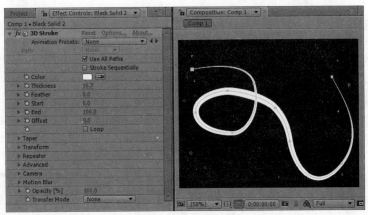

图4-11　三维描边插件

1. 基础属性

应用 3D Stroke（三维描边）后，在基础属性中主要有 Color（描边颜色）、Thickness（厚度）、Feather（羽化）、Start（开始端）、End（结束端）、Offset（偏移）等选项，设置开始和结束端后，通过记录偏移值可以得到运动的描边效果，如图 4-12 所示。

2. 锥形设置

Taper（锥形）设置卷展栏中开启 Enable（使用）后三维描边会产生两端尖的效果，还包括 Compress to fit（压缩到适合尺寸）、Start Thickness（开始端厚度）、End Thickness（结束端厚度）、Taper Start（开始端锥形）、Taper End（结束端锥形）、Start Shape（开始端形状）、End Shape（结束端形状）、Step Adjust Method（步骤调整方法）等选项，如图 4-13 所示。

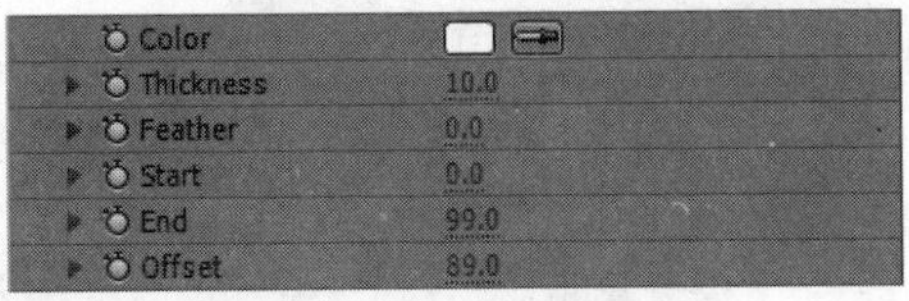

图4-12　基础属性

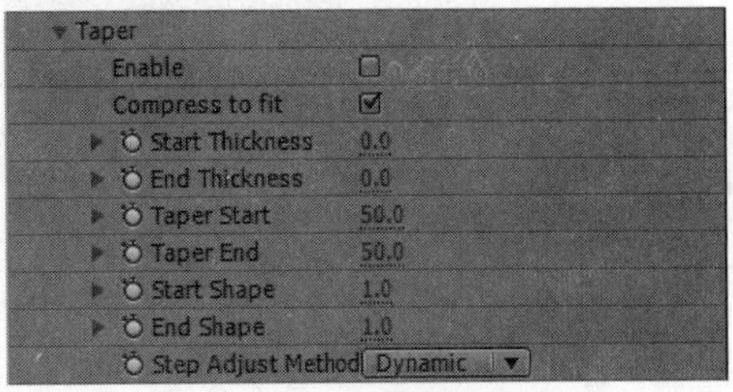

图4-13　锥形设置

3. 变换设置

Transform（变换）设置卷展栏主要控制描边的三维变换，包括 Bend（弯曲）、Bend Axis（弯曲角度）、Bend Around Center（弯曲环绕中心）、XY Position（XY 轴位置）、Z Position（Z 轴位置）、X Rotation（X 轴旋转）、Y Rotation（Y 轴旋转）、Z Rotation（Z 轴旋转）、Order（顺序）等选项，

如图 4-14 示。

4.其他设置

3D Stroke（三维描边）中还有许多其他设置，包括 Advanced（高级设置）、Camera（摄影机）、Motion Blur（运动模糊）、Opacity（透明度）、Transfer Mode（选择移动模式）等选项，如图 4-15 所示。

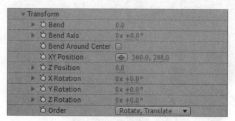

图4-14　锥形设置

图4-15　其他设置

4.3　Light Factory灯光工厂

Light Factory（灯光工厂）滤镜特效可以模拟各种不同类型的光源效果，增加滤镜特效后会自动分析图像中的明暗关系并定位光源点用于制作发光效果，可以根据黑白图案来控制或运动发光源与三维场景实现完美结合。安装插件后可以在菜单中选择【效果】→【Knoll Light Factory(灯光工厂)】→【Light Factory EZ（灯光工厂 EZ)】命令，如图 4-16 所示。

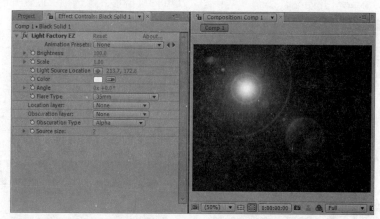

图4-16　灯光工厂插件

1.亮度与缩放

在灯光工厂的亮度与缩放项目中 Brightness（亮度）控制效果的明亮程度，Scale（缩放）控制效果的大小区域，如图 4-17 所示。

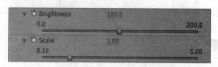

图4-17　亮度与缩放

2.光源位置

在灯光工厂的效果中可以设置光源的位置，通过 按钮还可以进行动画设置，使光斑产生滑动的效果，会使合成的影像更具丰富感，如图 4-18 所示。

3. 颜色与角度

在灯光工厂中可以设置 Color（颜色）和 Angle（角度），使光斑效果不仅可以自定义发光颜色，还可以设置旋转的动画效果，如图 4-19 所示。

4. 光斑类型

在灯光工厂中提供了多种预设 Flare Type（光斑类型），可以根据合成影片风格选择所需的光斑类型，会大大地提高工作效率，如图 4-20 所示。

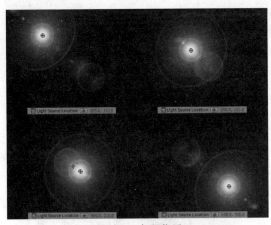

图4-18　光源位置

图4-19　亮度与缩放

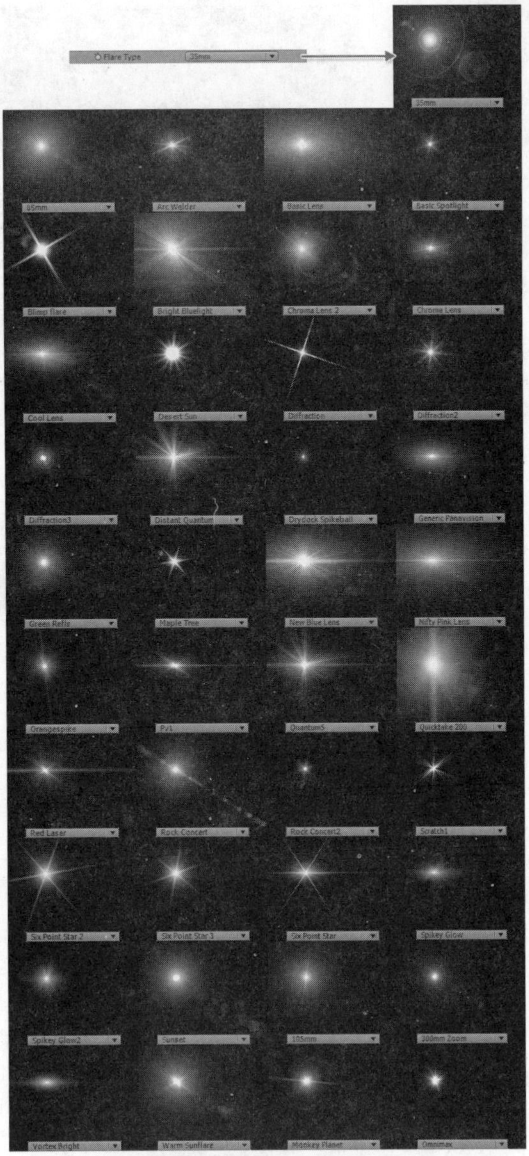

图4-20　光斑类型

5. 其他设置

在灯光工厂中还可以设置 Location layer（位置层）、Obscuration layer（昏暗层）、Obscuration Type（昏暗类型）和 Source size（原始大小）等选项，如图 4-21 所示。

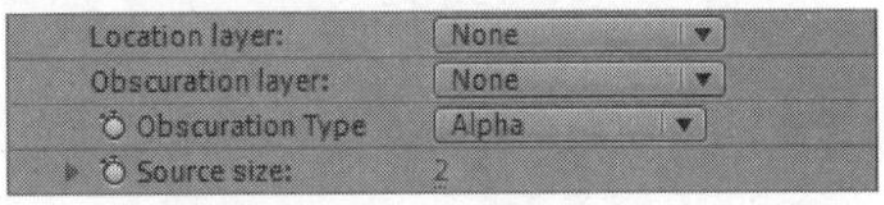

Location layer:	None
Obscuration layer:	None
Obscuration Type	Alpha
Source size:	2

图4-21　其他设置

⏎ 4.4　Particular粒子

Particular（粒子）滤镜特效是单独的粒子系统，可以通过不同参数的调整使粒子系统呈现出各种超现实效果，可以模拟出光效、火和烟雾等效果。安装插件后可以在菜单中选择【效果】→【Trap Code】→【Particular（粒子）】命令，如图 4-22 所示。

影视特效高手

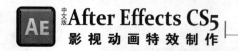

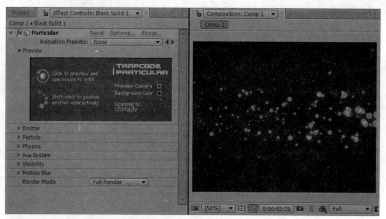

图4-22　三维描边插件

1. 发射器属性

在特效控制面板中的 Emitter（发射器）属性可以设置粒子的大小、形状、类型、初始速度与方向等属性，其中 Particles/sec 可以控制每秒钟产生的粒子数量，该选项可以通过设定关键帧来实现在不同时间内产生的粒子数量，如图 4-23 所示。

2. 粒子属性

Particle（粒子）属性中可以设定粒子的所有外在属性，包括大小、透明度、颜色，以及在一个生命周期内这些属性的变化，如图 4-24 所示。

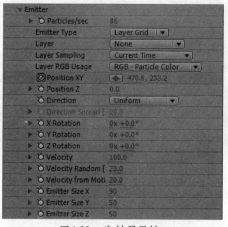

图4-23　发射器属性

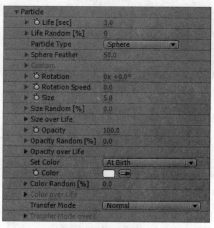

图4-24　粒子属性

3. 物理属性

Physics（物理）属性参数选项中可以设置 Gravity（重力）、Air Resistance（空气阻力）、Spin（粒子旋转）和 Wind（风）等物理学属性参数，如图 4-25 所示。

4. 辅助系统

Aux System（辅助系统）可以设置粒子与层碰撞后产生新生粒子的物理学属性参数，如图 4-26 所示。

图4-25　物理属性　　　　　　　　　　　　图4-26　辅助系统

5. 可见性设置

Visibility（可见性）可以设置粒子在产生过程中在何处可见，在其选项中可以调整 Far Vanish（最远可见距离）、Far Start Fade（最远衰减距离）、Near Start Fade（最近衰减距离）和 Near Vanish（最近可见距离）等可见属性参数，如图 4-27 所示。

6. 运动模糊

Motion Blur（运动模糊）项目中主要设置粒子在产生过程中的模糊信息，如图 4-28 所示。

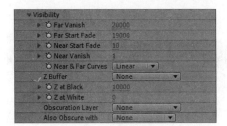

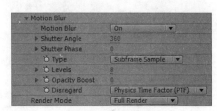

图4-27　可见性设置　　　　　　　　　　　图4-28　运动模糊

⤶ 4.5　Starglow星光

Starglow（星光）是一个能在 After Effects 中快速制作星光闪耀效果的滤镜，它能在影像中高亮度的部分加上星型的闪耀效果，可以分别指定 8 个闪耀方向的颜色和长度，每个方向都能被单独的赋予颜色贴图和调整强度。安装插件后可以在菜单中选择【效果】→【Trap Code】→【Starglow（星光）】命令，如图 4-29 所示。

图4-29　星光插件

1. 星光预设

Preset（预设）中提供了不同风格的星光样式，可以直接选择调取使用，大大提高了后期合成的工作效率，如图 4-30 所示。

2. 预处理属性

在 Pre-Process（预处理）项目中可以设置 Threshold（阀值）、Threshold Soft（阀值柔和）、Use Mask（使用遮罩）、Mask Radius（遮罩半径）、Mask Feather（遮罩羽化）、Mask Position（遮罩位置），如图 4-31 所示。

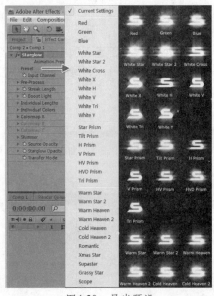

图4-30　星光预设

图4-31　预处理属性

3. 亮度与颜色

Starglow（星光）特效中还可以设置 Streak Length（光线长度）、Boost Light（推进光）、Individual Lengths（各方向光线长度）、Individual Colors（各方向光线颜色）、Colormap A（A 颜色贴图）、Colormap B（B 颜色贴图）、Colormap C（C 颜色贴图），如图 4-32 所示。

4. 微光与透明

Shimmer（微光）项目中可以设置 Amount（数量）、Detail（细节）、Phase（相位）、Use Loop（使用循环）、Revolutions in Loop（在循环中旋转），除此之外使用 Source Opacity（来源透明度）、Starglow Opacity（星光透明度）和 Transfer Mode（传递模式）可以设置星光与原始图像的叠加与透明程度，如图 4-33 所示。

图4-32　亮度与颜色

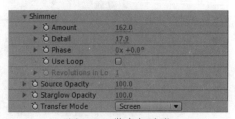

图4-33　微光与透明

4.6　FE Light Sweep扫光

　　Final Effects（最终效果）滤镜特效插件是由 Meta Creations 公司出品的 After Effects 的经典插件，其中包括通道控制、图像变形、抠像和粒子系统等功能。FE Light Sweep（FE 扫光）特效可使图像产生过光条效果，增加滤镜特效后可以记录过光动画，使画面效果更加丰富。安装插件后可以在菜单中选择【效果】→【Final Effects】→【FE Light Sweep（扫光）】命令，如图 4-34 所示。

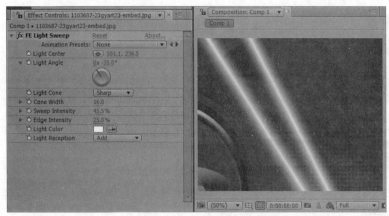

图4-34　FE扫光插件

1. 中心与角度

　　Light Center（光中心）可以设置光源的中心位置，Light Angle（光角度）可以设置光源的显示角度，如图 4-35 所示。

2. 光锥度

　　Light Cone（光锥度）项目中可以设置扫光的类型，其中包括 Linear（直线）、Smooth（平滑）和 Sharp（锐利）3 种类型，如图 4-36 所示。

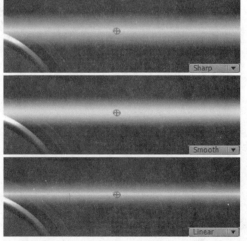

图4-35　FE扫光效果　　　　　　　　　　　　图4-36　光锥度

影视特效高手

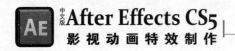
3. 宽度与强烈

Cone Width（锥度宽度）可以设置扫光条渐变坡度的宽度，Sweep Intensity（扫强烈）可以设置扫光的明亮强度，Edge Intensity（边强烈）可以设置扫光边缘的强烈程度，如图 4-37 所示。

4. 扫光颜色

Light Color（光颜色）主要设置扫光源的颜色，Light Reception（接受光）可以设置原始图像上光的接受模式，其中包括 Add（增加）、Composite（合成）和 Cutout（剪切背景）3 种类型，如图 4-38 所示。

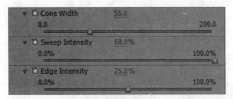

图4-37 宽度与强烈

图4-38 扫光颜色

4.7 FE Sphere球体

FE Sphere（FE 球体）特效可以将平面图像转换为三维球体效果，增加滤镜特效后可以调节滤镜参数，使球体产生真实的旋转运动效果。安装插件后可以在菜单中选择【效果】→【Final Effects】→【FE Sphere（FE 球体）】命令，如图 4-39 所示。

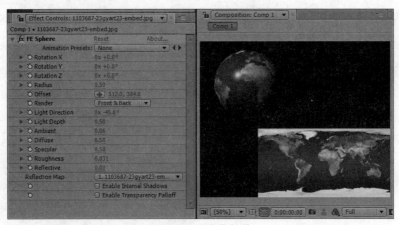

图4-39 FE球体插件

1. 旋转设置

在 FE Sphere（FE 球体）特效中可以设置从平面包裹到球体的角度，包括 Rotation X（X 轴旋转）、Rotation Y（Y 轴旋转）、Rotation Z（Z 轴旋转）3 个选项，如图 4-40 所示。

2. 球体设置

Radius（球半径）可以设置球体的外形大小，Offset（偏移）可以设置球体的偏移位置控制在空间中产生位置的变化，Render（渲染）中提供了 Front & Back（前面和后面）、Front Only（只有前面）、Back Only（只有后面）显示方式，如图 4-41 所示。

图4-40　旋转设置　　　　　　　　　　图4-41　球体设置

3. 灯光与贴图

- 【Light Direction】(灯光方向):可以设置照射球体的光源方向。
- 【Light Depth】(灯光深度):可以设置照射球体的光源空间感。
- 【Ambient】(环境光):可以模拟真实灯光照射的环境影响。
- 【Diffuse】(漫反射):可以控制固有的灯光效果。
- 【Specular】(高光):可以控制模拟出球体高光的强弱。
- 【Roughness】(粗糙度):可以设置球体表面的粗糙程度。
- 【Reflective】(反射):可以控制球体表面的光滑反射效果。
- 【Reflection Map】(反射贴图):可以设置球体表面的反射贴图。

此外还包括 Enable Internal Shadows(是否开启内部阴影)和 Enable Transparency Falloff(是否打开透明衰减)类型的设置,如图 4-42 所示。

图4-42　灯光与贴图

4.8　FE Particle Systems粒子系统

FE Particle Systems(FE 粒子系统)特效可以为影片添加爆炸、烟火、喷泉、水花等粒子效果。安装插件后可以在菜单中选择【效果】→【Final Effects】→【FE Particle Systems(FE 粒子系统)】命令,如图 4-43 所示。

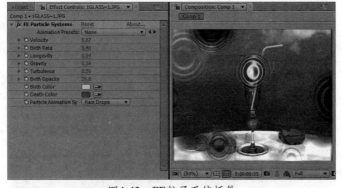

图4-43　FE粒子系统插件

1. 粒子参数

- 【Velocity】(速率):控制粒子发射的速度。
- 【Birth Rate】(出生率):控制粒子产生的频率。

- 【Longevity】（寿命）：控制产生的粒子在场景中显示时长。
- 【Gravity】（重力）：控制粒子向下掉落的参数。
- 【Turbulence】（波动）：控制粒子气体或水的涡流效果。
- 【Birth Opacity】（产生透明度）：控制产生粒子的不透明程度，如图4-44所示。

2. 颜色与粒子类型

- 【Birth Color】（产生颜色）/【Death Color】（死亡颜色）：控制粒子起始与粒子结束时的颜色。
- 【Particle Animation System】（粒子动画系统）：其中提供了 Explosive（爆炸）、Sideways（一侧运动）、Fire（火）、Bonfire（篝火）、Twirl（旋转）、Fountain（喷泉）、Viscouse（粘性发射器）、Scatterize（散射）、Sparkle（火花）、Vortexy（节点发射器）、Rain Drops（溅起水花）、Star Light（星光）、Smokish（烟雾）、Bubbly（气泡）、Bally（阴影球）、Water Drops（雨丝）、Experimental（实验）等粒子类型，如图4-45所示。

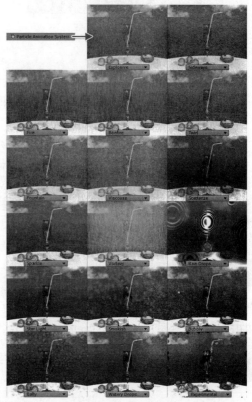

○ Velocity	0.80	
○ Birth Rate	5.00	
○ Longevity	0.50	
○ Gravity	0.50	
○ Turbulence	0.30	
○ Birth Opacity	25.0	

图4-44　粒子参数　　　　　　　　图4-45　颜色与粒子类型

4.9　FE Light Burst光线散射

　　FE Light Burst（光线散射）特效可以使图像产生扩散的光线效果。安装插件后可以在菜单中选择【效果】→【Final Effects】→【FE Light Burst（光线散射）】命令，如图4-46所示。

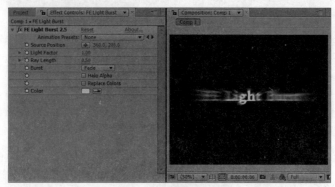

图4-46　FE光线散射插件

1. 光线设置

光线设置中的 Source Position（光源位置）可以控制光线散射的位置与扫光动画，Light Factor（灯光系数）可以控制光线的强弱效果，Ray Length（光束长度）可以控制光线散射的长度效果，如图 4-47 所示。

2. 散射与替换颜色

Burst（散射方式）中提供了 Straight（直的）、Fade（淡的）、Center（中心）3 种光线类型如图 4-48 所示。

- 【Halo Alpha】（光晕通道）：控制是否选择产生光晕的通道。
- 【Replace Colors】（替换颜色）：控制是否选择以颜色方式进行光线替换。
- 【Color】（颜色）：是指所替换的设置。

图4-47　光线设置　　　　　　　图4-48　散射与替换颜色

4.10　FE Griddler框筛

FE Griddler（框筛）特效可以使图像产生类似筛子状的框架效果，安装插件后可以在菜单中选择【效果】→【Final Effects】→【FE Griddler（框筛）】命令。在框筛特效中可以设置 Horizontal Scale（横向缩放）、Vertical Scale（竖向缩放）、Tile Size（平铺大小）、Rotation（旋转）、Tile Behavior（平铺行为）、Cut Tiles（裁切平铺）等选项，如图 4-49 所示。

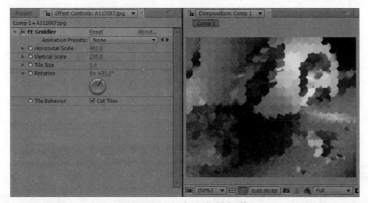

图4-49　FE光线散射插件

4.11　DE Aged Film怀旧电影

Digi Effects Aurorix 滤镜特效插件是由 Digi Effects Aurorix 公司出品的 After Effects 经典插件，其中包括多种视频效果处理功能。DE Aged Film（怀旧电影）特效可以对视频素材增加尘土、发丝和其他颗粒物来制作旧电影效果，使用方法十分简单。安装插件后可以在菜单中选择【效果】

→【Digi Effects Aurorix】→【DE Aged Film（怀旧电影）】命令，如图4-50所示。

图4-50　怀旧电影插件

1. 杂质设置

杂质设置面板如图4-51所示。

- 【Film Response】（影片反映）：可以设置电影的陈旧效果程度。
- 【Gain Amount】（增益数量）：可以设置图像中的噪点数量。
- 【Dust Size】（灰尘尺寸）：可以设置污点的大小尺寸。
- 【Dust Amount】（灰尘数量）：可以设置污点的多少。
- 【Dust Color】（灰尘颜色）：可以设置污点的颜色。
- 【Hair Size】（毛发尺寸）：可以设置图像中毛发的大小尺寸。
- 【Hair Amount】（毛发数量）：可以设置图像中产生毛发的数量。
- 【Hair Color】（毛发颜色）：可以设置图像中产生毛发的颜色。
- 【Scratch Amount】（划痕数量）：可以设置图像上的划痕数量。
- 【Scratch Velocity】（划痕速度）：控制划痕的出现速度。
- 【Scratch Lifespan】（划痕寿命）：控制划痕显示存在的时间。
- 【Scratch Opacity】（划痕透明度）：控制划痕显示的透明程度。

2. 运动设置

运动设置面板如图4-52所示。

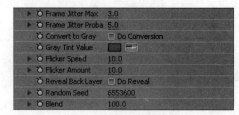

图4-51　杂质设置　　　　　图4-52　运动设置

- 【Frame Jitter Max】（帧最大抖动偏移量）：可以设置每一帧图像大的最大抖动偏移的强度。

- 【Frame Jitter Proba】（帧抖动概率）：设置每一帧图像的抖动范围。
- 【Convert to Gray】（转换到灰度）：设置是否开启转换到灰度显示。
- 【Gray Tint Value】（灰度颜色）：设置选择灰度是什么颜色。
- 【Flicker Speed】（闪烁速度）：控制杂质闪烁的快慢速度。
- 【Flicker Amount】（闪烁数量）：可以设置图像在播放的过程中闪烁的次数。
- 【Reveal Back Layer】（显示背景层）：控制是否显示背景层的图像。
- 【Random Seed】（随机速度）：控制杂质随机的运动频率。
- 【Blend】（混合）：调节与原始图像的混合程度。

4.12 Form粒子形式

Trapcode 公司发布了基于网格的三维粒子插件 Form，它可以用来制作复杂的有机图案、复杂几何学结构和涡线液体动画。将其他层作为贴图，使用不同参数，可以进行无止境的独特设计。Trapcode Form 超强的粒子系统可制作字溶解成沙、舞动的烟特效、轻烟流动、标志着火、附着水滴的波纹的效果。安装插件后可以在菜单中选择【效果】→【Trap Code】→【Form（粒子形式）】命令，如图 4-53 所示。

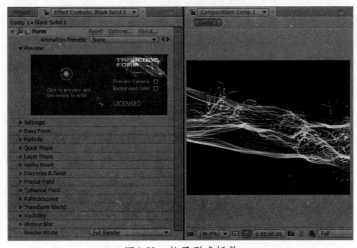

图4-53　粒子形式插件

1. 预览与设置

Preview（预览）区域可以使用鼠标直接预览设置的粒子效果，Settings（设置）调节粒子的发光与烟雾阴影形式参数，如图 4-54 所示。

2. 参数设置

粒子形式的参数设置中包含 Base Form（基础形式）、Particle（粒子）、Quick Maps（快速贴图）、Layer Maps（层贴图）、Audio React（音频影响）、Disperse & Twist（分散与缠绕）、Fractal Field（不规则碎片）、Spherical Field（球状碎片）、Kaleidospace（万花筒）、Transform World（世界变化）、Visibility（可见性）、Motion Blur（运动模糊）、Render Mode（渲染模式）等，如图 4-55 所示。

图4-54 运动设置

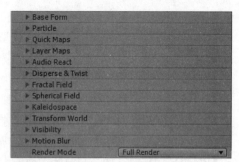

图4-55 参数设置

4.13 Digital Film Lab数字电影模拟

Digital Film Lab（数字电影模拟）是一款用于 After Effect 的电影胶片模拟插件，可以模拟多种彩色、黑白的摄影效果、漫射和颜色渐进相机滤镜、彩色透明滤光版、生胶片效果等光学实验室处理手段。这款插件的强大之处在于它丰富的预设值，使用这些预设值可以产生各种不同的效果，在它已有的 135 种 5 大类（黑白效果、彩色效果、漫射效果、颗粒属性和温度属性）预设值之外，还可以修改创造出属于自己的效果。安装插件后可以在菜单中选择【效果】→【DFT Digital Film Lab】→【Digital Film Lab（数字电影模拟）】命令，如图 4-56 所示。

图4-56 数字电影模拟插件

1. 预览与设置

Preset（预设）可以将设置的效果进行存储和载入调用，View（视图）中提供了 Output（输出）、Diffusion Matte（漫反射蒙板）、Grad（栅格）、Original（最初的）4 种显示样式，如图 4-57 所示。

图4-57 预览与设置

2. 色彩校正

Color Correct（色彩校正）中可以设置 Black & White（黑白）、Hue（色调）、Saturation（饱和度）、Brightness（亮度）、Contrast（对比度）、Gamma（伽马）、Red（红）、Green（绿）、Blue（蓝）等选项，如图 4-58 所示。

3. 其他设置

数字电影模拟插件中还可以设置 Diffusion（扩散）、Color Grad（颜色渐变）、Lab（颜色模式）、

Grain（纹理）、Post Color Correct（补充色彩校正）、Force 16-bit Processing（强制 16 位加工）等选项，如图 4-59 所示。

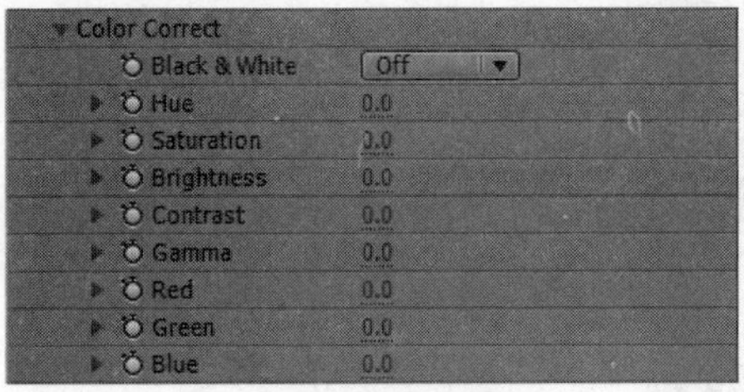

图4-58　色彩校正 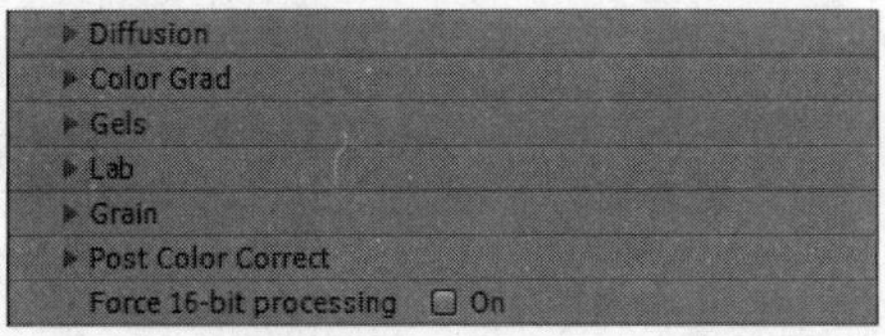　　　　　　　　　　　　　　　图4-59　其他设置

4. 凝聚项目

Gels（凝聚）中可以在 Presets（预设）中调取所需的色彩方案，除此之外还可调节预设的Color（颜色）、Opacity（透明度）和 Preserve Highlights（保留高光），如图 4-60 所示。

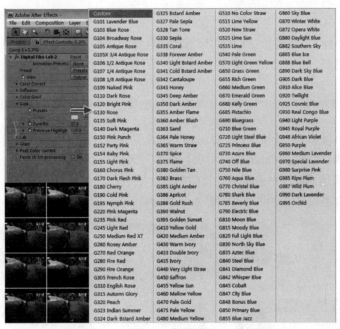

图4-60　凝聚项目

▶ 4.14　3D Invigorator 三维文字与标志

3D Invigorator（三维文字与标志）插件可以使用平面或矢量 AI 文件来创建三维倒角模型，并且可以利用灯光和贴图来表现出素材的一些材质特征。安装插件后可以在菜单中选择【效果】→【Zaxwerks】→【3D Invigorator（数字电影模拟）】命令，如图 4-61 所示。

1. 启动设置

在添加 3D Invigorator（三维文字与标志）插件后，系统将自动弹出启动的设置面板，在其中可以选择 Create 3D Text（创建三维文字）、Open Illustrator File（打开 AI 文件）、Create 3D

Primitive（创建原始三维物体）、Create a New Scene（创建一个新场景），如图 4-62 所示。

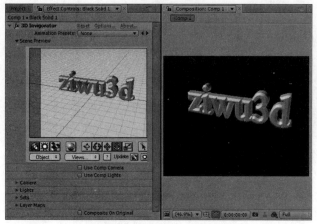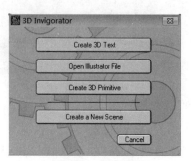

图4-61　三维文字与标志插件　　　　　　　　　图4-62　启动设置

2. 场景预览

在 Scene Preview（场景预览）中可以直观地观察制作的三维文字或标志效果，通过场景预览也可以切换摄影机、灯光、三维物体和材质，还可以对空间进行旋转和平移等视图控制，如图 4-63 所示。

3. 三维设置

在 Scene Preview（场景预览）中单击███三维设置按钮，系统将自动弹出设置对话框，其中包括 Object（物体）设置、Materials（材质）设置、Object Styles（物体风格）设置。在三维设置应用时先在场景预览视图中选择需设置的物体，然后在设置对话框中选择相应的项目，直接使用鼠标拖曳至文字或标志上即可，如图 4-64 所示。

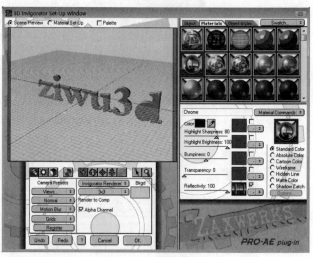

图4-63　场景预览　　　　　　　　　　　　图4-64　三维设置

4. 摄影机设置

Camera（摄影机）设置主要调节观察角度，系统内置了 8 种观察角度，可以自定义自己的观察角度然后保存，通过对摄影机焦距的设置，可以产生不同的透视效果，如图 4-65 所示。

5. 灯光设置

Lights（灯光）设置中一共提供了 7 个光源，可以分别控制对每个光源的打开或关闭以及各自的颜色、角度、强度等，设置好灯光以后可以将其保存在右侧的窗口中，也可以单独保存一个样式，如图 4-66 所示。

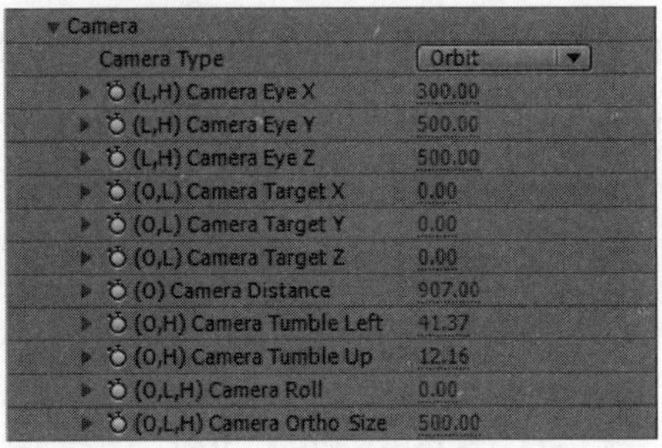

图4-65　摄影机设置 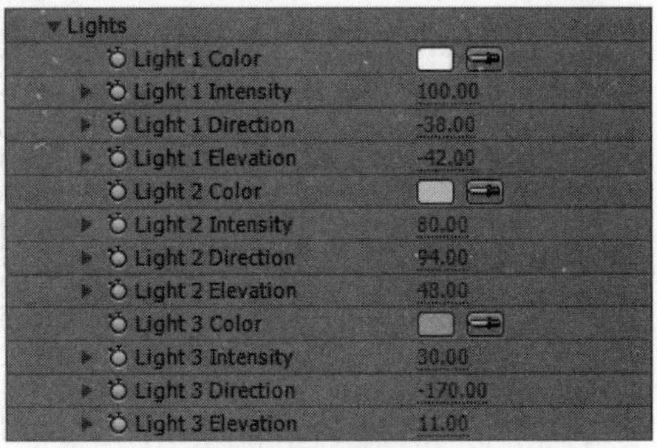　　　　　　　　　　　　图4-66　灯光设置

6. 设置与层贴图

Sets（设置）和 Layer Maps（层贴图）可以对一个模型指定多个材质，在物体编辑模式下可以对模型的轮廓进行划分，指定不同的材质和贴图，如图 4-67 所示。

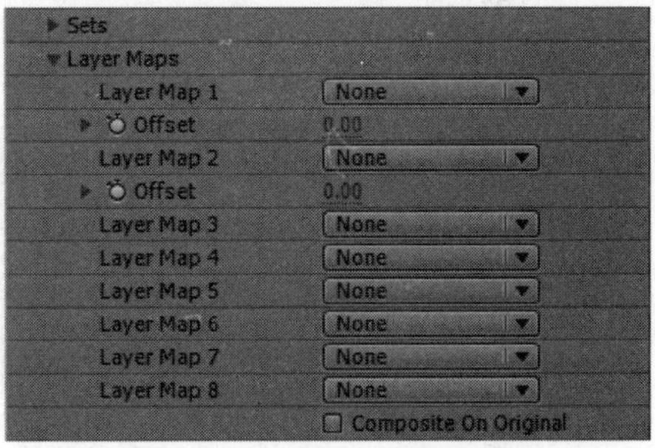

图4-67　设置与层贴图

🔄 4.15　55mm Color Grad颜色渐变

55mm Color Grad（颜色渐变）插件可以为影片添加渐变的自定义颜色。安装插件后可以在菜单中选择【效果】→【DFT 55mm】→【55mm Color Grad（颜色渐变）】命令，如图 4-68 所示。

图4-68　颜色渐变插件

1. 视图与颜色

- 【View】（视图）：控制选择图像显示的类型，其中的 Output（输出）可以将效果输出到所需的素材上，Gradient（渐变）可以把素材彻底变成黑白透明渐变的通道，Original（原始）将把素材切换至素材的原始状态。
- 【Opacity】（透明度）：调节输出模式在素材上的透明程度。
- 【Tint】（染色）：调节渐变色的色彩效果。
- 【Tint Mode】（染色模式）：其中提供的 HSV 和 HLS 模式可以根据色度、饱和度和纯度的方式叠加，Replace（替换）模式可以按照渐变的方向将素材色彩部分用选择的色彩进行替换，如图 4-69 所示。

2. 实验与浓度

- 【Grad】（实验）：可以设置 Position（位置）、Size（大小）、Rotation（旋转）、Weight（重量）。
- 【Density】（浓度）：可以设置 Brightness（亮度）、Contrast（对比度）、Gamma（伽马）。
- 【Legal】（合法制式）：可以设置 None（无）、NTSC（NTSC 制式）、PAL（PAL 制式），如图 4-70 所示。

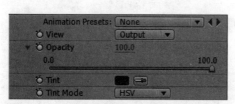

图4-69　视图与颜色

图4-70　实验与浓度

4.16　55mm Night Vision夜视

　　55mm Night Vision（夜视）插件可以将影片模拟出夜视效果，在其中可以设置 Tint（染色）、Glow（发光）、Grain（颗粒）、Density（浓度）、Matte（蒙板）、Legal（合法制式）。安装插件后可以在菜单中选择【效果】→【DFT 55mm】→【55mm Night Vision（夜视）】命令，如图 4-71 所示。

图4-71　夜视插件

4.17　55mm Tint染色

　　55mm Tint（染色）插件可以将影片调节出偏色的效果，在其中可以设置 View（视图）、Opacity（透明度）、Tint（染色）、Tint Mode（染色模式）Legal（合法制式）。安装插件后可以在菜单中选择【效果】→【DFT 55mm】→【55mm Tint（染色）】命令，如图 4-72 所示。

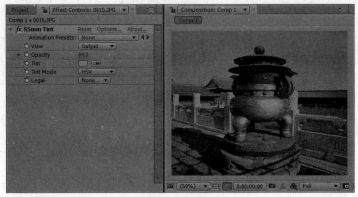

图4-72　染色插件

4.18　55mm Warm/Cool冷暖色

　　55mm Warm/Cool（冷暖色）插件可以快速地通过 Temperature（温度）值设置影片偏向冷色或暖色方案。安装插件后可以在菜单中选择【效果】→【DFT 55mm】→【55mm Warm/Cool（冷暖色）】命令，如图 4-73 所示。

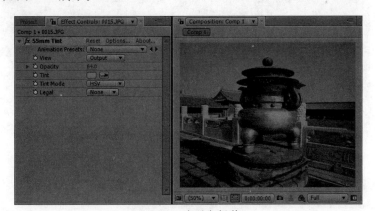

图4-73　冷暖色插件

4.19　CS Defocus焦散

　　CS Defocus（焦散）插件可以快速地模拟出水、火、金属等产生波光的焦散效果，其中的 Blur（模糊）控制整体或局部画面的柔和程度，Bloom（花块）控制焦散的随机开花局部块效果。安装插件后可以在菜单中选择【效果】→【DFT Composite Suite】→【CS Defocus（焦散）】命令，如图 4-74 所示。

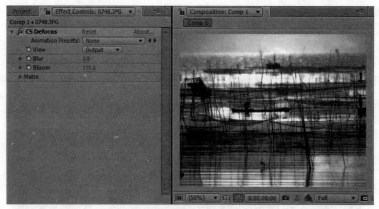

图4-74　焦散插件

4.20　CS Selective Soft Focus软焦点

CS Selective Soft Focus（软焦点）插件可以模拟出柔软的焦点效果，其中的 Matte（蒙板）项目设置制定的区域产生焦点，还包括 Horizontal Blur（水平模糊）和 Vertical Blur（垂直模糊）两个选项。安装插件后可以在菜单中选择【效果】→【DFT Composite Suite】→【CS Selective Soft Focus（软焦点）】命令，如图 4-75 所示。

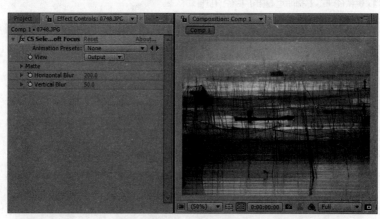

图4-75　软焦点插件

4.21　T Beam光柱

T Beam（光柱）插件可以使用 2D 方式模拟出 3D 的灯光柱效果。安装插件后可以在菜单中选择【效果】→【Tinderbox】→【T Beam（光柱）】命令，如图 4-76 所示。

1. 基础属性

基础属性面板如图 4-77 所示。
- 【About】（关于）：提供了插件的开发公司和版本信息。
- 【Process】（预设）：包含通道处理预设模式的选择。

- 【Position】（位置）：控制光柱发射源的位置。
- 【Rotation】（旋转）：设置光柱沿 Y 轴进行旋转。
- 【Elevation】（立体）：设置光柱模拟三维的效果。

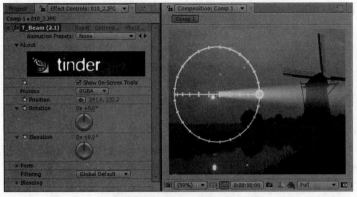

图4-76　光柱插件

图4-77　基础属性面板

2. 形态设置

形态设置面板如图 4-78 所示。

- 【Cone Angle】（锥形角度）：控制光柱的形状。
- 【Radius】（半径）：控制光柱的半径范围。
- 【Softness】（柔和）：控制光柱边缘清晰和模糊的程度。
- 【Fall-off】（实现衰减）：控制光柱由清晰逐渐至消失的衰减设置。
- 【Intensity】（强烈）：控制光柱的明亮度。
- 【Beam Colour】（光束颜色）：控制光柱的颜色。
- 【Corona Colour】（光晕颜色）：控制发射点的光晕颜色。

3. 过滤混合

- 【Filtering】（过滤）：控制光柱内部细节的过滤模式。
- 【Blending】（混合）：其中的 Method（方式）中提供了叠加和屏幕等混合方式类型。
- 【Blend】（混合参数）：控制混合后光柱的程度。
- 【Effect Gain】（颗粒效果）/【Source Gain】（原始颗粒）：可以调节光柱内部颗粒的清晰和亮度，如图 4-79 所示。

图4-78　形态设置面板

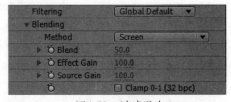

图4-79　过滤混合

4.22　T Droplet液滴

T Droplet（液滴）插件可以模拟出液态的水波纹或涟漪等效果。安装插件后可以在菜单中选择【效果】→【Tinderbox】→【T Droplet（液滴）】命令，如图4-80所示。

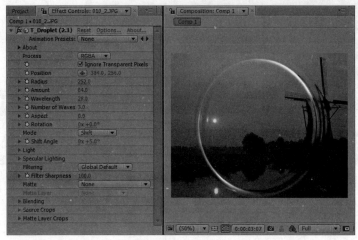

图4-80　液滴插件

1. 基础设置

- 【About】（关于）：提供了插件的开发公司和版本信息。
- 【Process】（预设）：包含通道处理预设模式的选择。
- 【Position】（位置）：控制液滴发射源的位置。
- 【Radius】（半径）：设置液滴范围的大小。
- 【Amount】（数量）：控制液滴的显示强烈程度。
- 【Wavelength】（波纹长度）：控制产生液滴的长度范围。
- 【Number of Waves】（波纹数量）：设置画面显示几条波纹。
- 【Aspect】（方位）：控制产生波纹的照明显示方向。
- 【Rotation】（旋转）：可以将液滴模拟波纹进行角度设置。
- 【Mode】（模式）：包含 Squeeze（挤压）、Shift（移位）和 ZigZag（Z 字形转弯）。
- 【Shift Angle】（移位角度）：控制波纹位置产生置换重叠的角度，如图 4-81 所示。

2. 其他设置

- 【Light】（灯光）/【Specular Lighting】（高光照明）：主要设置水波纹或涟漪等效果的亮度和照明控制。
- 【Filtering】（过滤）：其中提供了 Low（低）、Medium（中）、High（高）和 Global Default（全局默认）。
- 【Filter Sharpness】（过滤锐化）：控制水波纹或涟漪等效果的锐利程度。
- 【Matte】（蒙板）：主要是选择蒙板剪影的图层。

除此之外还有 Blending(混合)、Source Crops(来源剪切参数)和 Matte Crops(蒙板剪切参数)，如图 4-82 所示。

影视特效高手

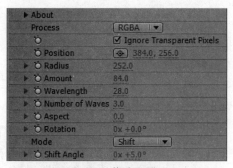

图4-81　基础设置

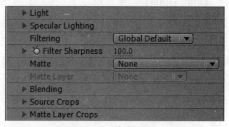

图4-82　其他设置

4.23　T Etch蚀刻

　　T Etch（蚀刻）插件可以模拟出蚀刻、腐蚀、刻蚀、蚀镂等效果，创作出更多的艺术化效果。安装插件后可以在菜单中选择【效果】→【Tinderbox】→【T Etch（蚀刻）】命令，如图4-83所示。

图4-83　蚀刻插件

1. 基础设置

- 【Process】（预设）：包含通道处理预设模式的选择。
- 【Etch Method】（边缘阀值）：主要提供了轮廓和阴影等边缘模式。
- 【Outlines】（轮廓）：主要设置蚀刻边缘轮廓的参数。
- 【Shading】（描影）：控制蚀刻内部轮廓描影的参数。
- 【Seed】（随机）：控制蚀刻效果的随机样式，如图4-84所示。

图4-84　基础设置

2. 方式与颜色

- 【Random Seed Method】（选择随机频率）：其中提供了每帧变化、像素变化和固定的随机方式。
- 【Blank Threshold】（空白阀值）：控制是否选择空白的阀值。
- 【Paper】（纸）：控制背景的颜色。
- 【Pen】（钢笔）：控制蚀刻描边的颜色，如图4-85所示。

3.其他设置

- 【Pen Alpha】（钢笔角度）：控制蚀刻描边的角度。
- 【Blending】（混合）：其中包括混合类型、混合值、颗粒效果和原始颗粒设置。

除此之外还有 Source Crops（来源剪切参数）、Edge Colour Alpha（边通道颜色）和 Left（左）、Right（右）、Bottom（底）、Top（顶），如图 4-86 所示。

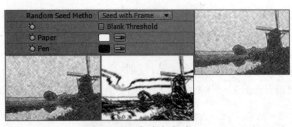

图4-85 方式与颜色

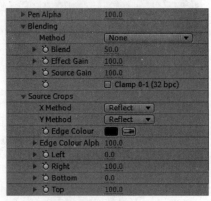

图4-86 其他设置

4.24 T Rays体积光

T Rays（体积光）插件可以模拟出散射的放光效果，常用于发光字和太阳光等效果的应用。安装插件后可以在菜单中选择【效果】→【Tinderbox】→【T Rays（体积光）】命令，如图 4-87 所示。

图4-87 体积光插件

1.基础设置

- 【Process】（预设）：包含通道处理预设模式的选择。
- 【Ignore Transparent Pixels】（忽视清晰）：主要是否计算清晰地体积光。
- 【Source Position】（来源位置）：控制体积光的发射位置。
- 【Colour Method】（彩色模式）：其中提供了体积光的常用色彩方案。
- 【Gain】（增益）/【Ray Length】（推进光）：控制体积光的强烈程度，如图 4-88 所示。

2. 彩色与闪烁

Colours（彩色）项目中提供了高光、颜色 1、颜色 2、颜色 3、颜色 4、颜色 5 的渐变过渡设置，Scintillation（闪烁）项目中提供了体积光散射细微的闪烁设置，如图 4-89 所示。

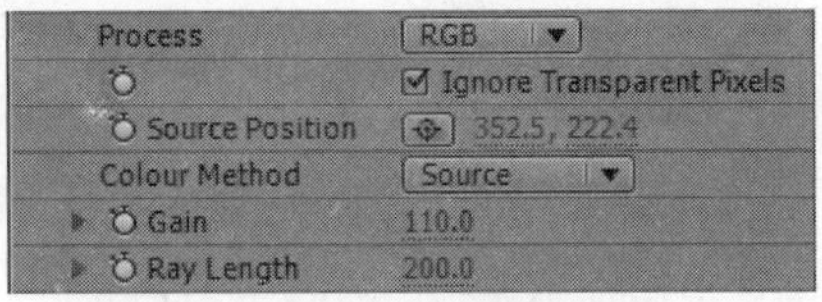

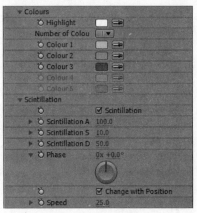

图4-88 基础设置

图4-89 彩色与闪烁

3. 蒙板与混合

- 【Matte】（蒙板）/【Matte Layer】（蒙板层）：主要设置剪影的处理方式。
- 【Matte Clip Min】（蒙板最小剪切）/【Matte Clip Max】（蒙板最大剪切）：控制体积光散射的区域。
- 【Blending】（混合）：提供常用的体积光混合叠加方式。

除此之外还有 Source Crops（来源剪切参数）和 Matte Layer Crops（蒙板层剪切参数）设置，如图 4-90 所示。

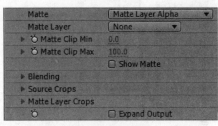

图4-90 蒙板与混合

4.25 T Sky天空光

T Sky（天空光）插件可以模拟出多种云雾的效果，常用于模拟天空的影片制作。安装插件后可以在菜单中选择【效果】→【Tinderbox】→【T Sky（天空光）】命令，如图 4-91 所示。

图4-91 天空光插件

1. 天空光预设

Process（预设）中包含通道处理预设模式的选择，其中主要有 Foggy（深雾）、Sunny（阳光）、Nightmare（噩梦）、First Light（黎明）、Armageddon（末日）、Fluff（绒云团）Cirrus（卷云）、Moon（月夜）、Midnight Sun（半夜太阳）、Dawn（拂晓）、Kids（虚拟天空）、Dozing（幻境）类型，如图 4-92 所示。

2. 天空光设置

- 【Red Shift】（红色移动）：控制体积光的平移大气设置。
- 【Camera】（摄影机）：主要对体积光的成像角度参数进行设置。
- 【Sun】（太阳）：主要控制天空光中的太阳设置。
- 【Clouds】（云）：主要控制天空光中的云设置。
- 【Atmosphere】（大气）：主要控制天空光中的大气设置。
- 【Fog】（雾）：主要控制天空光中的雾设置。
- 【Blending】（混合）：主要控制天空光与原始层的混合叠加设置，如图 4-93 所示。

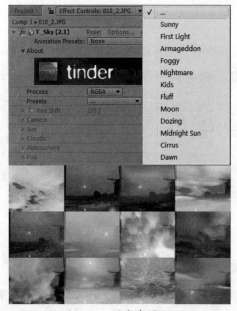

图4-92　天空光预设

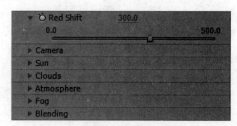

图4-93　天空光设置

4.26　T Starburst星放射

T Starburst（星放射）插件可以对光亮的区域创作出星状放射效果，常用于模拟太阳和光源等影片制作。安装插件后可以在菜单中选择【效果】→【Tinderbox】→【T Starburst（星放射）】命令，如图 4-94 所示。

1. 星放射预设

Process（预设）中包含通道处理预设模式的选择，其中主要有 Spikes（尖峰）、Chromatic Spikes（颜色尖峰）、Offset Spikes（偏移尖峰）、Hazy Rays（薄雾射线）、Halos（色圈）、

Chromatic Halos（颜色圈）、Twinkling Lights（闪烁光）、Chromatic Sparkles（尖峰闪耀）、Christmas Lights（圣诞光）类型，如图 4-95 所示。

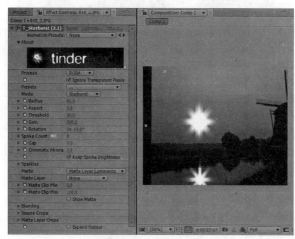

图4-94　星放射插件

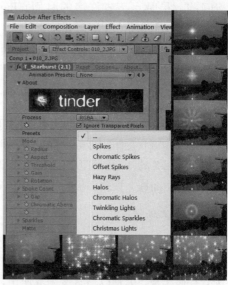

图4-95　星放射预设

2. 星放射设置

Mode（模式）中提供了星放射的显示模式，其中还有 Radius（半径）、Aspect（方向）、Threshold（阈值）、Gain（增益）、Rotation（旋转）、Spoke Count（星角量）、Gap（缺口）、Chromatic Aberration（颜色失焦）、Keep Spoke Brightness（保持星形亮度）、Sparkles（闪耀）、Matte（蒙板）、Matte Layer（蒙板层）、Matte Clip Min（蒙板最小剪切）、Matte Clip Max（蒙板最大剪切）、Blending（混合）、Source Crops（来源剪切参数）、Matte Layer Crops（蒙板层剪切参数），如图 4-96 所示。

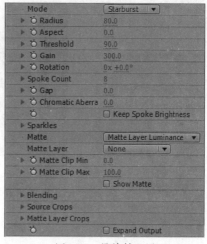

图4-96　星放射设置

▶ 4.27　Particle Illusion粒子幻觉

Particle Illusion（粒子幻觉）是一套分子特效应用软件，使用简单、快速，功能强大，特效丰富，不同于一般所看到的罐头火焰、爆破、云雾等效果，其快速、方便的功能及有趣、多样化的效果，让人叹为观止。Particle Illusion（粒子幻觉）已成为电视台、广告商、动画制作、游戏公司制作特效的必备软件，如图 4-97 所示。

Particle Illusion 的 2D 工作接口非常容易操作，可以直接从 Emitter（放射）数据库中选择任何效果并放入工作区中，可以从工作区中改变参数并立即显示出其结果。除此之外，Particle Illusion 可以建立 Alpha 通道的影像，以及与其他的软件进行影像合成。Particle Illusion 的快速并不像一般 3D 软件在产生火焰、云雾或烟等效果时，需要大量的运算时间，它在产生相同的效果时可节省许多的时间。Particle Illusion 的强大功能并不需要特别的 3D 绘图加速卡，如果显示卡支持 OpenGL，将能使 Particle Illusion 的优势发挥得淋漓尽致。

图4-97　星放射预设

1. 工作界面

Particle Illusion 中所见即所得的窗口并不因 2D 的工作环境而限制其效果，其自身支持多阶层及相关的功能，可以整合效果至 3D 环境或影片中。Particle Illusion 的工作界面主要包括工具栏、层面板、设置面板、视图、预览、时间线和粒子库，如图 4-98 所示。

2. 新建场景

启动 Particle Illusion（粒子幻觉）软件后，在工具栏中单击 新建场景按钮，然后单击 场景设置按钮，在弹出的场景设置对话框中设置需要的分辨率大小和帧速率，也可以将设置好的场景存储起来，方便以后直接调取使用，如图 4-99 所示。

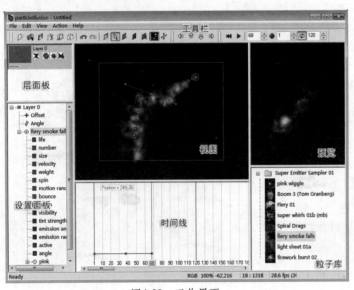

图4-98　工作界面

图4-99　新建场景

3. 粒子层设置

在层面板中的空白区域单击鼠标右键，在弹出的菜单中选择 New Layer（新建层）与 Adobe Photoshop，和 After Effects 中的层功能相同，可以使用多层将素材或不同的粒子效果逐一设置，便于后期效果的修饰与调整，如图 4-100 所示。

4. 粒子与粒子库

在粒子库面板中可以选择预设的粒子类型，还可以在空白区域单击鼠标右键，在弹出的菜单中选择【Load Library】（载入库）命令，然后载入粒子预设，如图 4-101 所示。

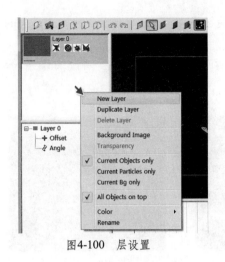

图4-100 层设置

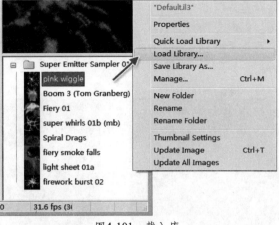

图4-101 载入库

5.建立粒子

在粒子库面板中选择预设的粒子类型，然后在视图中建立粒子发射器，通过时间线的帧设置调节位置，再使用工具栏中的 选择按钮调节出运动的粒子效果，还可以在视图的粒子发射器上单击鼠标右键进行设置，如图4-102所示。

6.粒子设置

在设置面板中可以选择需要调节的项目，然后在时间线中上下调节线性，从而控制粒子的效果。设置面板中包含了lift（生命）、number（数量）、size（大小）、velocity（速度）、weight（重量）、spin（自转）、motion rand（运动随机）、bounce（弹性）、zoom（放大）、visibility（可见度）、tint strength（染色强度）、emission angle（发射角度）、emission range（发射范围）、active（活跃）、angle（角度）等参数，如图4-103所示。

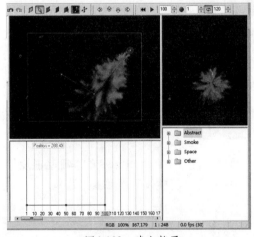

图4-102 建立粒子

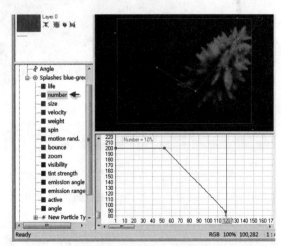

图4-103 粒子设置

7.粒子影响

在工具栏中可以使用 反弹工具控制粒子的导向，使粒子碰到反弹区域会产生影响，如图4-104所示。

在工具栏中可以使用 ▮ 遮罩工具控制粒子的区域，使粒子碰到遮罩区域会产生通道消失的效果，如图 4-105 所示。

在工具栏中可以使用 ▮ 力学工具控制粒子的方向，使粒子被力学系统产生影响，如图 4-106 所示。

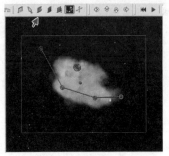
图4-104　反弹设置

图4-105　遮罩设置

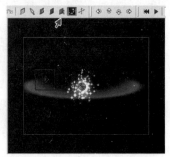
图4-106　力学设置

8. 渲染输出

在工具栏中可以使用 ◉ 渲染工具进行输出设置，在弹出的对话框设置名称、路径与存储格式后，继续在输出设置对话框中设置帧范围和通道选项即可，如图 4-107 所示。

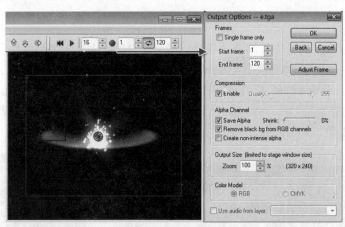
图4-107　输出设置

▷ 4.28　本章小结

本章主要对后期合成时常用的 26 款特效插件进行讲解，配合 After Effects 的基础功能操作会使特效更加绚丽，使作品的视觉效果更加优秀，从而提升作品的整体质量和工作效率。

▷ 4.29　习题

1. 第三方滤镜效果插件的安装位置在哪里？
2. 列举 2 款以上 Trap Code 公司开发的插件。
3. 简述灯光工厂插件的作用和使用流程。
4. 三维文字与标志插件如何工作？

第5章 文字特效

> 文字特效合成在影视包装和多媒体视觉设计中非常实用，本章通过文字卡片翻转、波光文字、礼花文字和喷绘文字4个范例进行详细讲解，使读者可以完全掌握After Effects的文字特效合成功能，从而创作出更加绚丽的影片。

5.1 文字卡片翻转

文字卡片翻转案例主要使用过渡效果中的卡片擦除使文字产生动画，然后通过体积光和灯光工厂特效丰富合成效果，如图5-1所示。

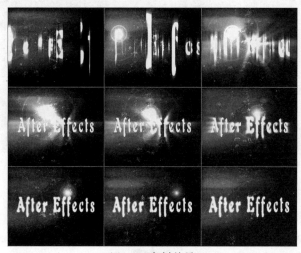

图5-1 案例效果

制作流程

文字卡片翻转案例的制作流程分为3部分，如图5-2所示。其中第1部分为文字合成，首先建立合成并添加背景，然后使用文本工具建立需要翻转的文字信息；第2部分为翻转动画合成，为文字增加"卡片擦除"特效，再依次设置特效的变换完成度和振动量等项目；第3部分为文字光效合成，为文字增加"Shine（体积光）"特效，然后设置叠加类型和参数，再增加"快速模糊"和"Light Factory EZ（灯光工厂EZ）"特效丰富文字的扫光效果。

(1) 文字合成　　　　(2) 翻转动画合成　　　　(3) 文字光效合成

图5-2 制作流程

5.1.1 文字合成

01 启动 After Effects CS5 软件，在菜单中选择【图像合成】→【新建合成组】命令，建立新的合成文件，也可以使用快捷键【Ctrl+N】执行新建操作。在弹出的对话框中设置合成组名称为"卡片翻转效果"，在预置中使用"PAL D1/DV"制式，然后设置持续时间为 5 秒，如图 5-3 所示。

02 在项目面板中双击鼠标左键导入所需的动态背景，然后将导入的动态背景拖曳至时间线中，如图 5-4 所示。

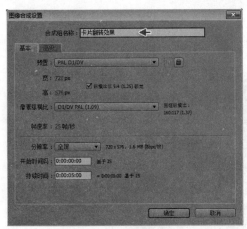

图5-3　新建合成组

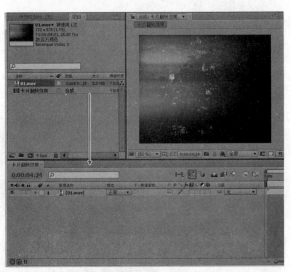

图5-4　导入背景

03 在工具栏中选择 T 文本工具并在视图中输入"After Effects"文字，然后调节文字大小为 81、字间距为 200、颜色为白色，如图 5-5 所示。

04 展开 After Effects 文字层的变换项目，选择比例项目并开启码表图标，记录文字第 0 秒~第 5 秒由小变大的动画效果，如图 5-6 所示。

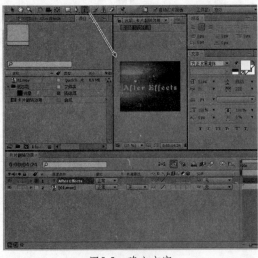

图5-5　建立文字

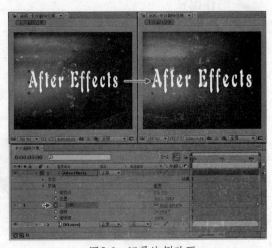

图5-6　记录比例动画

▶ 5.1.2 翻转动画合成

01 在时间线面板中选择文字层，在菜单中选择【效果】→【过渡】→【卡片擦除】特效命令，然后设置卡片擦除的行为1、列为30、反转轴为Y，如图5-7所示。

02 开启卡片擦除特效命令的变换完成度的◎码表图标，设置第0秒数值为0，如图5-8所示。

图5-7 卡片擦除特效　　　　　　　　　　　图5-8 开启码表并记录

03 将时间线设置到第2秒的位置，再设置变换完成度的数值为100，使文字产生第0秒~第2秒的过渡动画效果，如图5-9所示。

04 播放动画，观察制作文字的动画效果，如图5-10所示。

图5-9 记录变换完成度　　　　　　　　　　图5-10 文字动画效果

05 开启卡片擦除特效命令的位置振动卷展栏，然后在第0秒位置开启X振动量和Z振动量项目的◎码表图标，再设置X振动量为0.5、Z振动量为20，如图5-11所示。

06 将时间线设置到第2秒的位置，再设置X振动量为0、Z振动量为0，使文字产生第0秒~第2秒位置产生振动的动画效果，如图5-12所示。

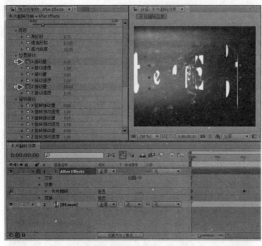 

图5-11 记录位置振动　　　　　　　图5-12 记录位置振动

07 播放动画，观察制作文字产生振动的动画效果，如图 5-13 所示。

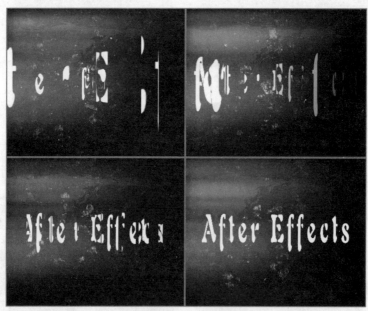

图5-13 文字动画效果

5.1.3 文字光效合成

01 在时间线面板中选择文字层，在菜单中选择【效果】→【Trap Code】→【Shine（体积光）】特效命令，制作文字的扫光效果，如图 5-14 所示。

02 增加 Shine（体积光）特效命令后，文字转换为发光的效果如图 5-15 所示。

　Shine（体积光）是 Trap Code 公司开发的经典光效插件，主要制作扫光及太阳光等特殊光效，但需要额外安装才可使用。

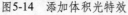
图5-14　添加体积光特效

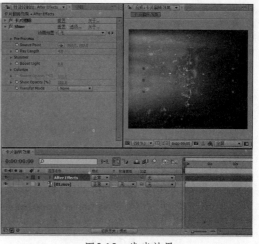
图5-15　发光效果

03 设置 Shine（体积光）特效文字层的叠加方式为"添加"类型，使发光效果层与背景层产生亮度影响，得到更加亮丽的发光效果，如图 5-16 所示。

04 开启 Shine（体积光）命令发射点和光芒长度的 码表图标，在第 0 秒位置设置 Source Point（发射点）为 88、266，再设置 Ray Length（光芒长度）为 0，使第 0 秒蓄势待发的光芒偏向画面左侧，如图 5-17 所示。

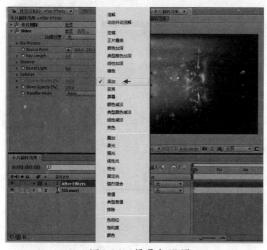
图5-16　层叠加设置

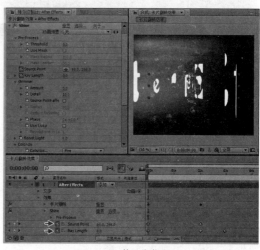
图5-17　第0秒位置

05 在第 0 秒 13 帧的位置设置 Ray Length（光芒长度）为 15，使其产生由无光至发光的动画效果，如图 5-18 所示。

 Ray Length（光芒长度）项目主要设置体积光发散光芒的光线长度，在制作体积光逐渐显示的动画效果时尤其实用。

06 在第 2 秒的位置设置 Source Point（发射点）为 434、268，再设置 Ray Length（光芒长度）为 15，使光芒由左侧至右侧产生扫光效果，如图 5-19 所示。

图5-18　第0秒13帧位置　　　　　　　　　图5-19　第2秒位置

07 在第 2 秒 24 帧的位置设置 Ray Length（光芒长度）为 0，使其产生由发光至无光的动画效果，如图 5-20 所示。

08 在时间线面板中选择文字层，在菜单中选择【效果】→【模糊与锐化】→【快速模糊】特效命令，再设置快速模糊的模糊量为 10，使文字的扫光效果更加柔和，如图 5-21 所示。

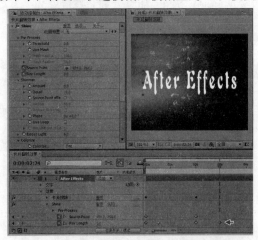 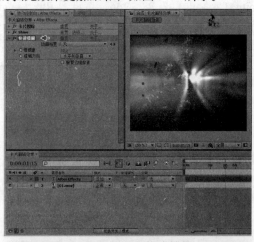

图5-20　第2秒24帧位置　　　　　　　　图5-21　添加快速模糊

09 选择文字层并配合快捷键【Ctrl+D】进行原地复制操作，如图 5-22 所示。

10 在时间线面板中选择复制的文字层，在菜单中选择【效果】→【模糊与锐化】→【方向模糊】特效命令，设置方向模糊为 0 度的垂直方向，再开启模糊长度码表图标并在第 1 秒 15 帧记录模糊长度为 80，使文字产生光条的效果，如图 5-23 所示。

11 在第 2 秒位置记录模糊长度为 0，使文字光条产生由强至弱的效果，如图 5-24 所示。

图5-22　原地复制

图5-23　添加方向模糊　　　　　　　　　　　图5-24　记录模糊长度

12 播放动画，观察制作文字产生光效的动画效果，如图 5-25 所示。

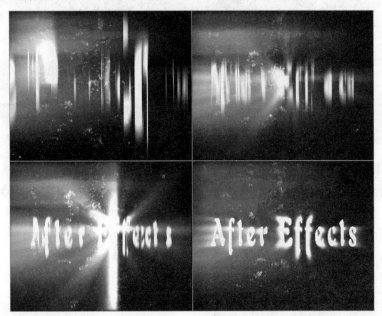

图5-25　文字光效动画

13 在菜单中选择【图层】→【新建】→【固态层】命令，在弹出的固态层对话框中设置名称为"光晕"、颜色为黑色，然后将新建的固态层拖曳至时间线中，如图 5-26 所示。

14 选择"光晕"层，在菜单中选择【效果】→【Knoll Light Factory（灯光工厂）】→【Light Factory EZ（灯光工厂 EZ）】特效命令，用于模拟各种不同类型的光源和镜头光斑效果，如图 5-27 所示。

15 灯光工厂中提供了多种预设 Flare Type（光斑类型），可以根据合成影片风格选择所需的光斑类型，会大大提高工作效率，如图 5-28 所示。

16 选择层并在模式中设置为添加类型的层叠加模式，使光斑与文字可以相互叠加产生效果，如图 5-29 所示。

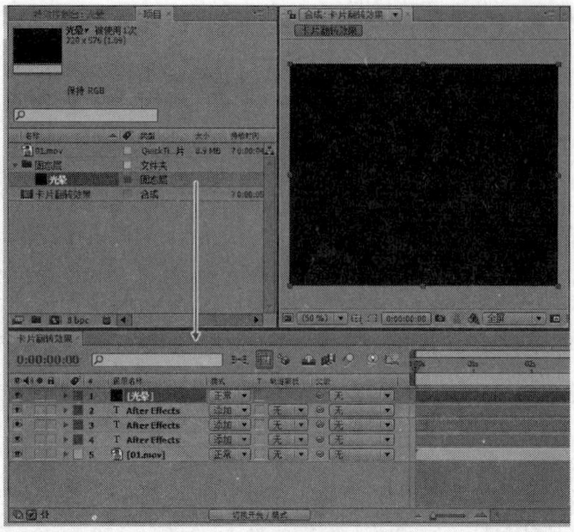

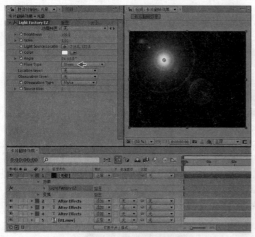

图5-26 新建固态层

图5-27 增加灯光工厂

图5-28 设置光斑类型

图5-29 层叠加设置

影视特效高手

17 在第0秒位置开启码表图标并记录Brightness（亮度）为50，再设置Light Source Location（光源位置）为0、190，使光晕偏向画面的左上侧位置，如图5-30所示。

18 在第2秒位置记录Brightness（亮度）为100，使光晕产生由弱至强的效果，如图5-31所示。

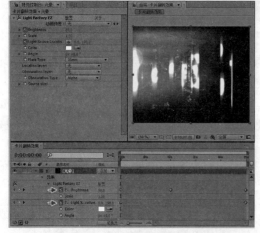

图5-30 第0秒位置

图5-31 第2秒位置

19 在第4秒24帧位置记录Brightness（亮度）为0，再设置Light Source Location（光源位置）为713、190，使光晕由左至右运动的同时产生光亮强弱变化，如图5-32所示。

20 播放动画，观察制作的文字卡片翻转范例合成效果，如图5-33所示。

图5-32 第4秒24帧位置

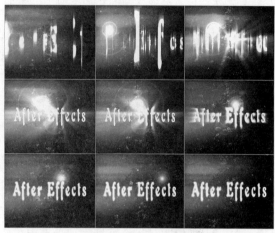

图5-33 最终合成效果

5.2 波光文字

波光文字主要模拟水面波动的效果制作文字动画，使用波纹、焦散、辉光滤镜特效方式合成，得到水波荡漾文字的细腻效果，如图5-34所示。

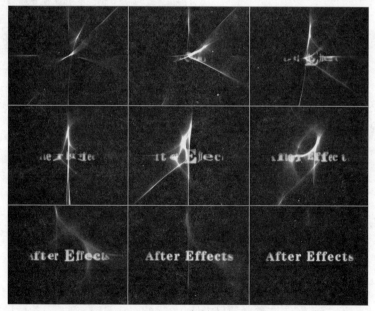

图5-34 案例效果

制作流程

波光文字案例的制作流程分为3部分，如图5-35所示。其中第1部分为文字合成，首先建立合成和文字信息，再将其拖曳至新合成场景进行遮罩的动画设置，使文字产生由遮挡到显示的动画；第2部分为波纹效果合成，新建"波纹"合成场景并将合成的文字拖曳至其中，再增加"水波世界"和"焦散"特效制作水波纹的动画效果；第3部分为效果合成，为合成场景添加背景，然后设置合成之间的叠加类型，再添加"辉光"特效完成波光文字范例的效果。

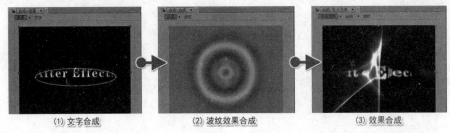

(1) 文字合成　　　　　　(2) 波纹效果合成　　　　　　(3) 效果合成

图5-35　制作流程

▶ 5.2.1　文字合成

01 启动 After Effects CS5 软件，在菜单中选择【图像合成】→【新建合成组】命令，建立新的合成文件，也可以使用快捷键【Ctrl+N】执行新建操作。在弹出的对话框中设置合成组名称为"文字"，在预置项目中使用"PAL D1/DV"制式，然后设置持续时间为5秒，如图5-36所示。

02 在工具栏中选择 T 文本工具并在视图中输入"After Effects"文字，然后调节文字颜色为白色，如图5-37所示。

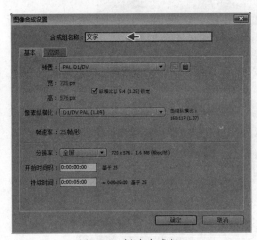

图5-36　新建合成组

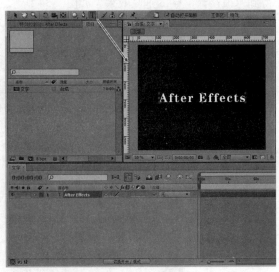

图5-37　建立文字

03 在菜单中选择【图像合成】→【新建合成组】命令，建立新的合成文件，在弹出的对话框中设置合成组名称为"遮罩"，在预置项目中使用"PAL D1/DV"制式，然后设置持续时间为5秒，如图5-38所示。

04 在项目面板中将"文字"合成文件拖曳至"遮罩"合成场景中，可以将以往建立的合成场景作为素材再次进行合成操作，如图5-39所示。

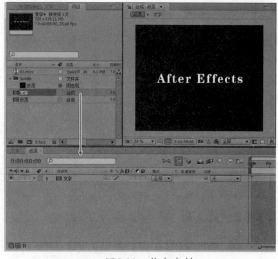

图5-38 新建合成组 　　　　　 图5-39 拖曳素材

05 在时间线面板中选择"文字"合成文件层并使用快捷键【S】开启自身的比例设置项目，然后开启比例项目的码表图标，记录文字第 0 秒位置的静止关键帧，如图 5-40 所示。

06 在时间线面板中将时间拖曳至第 4 秒 24 帧位置，然后设置比例值为 110，使文字层产生由小至大的渐变动画效果，如图 5-41 所示。

 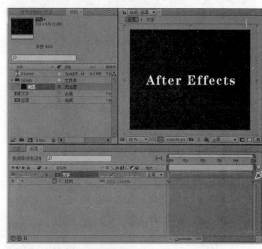

图5-40 开启比例关键帧 　　　　 图5-41 记录比例动画

07 在菜单中选择【图层】→【新建】→【固态层】命令，在弹出的固态层对话框中设置名称为"遮罩"、颜色为黑色，然后将新建的固态层拖曳至时间线中，作为遮挡文字的黑色挡板使用，如图 5-42 所示。

08 选择"遮罩"层并在工具栏中选择椭圆形遮罩工具，然后在视图中绘制遮罩选区，再开启遮罩属性设置遮罩羽化值为 60，使遮罩边缘产生柔和的过渡效果，如图 5-43 所示。

09 在第0秒位置开启遮罩扩展项目的码表图标，然后设置遮罩扩展值为 –54，使黑色的固态层完全遮挡住文字，如图5-44所示。

10 在第 4 秒位置记录遮罩扩展值为 0，使黑色的固态层由遮挡文字至完全显现文字的动画效果，如图 5-45 所示。

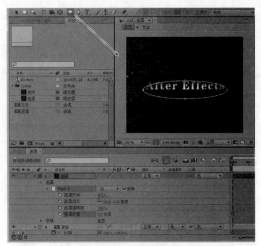

图5-42　新建固态层　　　　　　　　　　　图5-43　绘制遮罩选区

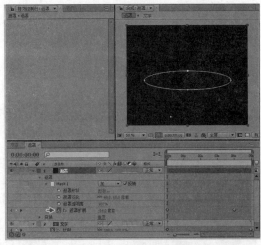
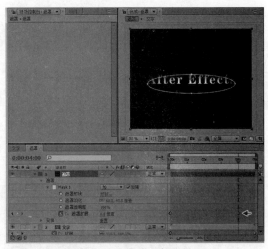

图5-44　开启遮罩扩展　　　　　　　　　　图5-45　记录遮罩扩展动画

11 播放动画，观察制作文字产生由遮挡到显示的动画效果，如图 5-46 所示。

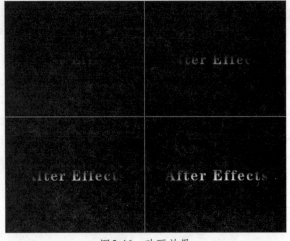

图5-46　动画效果

影
视
特
效
高
手

▶ 5.2.2 波纹效果合成

01 在菜单中选择【图像合成】→【新建合成组】命令，建立新的合成文件，在弹出的对话框中设置合成组名称为"波纹"，在预置项目中使用"PAL D1/DV"制式，然后设置持续时间为5秒，如图5-47所示。

02 在菜单中选择【图层】→【新建】→【固态层】命令，在弹出的固态层对话框中设置名称为"波纹"、颜色为黑色，然后将新建的固态层拖曳至时间线中，如图5-48所示。

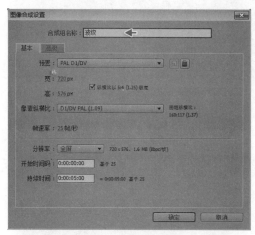

图5-47 新建合成组

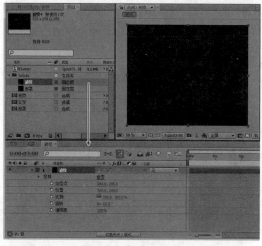

图5-48 新建固态层

03 选择"波纹"层，在菜单中选择【效果】→【模拟仿真】→【水波世界】特效命令，将查看项目由"线框图预览"设置为"高度贴图"，用于模拟波纹涟漪的效果，如图5-49所示。

04 在第3秒位置单击 ◎码表按钮记录透明度值为100，在第3秒位置记录透明度值为0，使波纹产生透明的动画效果，如图5-50所示。

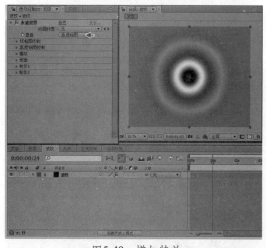

图5-49 增加特效

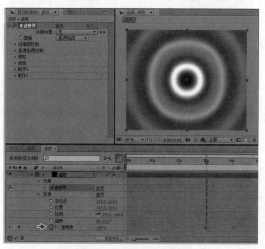

图5-50 记录透明动画

05 在第4秒位置单击"制作1"卷展栏的 ◎码表按钮，记录振幅值为0，如图5-51所示。

06 在第0秒位置记录振幅值为0.8，使波纹只在4秒内产生，如图5-52所示。

图5-51 开启振幅码表

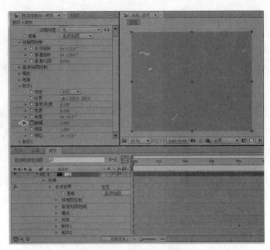
图5-52 记录振幅动画

07 播放动画，观察制作产生波纹涟漪的动画效果，如图 5-53 所示。

08 在菜单中选择【图像合成】→【新建合成组】命令，建立新的合成文件，在弹出的对话框中设置合成组名称为"合成"，在预置项目中使用"PAL D1/DV"制式，然后设置持续时间为 5 秒，如图 5-54 所示。

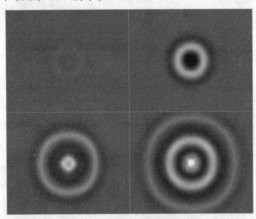
图5-53 动画效果

图5-54 新建合成组

09 在项目面板中将"遮罩"和"波纹"合成文件拖曳至"合成"合成场景中，如图 5-55 所示。

10 将"波纹"层的 👁 可视按钮关闭，在监视器中只显示"遮罩"层的视频内容，如图 5-56 所示。

11 选择"遮罩"层，在菜单中选择【效果】→【模拟仿真】→【焦散】特效命令模拟水中反射的自然效果，然后将"下"卷展栏设置为"遮罩"，将"水面"卷展栏设置为"波纹"，将一个图像的通道或信息与其他图像进行混合，如图 5-57 所示。

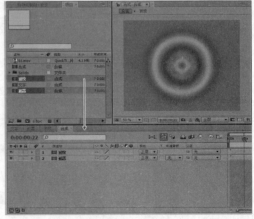
图5-55 拖曳素材

图5-56　层可视关闭　　　　　　　　　　图5-57　增加焦散特效

12 播放动画，观察制作产生焦散的动画效果，如图 5-58 所示。

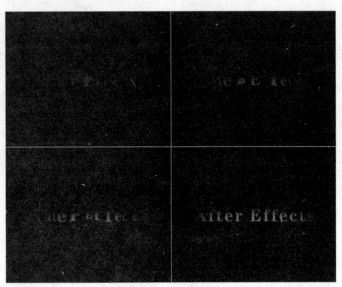

图5-58　动画效果

5.2.3　效果合成

01 在菜单中选择【图像合成】→【新建合成组】命令，建立新的合成文件，在弹出的对话框中设置合成组名称为"发光效果"，在预置项目中使用"PAL D1/DV"制式，然后设置持续时间为 5 秒，如图 5-59 所示。

02 在项目面板中导入背景素材，然后将"01.mov"拖曳至"发光效果"合成场景中，如图 5-60 所示。

03 在项目面板中将"合成"文件拖曳至"发光效果"合成场景中，如图 5-61 所示。

04 在时间线面板中将"合成"层的叠加模式设置为"添加"，使场景中的黑色区域叠加掉，如图 5-62 所示。

图5-59　新建合成组

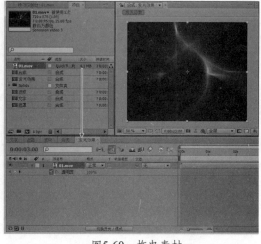

图5-60　拖曳素材

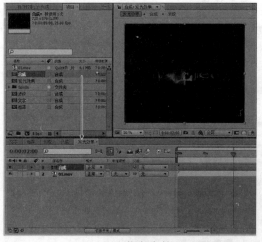

图5-61　拖曳素材

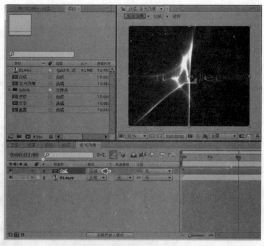

图5-62　层叠加设置

05 选择"合成"层，在菜单中选择【效果】→【风格化】→【辉光】特效命令，在特效控制面板中设置辉光阈值为11、辉光半径值为10、辉光强度值为2、辉光色为A和B颜色、色彩循环为三角形 A＞B＞A 方式，然后设置A颜色为橘色、B颜色为黄色，使文字产生发光的效果，如图5-63所示。

06 选择"合成"层，在菜单中选择【效果】→【色彩校正】→【色阶】特效命令，使文字的发光效果更加强烈，如图5-64所示。

07 播放动画，观察制作的波光文字范例合成效果，如图5-65所示。

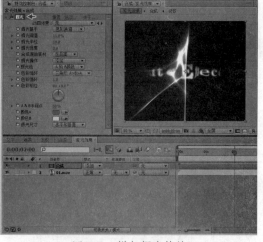

图5-63　增加辉光特效

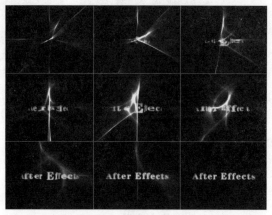

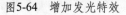

图5-64　增加发光特效　　　　　　　　　图5-65　最终合成效果

▶ 5.3　礼花文字

礼花文字主要使用自动跟踪面板命令和 3D Stroke（三维描边）滤镜特效合成制作，星光和粒子滤镜特效使文字边缘产生星光的装饰，配合粉色的背景板和流光粒子的效果可以点缀画面的气氛，如图 5-66 所示。

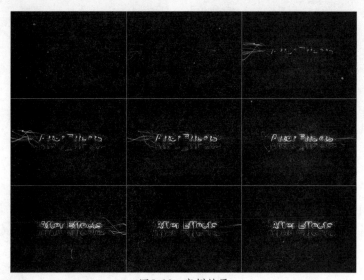

图5-66　案例效果

📠 **制作流程**

礼花文字案例的制作流程分为 3 部分，如图 5-67 所示。其中第 1 部分为背景合成，主要通过设置三维固态层搭建出舞台的纵深感；第 2 部分为眩光效果合成，首先建立文字信息，然后通过"自动跟踪"命令创建轮廓遮罩，再增加"3D Stroke（三维描边）"和"Starglow（星光）"特效制作眩光的效果；第 3 部分为运动光条合成，主要通过"Particular（粒子）"特效丰富场景的运动光条效果。

(1) 背景合成　　　　　　　(2) 眩光效果合成　　　　　　(3) 运动光条合成

图5-67　制作流程

▶ 5.3.1　背景合成

01 启动 After Effects CS5 软件,在菜单中选择【图像合成】→【新建合成组】命令,建立新的合成文件,也可以使用快捷键【Ctrl+N】执行新建操作。在弹出的对话框中设置合成组名称为"礼花字",在预置项目中使用"PAL D1/DV"制式,然后设置持续时间为5秒,如图5-68所示。

02 在菜单中选择【图层】→【新建】→【固态层】命令,在弹出的固态层对话框中设置名称为"背景板"、大小为720×576、颜色为粉色,如图5-69所示。

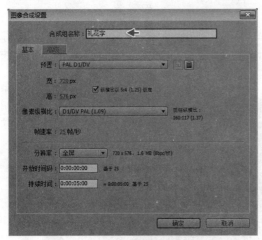

图5-68　新建合成组

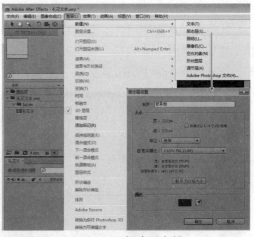

图5-69　新建固态层

03 将粉色固态层拖曳至时间线中,然后开启■三维层按钮,使二维的固态层具有三维层的Z轴向,如图5-70所示。

04 在工具栏中选择■椭圆形遮罩工具并在视图中绘制遮罩选区,然后设置遮罩羽化值为173,模拟出舞台聚光灯的效果;使用椭圆形遮罩工具绘制选区后可以双击遮罩选区,使用键盘【Shift】键进行等比缩放选区操作,如图5-71所示。

05 开启"背景板"层的变换卷展栏,然后设置位置值为360、435、0,X轴旋转为0x、102,模拟场景的地面效果,如图5-72所示。

图5-70　开启三维层

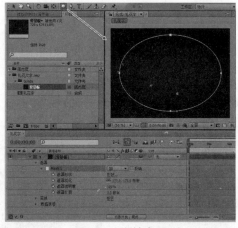

图5-71　绘制遮罩

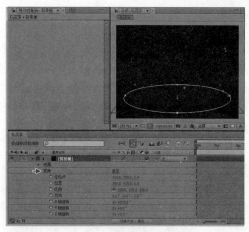

图5-72　场景地面效果

06 选择"背景板"层，在菜单中选择【效果】→【色彩校正】→【曲线】特效命令，提升场景地面的颜色对比，如图 5-73 所示。

07 建立粉色固态层，在工具栏中选择◎椭圆形遮罩工具并在视图中绘制遮罩选区，然后设置遮罩羽化值为 173，模拟出舞台的背景效果，如图 5-74 所示。

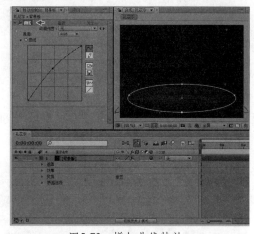

图5-73　增加曲线特效

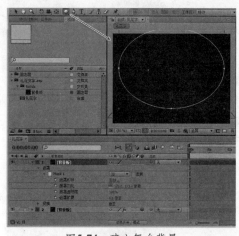

图5-74　建立舞台背景

08 开启⬦三维层按钮，然后设置位置值为360、223、586，使舞台的背景具有纵深感，如图 5-75 所示。

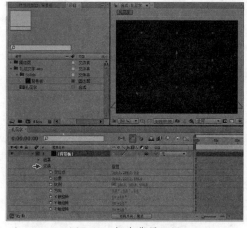

图5-75　舞台背景设置

影视特效高手

▶ 5.3.2 眩光效果合成

01 在工具栏中选择T文字工具并在视图中输入 "After Effects" 文字，然后调节文字的位置，如图 5-76 所示。

02 在菜单中选择【图层】→【自动跟踪】命令，然后在弹出的对话框中设置参数；进行自动跟踪操作可以创建选区的轮廓为遮罩，同时保留原始层的信息不变，如图 5-77 所示。

图5-76 建立文字

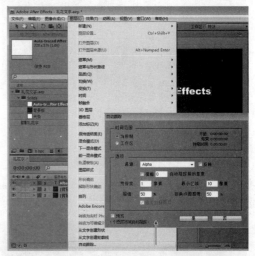

图5-77 自动跟踪设置

03 添加自动跟踪命令后，在时间线面板中将自动生成 "Auto-traced After Effects" 层，在合成窗口中也可以观察到产生文字边缘的路径，如图 5-78 所示。

04 选择 "Auto-traced After Effects" 层，在菜单中选择【效果】→【Trapcode】→【3D Stroke (三维描边)】特效命令，如图 5-79 所示。

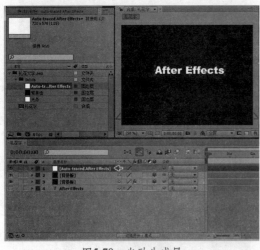

图5-78 自动生成层

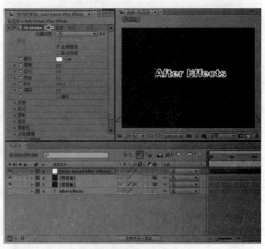

图5-79 增加三维描边

05 在特效控制面板中调节颜色为白色、厚度为 3，然后激活开启变细卷展栏，使三维描边两端产生尖角效果，用于制作文字边缘流光效果；三维描边滤镜特效功能非常强大，在高级卷展栏下可以设置描边的线段间距，产生特殊装饰的效果，参数设置如图 5-80 所示。

影 视 特 效 高 手

06 开启三维描边特效的偏移◎码表按钮，在第0秒位置记录偏移值为－100，在第3秒位置记录偏移值为15，制作文字边缘产生运动效果，如图5-81所示。

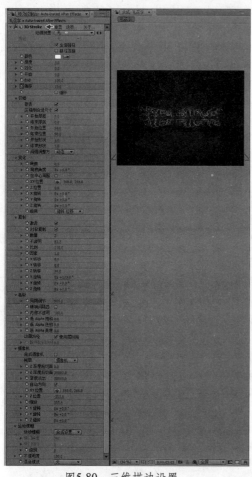

图5-80 三维描边设置

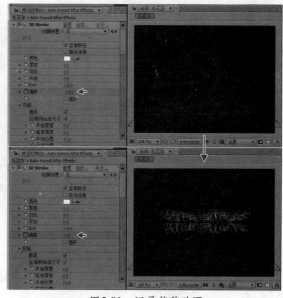

图5-81 记录偏移动画

07 播放动画，观察制作的三维描边动画效果，如图 5-82 所示。

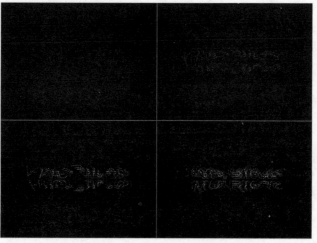

图5-82 三维描边动画效果

08 选择"Auto-traced After Effects"层，在菜单中选择【效果】→【Trapcode】→【Starglow（星光）】特效命令丰富边缘流光的效果；在特效控制面板中设置预置类型为蓝色，然后调节光线长度值为20，使文字产生星光并增强绚丽放射的效果，避免文字特效在画面中过于单调，如图5-83所示。

09 播放动画，观察制作的星光动画效果，如图5-84所示。

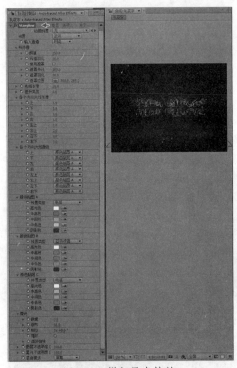

图5-83　增加星光特效

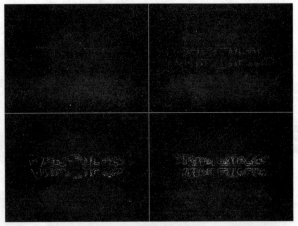

图5-84　星光动画效果

10 在项目面板中选择"Auto-traced After Effects"层并再次拖曳至时间线，制作文字边缘流光动画，如图5-85所示。

11 选择"Auto-traced After Effects"层，在菜单中选择【效果】→【Trapcode】→【3D Stroke（三维描边）】特效命令，调节颜色为白色、厚度为3，然后激活开启变细卷展栏，如图5-86所示。

12 开启三维描边特效的偏移■码表按钮，在第0秒位置记录偏移值为－100，在第3秒位置记录偏移值为15，制作文字边缘产生流光运动效果，如图5-87所示。

13 选择"Auto-traced After Effects"层，在菜单中选择【效果】→【Trapcode】→

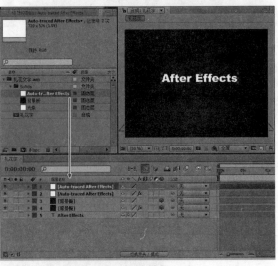

图5-85　制作边缘流光

【Starglow（星光）】特效命令，在特效控制面板中设置预置类型为浪漫，然后调节光线长度值为20，使文字产生星光并增强绚丽放射的效果，如图5-88所示。

14 播放动画，观察制作的动画效果，如图5-89所示。

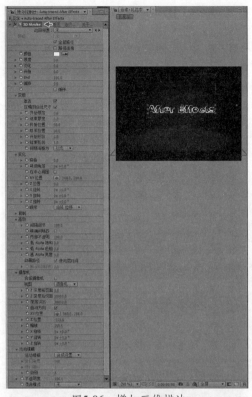

图5-86 增加三维描边

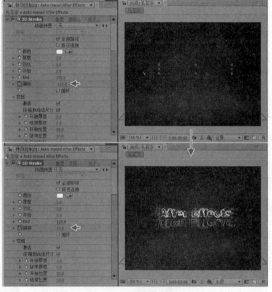

图5-87 记录偏移动画

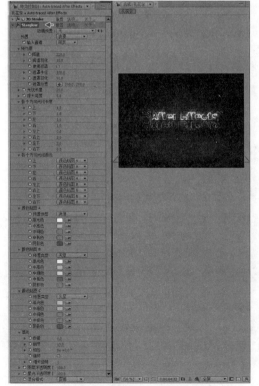

图5-88 增加星光特效

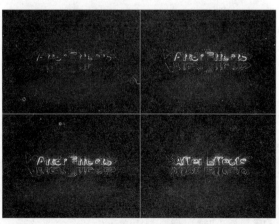

图5-89 边缘流光动画效果

▶ 5.3.3 运动光条合成

01 在菜单中选择【图层】→【新建】→【固态层】命令，在弹出的固态层对话框中设置名称为"光条"、颜色为白色，然后将新建的固态层拖曳至时间线中，如图 5-90 所示。

02 选择"光条"层并在菜单中选择【效果】→【Trapcode】→【Particular（粒子）】特效命令，如图 5-91 所示。

图5-90 新建固态层　　　　　　　　　　图5-91 增加粒子特效

03 在特效控制面板中调节粒子生命值为 2.5，可以控制粒子特效在画面中停留时间的长短；再设置颜色与生命关系项目中的颜色过渡，使运动光条由左至右飞入画面，如图 5-92 所示。

04 选择粒子特效命令，再使用快捷键【Ctrl+D】进行特效复制操作，如图 5-93 所示。

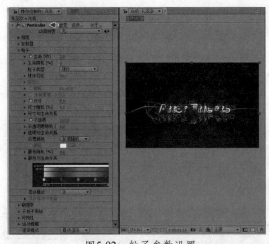

图5-92 粒子参数设置　　　　　　　　　　图5-93 复制特效

05 开启粒子特效的粒子数量 / 秒码表按钮，在第 0 秒 10 帧位置记录粒子数量 / 秒值为 20，在第 1 秒 12 帧位置记录粒子数量 / 秒值为 0，使第 1 秒有些散乱的粒子喷射，如图 5-94 所示。

06 播放动画，观察制作的礼花文字合成效果，如图 5-95 所示。

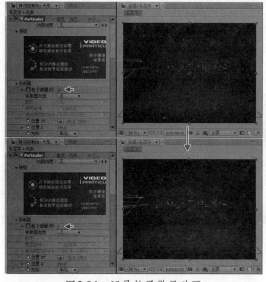

图5-94 记录粒子数量动画

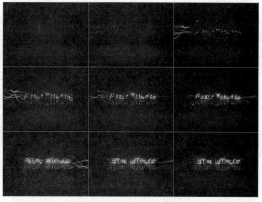

图5-95 最终合成效果

5.4 喷绘文字

喷绘文字主要使用层和遮罩控制喷绘效果，再通过绘画特效记录绘画的过程，丰富喷漆与涂鸦的合成，模拟出真实的喷绘文字动画效果如图 5-96 所示。

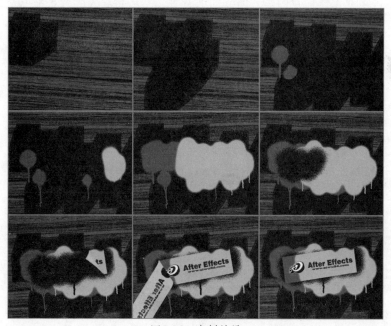

图5-96 案例效果

189

影 视 特 效 高 手

制作流程

喷绘文字案例的制作流程分为 3 部分，如图 5-97 所示。其中第 1 部分为元素合成，主要通

过钢笔工具绘制倾斜的纸背景效果；第 2 部分为喷漆与涂鸦合成，先通过椭圆形遮罩和设置
动画得到喷漆并产生一组动画效果，然后依次制作多个喷漆与涂鸦效果；第 3 部分为喷绘字
合成，建立背景与"色阶"特效设置，然后将喷漆与涂鸦的合成进行整合，再通过摄像机制
作镜头的运动。

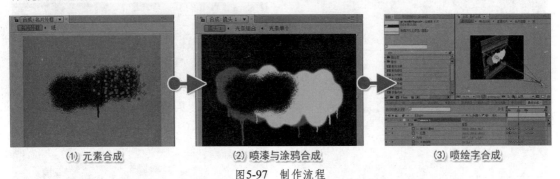

(1) 元素合成   (2) 喷漆与涂鸦合成   (3) 喷绘字合成

图5-97　制作流程

▶ 5.4.1　元素合成

01 启动 After Effects CS5 软件，在菜单中选择【图像合成】→【新建合成组】命令，建立新
的合成文件，也可以使用快捷键【Ctrl+N】执行新建操作。在弹出的对话框中设置合成组名
称为"纸"，在预置项目中使用"PAL D1/DV"制式，然后设置持续时间为 10 秒，如图 5-98
所示。

02 在项目面板中双击鼠标左键导入所需的纸背景，然后将导入的背景拖曳至时间线中，如
图 5-99 所示。

图5-98　新建合成组

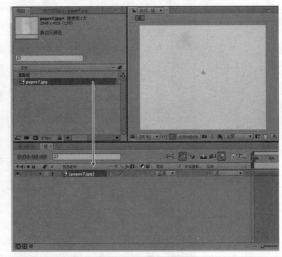

图5-99　导入背景

03 选择纸背景层，在菜单中选择【效果】→【色彩校正】→【CC 调色】特效命令，降低纸背
景的颜色饱和度，如图 5-100 所示。

04 在工具栏中选择 钢笔工具并在视图中绘制选区，得到倾斜的纸背景效果，如图 5-101
所示。

图5-100　增加CC调色

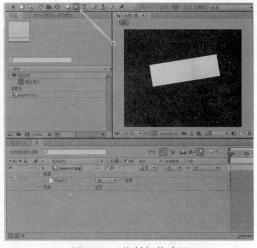

图5-101　绘制钢笔选区

5.4.2　喷漆与涂鸦合成

01 在菜单中选择【图像合成】→【新建合成组】命令建立新的合成文件，在弹出的对话框中设置合成组名称为"名片外框"，在预置项目中使用"PAL D1/DV"制式，然后设置持续时间为10秒，如图5-102所示。

02 在项目面板中双击鼠标左键导入所需的喷漆素材，然后将导入的素材拖曳至时间线中，如图5-103所示。

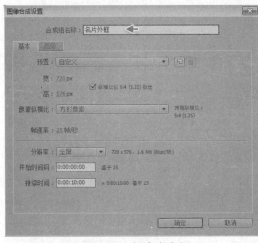

图5-102　新建合成组

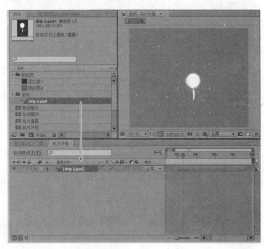

图5-103　导入素材

03 选择纸背景层，在菜单中选择【效果】→【生产】→【填充】特效命令，然后设置颜色为黑色，如图5-104所示。

04 选择喷漆层并在工具栏选择◉椭圆形遮罩工具，然后在视图中绘制遮罩选区，如图5-105所示。

05 在第1秒20帧位置开启遮罩扩展项目的◉码表图标，然后设置遮罩扩展值为－64，使黑色的喷漆层完全遮挡住，如图5-106所示。

06 在第2秒15帧位置记录遮罩扩展值为85，使黑色的喷漆层由遮挡至完全显现的动画效果，

影视特效高手

如图 5-107 所示。

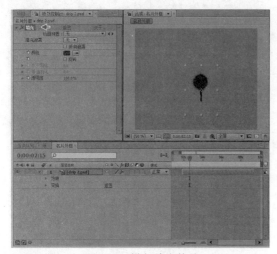

图5-104　增加填充特效

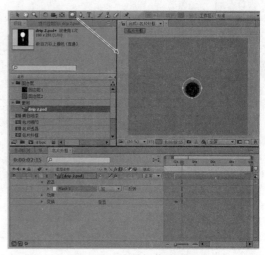

图5-105　绘制钢笔遮罩

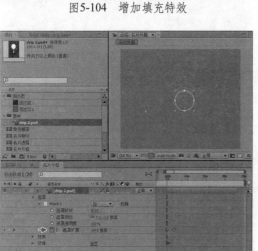

图5-106　开启遮罩扩展

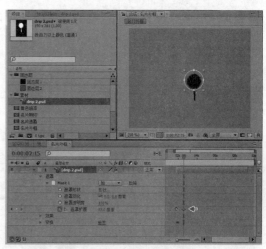

图5-107　记录遮罩扩展动画

影 视 特 效 高 手

07 播放动画，观察制作喷漆产生由遮挡到显示的动画效果，如图 5-108 所示。

08 在菜单中选择【图层】→【新建】→【固态层】命令，建立黑色固态层，然后拖曳至时间线中，如图 5-109 所示。

09 选择黑色固态层并在工具栏选择▣椭圆形遮罩工具，然后在视图中绘制遮罩选区，如图 5-110 所示。

10 在第0秒10帧位置开启遮罩扩展项目的▣码表图标，然后设置遮罩扩展值为0，在第1秒位置记录遮罩扩展值为−18，产生遮罩扩展的动画效果，如图5-111所示。

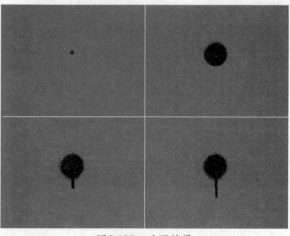

图5-108　动画效果

11 选择纸背景层，在菜单中选择【效果】→【风格化】→【散射】特效命令，然后设置散射的扩散量为 73，使边缘区域产生类似喷漆的散射效果，如图 5-112 所示。

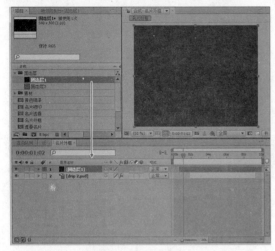

图5-109　建立固态层

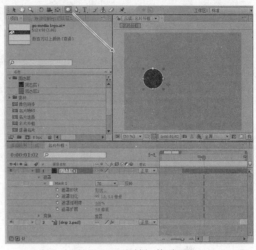

图5-110　绘制钢笔遮罩

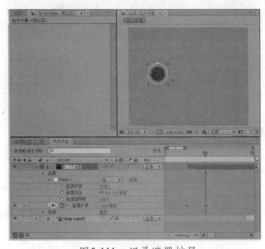

图5-111　记录遮罩扩展

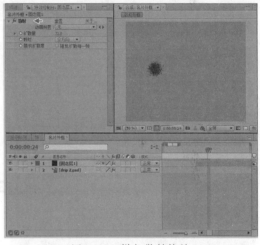

图5-112　增加散射特效

12 使用快捷键【Ctrl+D】复制喷漆的散射层，然后设置时间线与视图中的位置，使喷漆的效果更加自然，如图 5-113 所示。

13 播放动画，观察制作喷漆的动画效果，如图 5-114 所示。

14 在菜单中选择【图像合成】→【新建合成组】命令建立新的合成文件，在弹出的对话框中设置合成组名称为"名片喷印"，在预置项目中使用"PAL D1/DV"制式，然后设置持续时间为 10 秒，如图 5-115 所示。

图5-113　复制图层

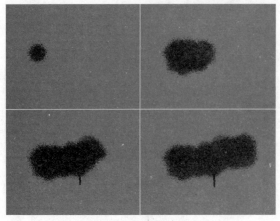

图5-114 动画效果　　　　　　　　　　　图5-115　新建合成组

15 在项目面板中将"名片外框"合成文件与"标志"拖曳至"名片喷印"合成场景中，如图 5-116 所示。

16 在菜单中选择【图像合成】→【新建合成组】命令建立新的合成文件，在弹出的对话框中设置合成组名称为"透叠名片"，在预置项目中使用"PAL D1/DV"制式，然后设置持续时间为 10 秒，如图 5-117 所示。

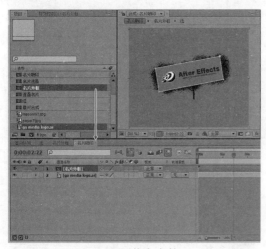

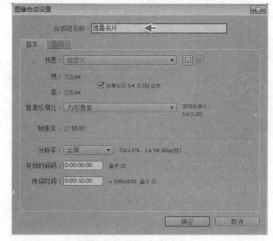

图5-116　拖曳素材　　　　　　　　　　　图5-117　新建合成组

17 在项目面板中将"名片外框"与"名片喷印"合成文件拖曳至"透叠名片"合成场景中，如图 5-118 所示。

18 在时间线面板中将"名片外框"与"名片喷印"层的显示顺序进行设置，使第 3 秒前显示"名片外框"内容，第 3 秒后显示"名片喷印"内容，如图 5-119 所示。

19 选择"名片喷印"层，在工具栏中选择钢笔工具并在视图中绘制选区，如图 5-120 所示。

20 在时间线面板中选择遮罩形状项目，然后开启遮罩形状项目的码表图标，记录遮罩第 3 秒位置靠向画面右侧，记录遮罩第 3 秒 10 帧位置全部展开，得到遮罩变形的动画效果，如图 5-121 所示。

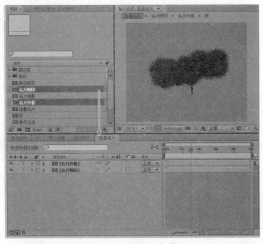

图5-118 拖曳素材

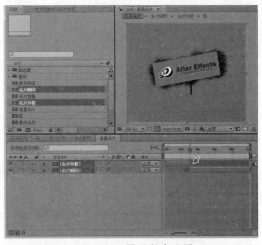

图5-119 显示顺序设置

图5-120 绘制钢笔选区

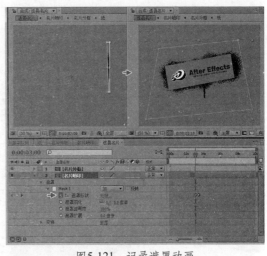

图5-121 记录遮罩动画

影视特效高手

21 将项目面板中的"名片外框"合成文件再次拖曳至时间线中，然后同样设置时间线的位置，如图 5-122 所示。

22 选择"名片外框"层，在菜单中选择【效果】→【扭曲】→【CC卷页】特效命令，然后设置折叠方向值为0x、－123，折叠半径值为51.6，然后开启折叠位置的码表图标，在第3秒位置设置折叠位置为627、288，如图5-123所示。

23 在第3秒11帧位置设置折叠位置为－116、288，使"名片外框"层产生卷页的动画效果，如图5-124所示。

图5-122 拖曳素材

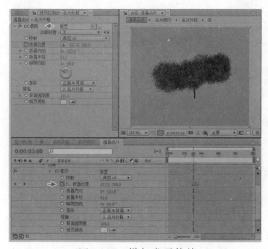

图5-123　增加卷页特效

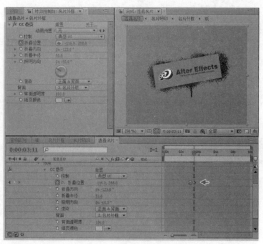

图5-124　记录卷页动画

24 播放动画，观察制作卷页的动画效果，如图 5-125 所示。

图5-125　动画效果

25 在菜单中选择【图像合成】→【新建合成组】命令建立新的合成文件，在弹出的对话框中设置合成组名称为"黄色喷漆"，在预置项目中使用"PAL D1/DV"制式，然后设置持续时间为10秒，如图 5-126 所示。

26 在菜单中选择【图层】→【新建】→【固态层】命令，在弹出的固态层对话框中设置颜色为白色，然后将新建的固态层拖曳至时间线中，如图 5-127 所示。

27 选择白色固态层，在菜单中选择【效果】→【绘图】→【矢量绘图】特效命令，准备绘制黄

图5-126　新建合成组

色喷漆与涂鸦的效果，如图 5-128 所示。

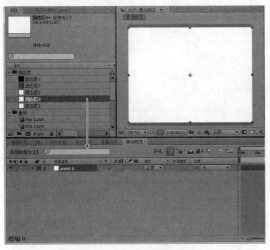

图5-127 新建固态层

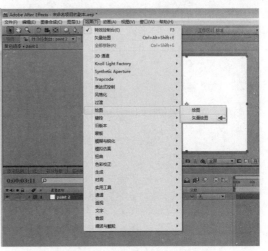

图5-128 增加矢量绘画

28 设置矢量绘图特效的半径值为59、颜色为黄色，如图 5-129 所示。

29 按住键盘的【Shift】键绘制黄色的喷漆与涂鸦效果，然后设置播放模式为动画描边、播放速度为4，如图 5-130 所示。

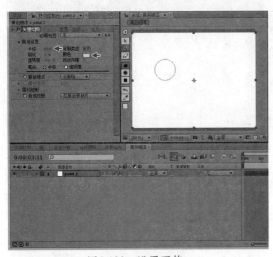

图5-129 设置画笔

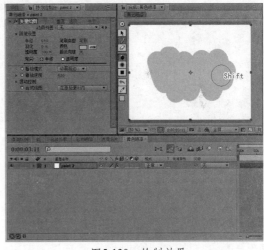

图5-130 绘制效果

30 在时间线中将固态层的 ▨ 调整图层按钮开启，使合成场景中只显示绘制的黄色效果，如图 5-131 所示。

31 选择纸背景层，在菜单中选择【效果】→【风格化】→【粗糙边缘】特效命令，然后设置边框值为21，使边缘区域产生类似喷漆的散射效果，如图 5-132 所示。

32 在菜单中选择【图像合成】→【新建合成组】命令建立新的合成文件，在弹出的对话框中设置合成组名称为"名片透叠"，在预置项目中使用"PAL D1/DV"制式，然后设置持续时间为10秒，如图 5-133 所示。

33 在项目面板中将"纸"合成文件拖曳至时间线中，如图 5-134 所示。

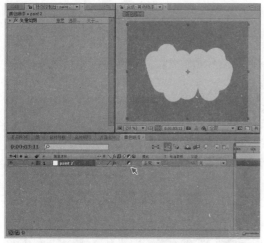

图5-131 开启调整图层

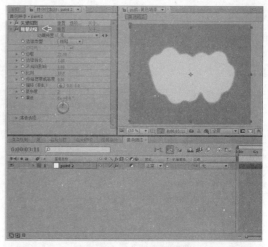

图5-132 增加粗糙边缘

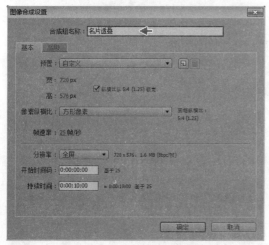

图5-133 新建合成组

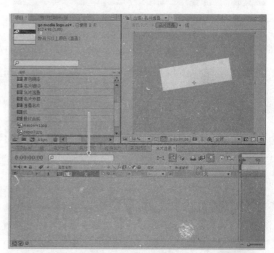

图5-134 拖曳素材

影视特效高手

34 在项目面板中将标志文件拖曳至时间线中，如图 5-135 所示。

35 选择标志层，在菜单中选择【效果】→【生产】→【填充】特效命令，然后设置填充颜色为橘黄色，如图 5-136 所示。

36 在时间线中选择【纸】层，然后设置轨道蒙板为【Alpha 反转蒙板】类型，使其得到镂空的标志效果，如图 5-137 所示。

37 在菜单中选择【图像合成】→【新建合成组】命令建立新的合成文件，在弹出的对话框中设置合成组名称为"喷色合成"，在预置项目中使用"PAL D1/DV"制式，然后设置持续时间为 10 秒，如图 5-138 所示。

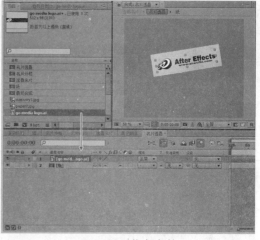

图5-135 拖曳素材

38 在项目面板中双击鼠标左键导入所需的喷漆素材，然后将导入的素材拖曳至时间线中，如图 5-139 所示。

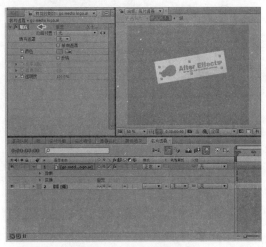

图5-136　增加填充特效

图5-137　设置轨道蒙板

图5-138　新建合成组

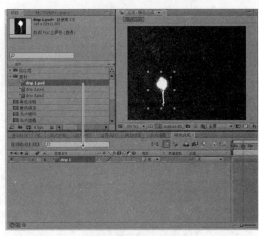

图5-139　导入素材

39 选择标志层，在菜单中选择【效果】→【生产】→【填充】命令，然后设置填充颜色为红色，如图 5-140 所示。

40 选择喷漆层并在工具栏选择◯椭圆形遮罩工具，然后在视图中绘制遮罩选区，在第0秒位置开启遮罩扩展项目的◯码表图标，然后设置遮罩扩展值为−34，如图5-141所示。

41 在第 0 秒 20 帧位置记录遮罩扩展值为114，产生遮罩扩展的动画效果，如图 5-142 所示。

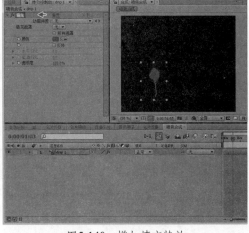

图5-140　增加填充特效

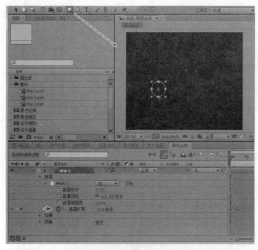

图5-141　开启遮罩扩展

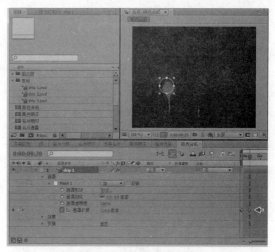

图5-142　记录遮罩动画

42 播放动画，观察制作红色喷漆的动画效果，如图 5-143 所示。

43 使用快捷键【Ctrl+D】复制喷漆的散射层，然后设置时间线与视图中的位置，使喷漆的效果更加自然，如图 5-144 所示。

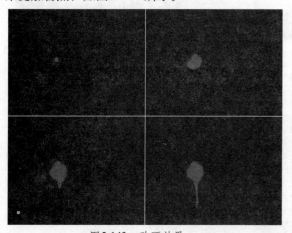

图5-143　动画效果

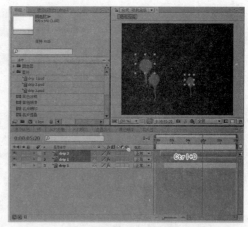

图5-144　复制图层

44 播放动画，观察制作喷漆的动画效果，如图 5-145 所示。

45 在项目面板中选择白色固态层，然后将其拖曳至时间线中，作为白色的背景层，如图 5-146 所示。

46 选择白色固态层，在菜单中选择【效果】→【绘图】→【矢量绘图】特效命令，准备绘制红色喷漆与涂鸦的效果，如图 5-147 所示。

47 设置矢量绘图特效的半径值为46、颜色为红色，按住键盘的【Shift】键绘制红色的喷漆与涂鸦效果，然后设置播放模式

图5-145　动画效果

为动画描边、播放速度为3，如图5-148所示。

48 选择矢量绘画的层，在菜单中选择【效果】→【风格化】→【粗糙边缘】命令，然后设置边框值为20，使边缘区域产生类似喷漆的散射效果，如图5-149所示。

图5-146 拖曳素材

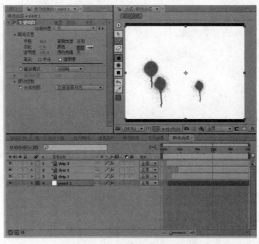

图5-147 增加矢量绘图

图5-148 绘制效果

图5-149 增加粗糙边缘

49 播放动画，观察制作喷漆的动画效果，如图5-150所示。

50 在时间线中将固态层的■调整图层按钮开启，使合成场景中只显示绘制的红色效果，如图5-151所示。

51 播放动画，观察制作喷漆的动画效果，如图5-152所示。

图5-150 动画效果

影视特效高手

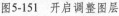

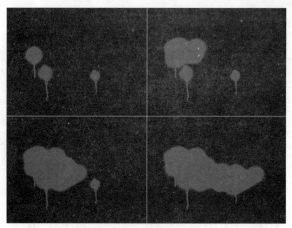

图5-151　开启调整图层　　　　　　　　　图5-152　动画效果

52 在项目面板中将"黄色喷漆"合成文件拖曳至时间线中，将黄色喷漆与红色喷漆合成到一起，如图 5-153 所示。

53 使用快捷键【Ctrl+D】复制喷漆层，使喷漆的效果更加丰富，如图 5-154 所示。

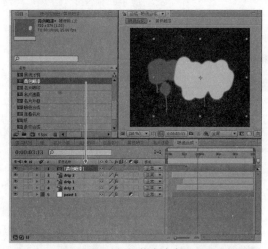

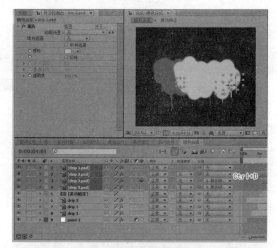

图5-153　拖曳素材　　　　　　　　　　　图5-154　复制图层

54 在项目面板中将"透叠名片"合成文件拖曳至时间线中，如图 5-155 所示。

55 播放动画，观察制作喷色合成的动画效果，如图 5-156 所示。

56 在菜单中选择【图像合成】→【新建合成组】命令建立新的合成文件，在弹出的对话框中设置合成组名称为"黑色涂鸦"，在预置项目中使用"PAL D1/DV"制式，然后设置持续时间为 10 秒，如图 5-157 所示。

57 在菜单中选择【图层】→【新建】→【固态层】命令，在弹出的固态层对话框中设置名称为"绘图"、颜色为白色，然后将新建的固

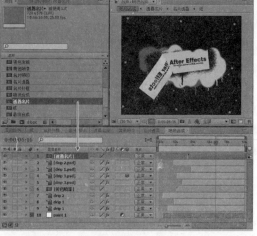

图5-155　拖曳素材

态层拖曳至时间线中，如图 5-158 所示。

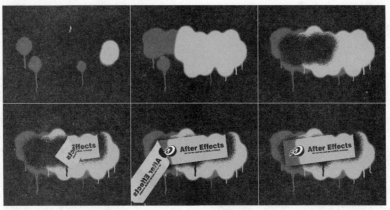

图5-156　动画效果

图5-157　新建合成组

图5-158　新建固态层

58 选择"绘图"层，在菜单中选择【效果】→【绘图】→【矢量绘图】特效命令，设置矢量绘图特效的半径值为59、颜色为黑色，然后按住键盘的【Shift】键绘制黑色的喷漆与涂鸦效果，如图 5-159 所示。

59 设置矢量绘图的播放模式为动画描边，如图 5-160 所示。

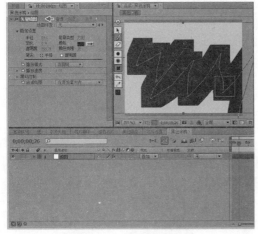

图5-159　增加矢量绘图

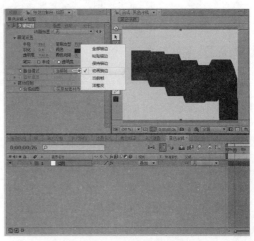

图5-160　设置播放模式

60 设置矢量绘图的播放速度为 10，然后在时间线中将固态层的 ◢ 调整图层按钮开启，使合成场景中只显示绘制的黑色效果，如图 5-161 所示。

61 选择绘图层并配合快捷键【Ctrl+D】进行复制，然后调整复制层的位置，使绘制的黑色动画产生幻影效果，如图 5-162 所示。

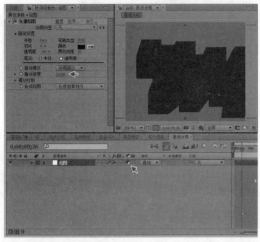

图5-161　设置播放速度

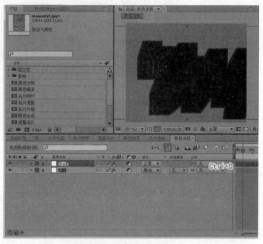

图5-162　复制图层

62 播放动画，观察制作黑色的绘制动画效果，如图 5-163 所示。

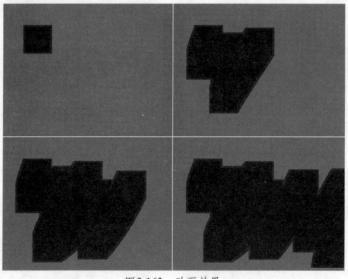

图5-163　动画效果

▶ **5.4.3　喷绘字合成**

01 在菜单中选择【图像合成】→【新建合成组】命令建立新的合成文件，在弹出的对话框中设置合成组名称为"最终合成"，在预置项目中使用"PAL D1/DV"制式，然后设置持续时间为10秒，如图 5-164 所示。

02 在项目面板中导入背景图像，然后将素材拖曳至时间线中，如图 5-165 所示。

图5-164　新建合成组

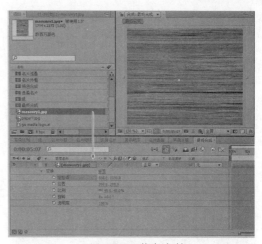

图5-165　拖曳素材

03 选择"合成"层，在菜单中选择【效果】→【色彩校正】→【色阶】特效命令，使背景的对比效果更加强烈，如图 5-166 所示。

04 在项目面板中将"黑色涂鸦"合成文件拖曳至时间线中，如图 5-167 所示。

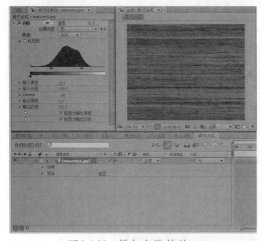

图5-166　增加色阶特效

图5-167　拖曳素材

05 在项目面板中将"喷色合成"合成文件拖曳至时间线中，如图 5-168 所示。

06 选择"喷色合成"、"黑色涂鸦"与背景层，然后开启 三维层按钮，使合成场景具有纵深感，如图 5-169 所示。

07 在菜单中选择【图层】→【新建】→【摄像机】命令，使用摄像机控制合成场景的空间效果，如图 5-170 所示。

08 在时间线中开启摄像机选项，可以设置影像视觉的参数，如图 5-171 所示。

09 在时间线中开启摄像机的变换卷展栏，然后设置目标兴趣点、位置、X轴旋转、Y轴旋

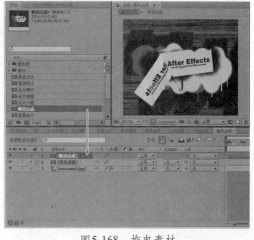

图5-168　拖曳素材

影视特效高手

转、Z轴旋转的动画关键帧，如图5-172所示。

图5-169　开启三维层

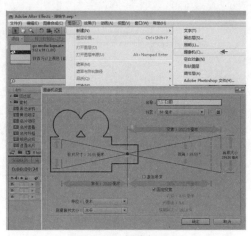

图5-170　新建摄像机

图5-171　摄像机选项

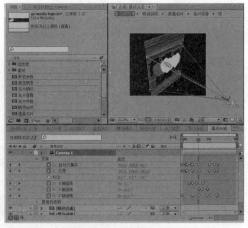

图5-172　记录动画

10 播放动画，观察制作喷绘文字的动画效果，如图5-173所示。

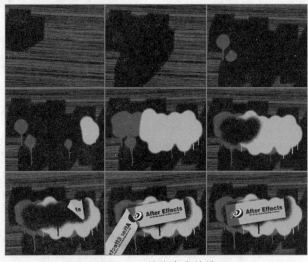

图5-173　最终合成效果

5.5　本章小结

文字效果是影视合成中重要的组成部分，利用特效可以对作品进行文字图形、颜色调整和艺术化处理，甚至对更丰富的特殊效果进行修饰。After Effects CS5 提供了丰富的特效功能，通过组合可以得到更多不同风格和不同样式的特殊效果。

5.6　拓展练习

1. 光斑文字

光斑文字范例主要使用文字工具下动画方式合成制作，通过模糊、缩放、透明等属性调节文字的显现效果，绿色的背景和白色的光晕衬托出光斑文字的细腻效果。光斑文字范例的制作分为 3 部分，第 1 部分为文字动画制作，第 2 部分为增加场景背景，第 3 部分为特效合成效果。范例效果如图 5-174 所示，制作流程如图 5-175 所示。

图5-174　光斑文字效果

（1）文字动画制作　　　（2）增加场景背景　　　（3）特效合成效果

图5-175　光斑文字制作流程

2. 急速文字

急速文字范例主要使用摄影机动画与运动模糊的制作方法，表现文字快速飞入画面的冲击效果。绿色辉光衬托出装饰文字的细腻效果。装饰绿色文字范例的制作分为 3 部分，第 1 部分为背景素材制作，第 2 部分为文字动画制作，第 3 部分为最终合成效果。范例效果如图 5-176 所示，制作流程如图 5-177 所示。

图5-176　急速文字效果

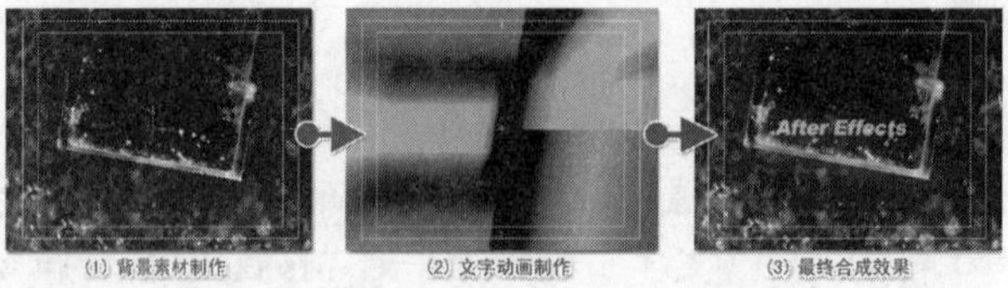

图5-177　急速文字制作流程

3. 液体变化文字

液体变化文字范例主要模拟液体融散的效果，通过 Fractal Noise（分形噪波）滤镜特效方式合成，蓝色辉光衬托出液体变化文字的细腻效果。液体变化文字范例的制作分为 3 部分，第 1 部分为噪波动画制作，第 2 部分为文字动画制作，第 3 部分为液化字合成效果。范例效果如图 5-178 所示，制作流程如图 5-179 所示。

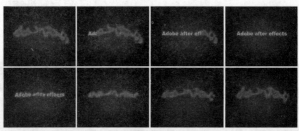

图5-178　液体变化文字效果

(1) 噪波动画制作　　(2) 文字动画制作　　(3) 液化字合成效果

图5-179　液体变化文字制作流程

4. 粒子飞字

粒子飞字范例主要使用文字层动画制作方式，通过蓝色背景板和发光粒子衬托出飞动文字的细腻效果。粒子飞字范例的制作分为 3 部分，第 1 部分为背景制作，第 2 部分为设置文字动画，第 3 部分为粒子特效合成。范例效果如图 5-180 所示，制作流程如图 5-181 所示。

图5-180　粒子飞字效果

(1) 背景制作　　(2) 设置文字动画　　(3) 粒子特效合成

图5-181　粒子飞字制作流程

第**6**章 视频特效

> 在影视包装作品中视频效果主要是指将静态素材模拟出特效和三维空间效果，本章通过绚丽五环、飘动红旗、液体融化、粒子卡片4个范例进行详细讲解，使读者快速掌握After Effects创作视频效果的方法。

6.1 绚丽五环

绚丽五环特效范例使用独特的制作手法，通过使用分形噪波与极坐标滤镜特效的完美配合，制作光环元素，同时使用辉光滤镜的修饰使五环效果升华，如图6-1所示。

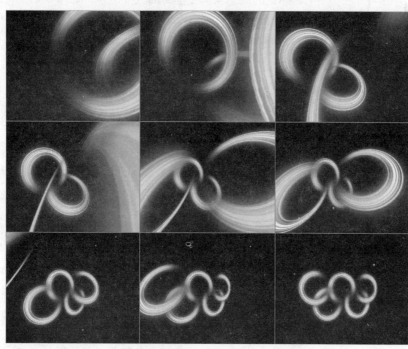

图6-1 案例效果

制作流程

绚丽五环特效案例的制作分为3部分，如图6-2所示。其中第1部分为噪波合成，首先建立合成与白色固态层，然后进行比例调节和"分形噪波"特效设置，再通过遮罩和"极坐标"特效使其产生围绕的效果；第2部分为辉光合成，为合成场景添加"辉光"特效，然后设置三维层的类型和光环旋转动画；第3部分为运动与复制，将合成的光环先记录位置动画，然后复制多层完成五环的合成效果。

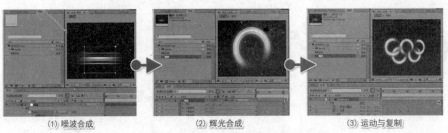

(1) 噪波合成　　　　　　(2) 辉光合成　　　　　　(3) 运动与复制

图6-2　制作流程

▶ 6.1.1　噪波合成

01 启动 After Effects CS5 软件，在菜单中选择【图像合成】→【新建合成组】命令建立新的合成文件，然后在弹出的对话框中设置合成组名称为"噪波"，在预置项目中使用"PAL D1/DV"制式，再设置持续时间为 5 秒，如图 6-3 所示。

02 在菜单中选择【图层】→【新建】→【固态层】命令，在弹出的固态层对话框中设置名称为"噪波"、颜色为白色，然后将新建的固态层拖曳至时间线面板中，如图 6-4 所示。

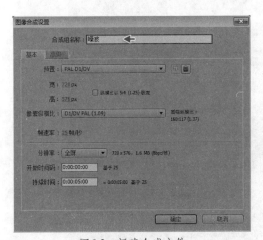

图6-3　新建合成文件

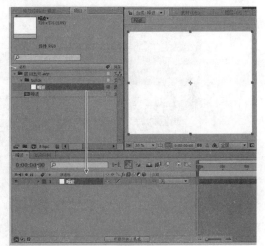

图6-4　新建固态层

03 在时间线面板中选择"噪波"层，然后设置比例值为 100、23，调节素材层在场景中的大小，如图 6-5 所示。

04 在菜单中选择【效果】→【噪波与颗粒】→【分形噪波】特效命令，并在分形噪波特效控制面板中设置噪波类型为"柔和线性"，再设置对比度值为 600、亮度值为 13、复杂性值为 6.7、演变值为 1x、235，使特效产生不规则的横条效果，从而增强绚丽的视觉感受，如图 6-6 所示。

05 选择"噪波"层并在工具栏中选择▢矩形遮罩工具，然后在视图中绘制遮罩选区，

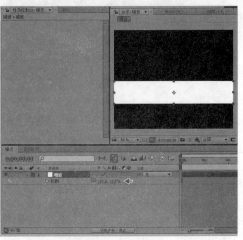

图6-5　设置参数

在遮罩 1 选项下设置遮罩羽化值为 230，使横条效果的两侧产生过渡效果，如图 6-7 所示。

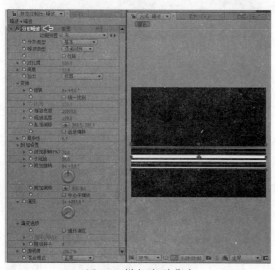

图6-6　增加分形噪波

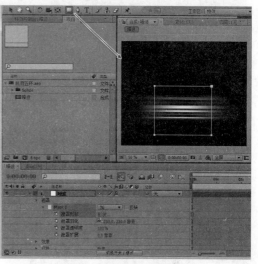

图6-7　设置遮罩羽化

06 在菜单中选择【图像合成】→【新建合成组】命令建立新的合成文件，在弹出的对话框中设置合成组名称为"合成"，在预置项目中使用"PAL D1/DV"制式，然后设置持续时间为 5 秒，如图 6-8 所示。

07 在菜单中选择【图层】→【新建】→【固态层】命令，在弹出的固态层对话框中设置名称为"背景板"、颜色为棕色，然后将新建的固态层拖曳至时间线面板中，如图 6-9 所示。

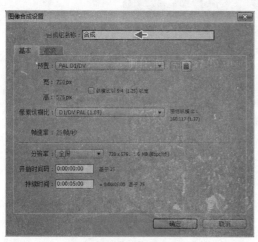

图6-8　新建合成文件

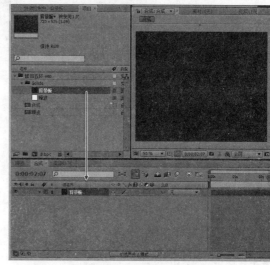

图6-9　新建固态层

08 选择"背景板"层并在工具栏选择 ⬭ 椭圆形遮罩工具，然后在视图中绘制遮罩选区，在遮罩 1 选项下设置遮罩羽化值为 345，使背景产生中心强、边缘弱的层次效果，如图 6-10 所示。

09 在项目面板将"噪波"合成项目拖曳至"合成"的时间线面板中，然后开启 🎬 三维层按钮，如图 6-11 所示。

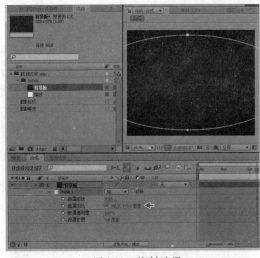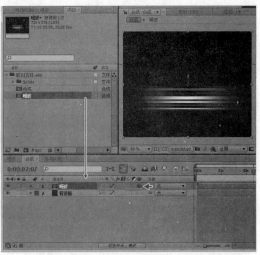

图6-10 绘制遮罩   图6-11 拖曳素材并开启三维层

10 在菜单中选择【效果】→【扭曲】→【极坐标】命令，在极坐标特效控制面板中设置插值为100，再将变换类型设置为"矩形到极线"类型，使横条产生围绕环状的效果，如图6-12所示。

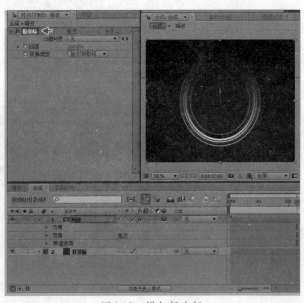

图6-12 增加极坐标

▶ 6.1.2 辉光合成

01 在菜单中选择【效果】→【风格化】→【辉光】命令，在辉光特效控制面板中设置辉光阈值为6.3、辉光半径值为71，然后将辉光色设置为"A和B颜色"类型，色彩循环设置为"锯齿波 B>A"类型，再调节颜色A为红色、颜色B为黄色，产生绚丽的橘色光效，如图6-13所示。

02 选择"噪波"层并单击 码表按钮，在第0秒位置设置X轴旋转值为104、Y轴旋转值为

151、Z 轴旋转值为 206，使光环产生倾斜效果，如图 6-14 所示。

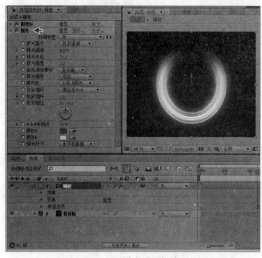

图6-13 增加辉光特效

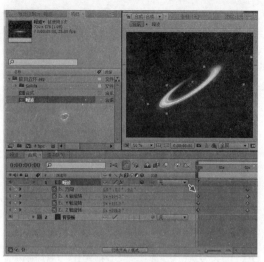

图6-14 设置层旋转

03 选择"噪波"层并在第 2 秒位置设置 X 轴旋转值为 0、Y 轴旋转值为 0、Z 轴旋转值为 156，使光环产生旋转的动画效果，如图 6-15 所示。

04 播放动画，观察制作的光环旋转效果，如图 6-16 所示。

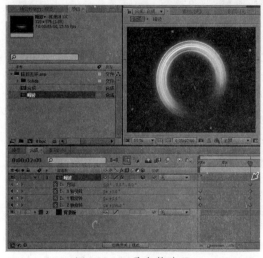

图6-15 记录参数动画

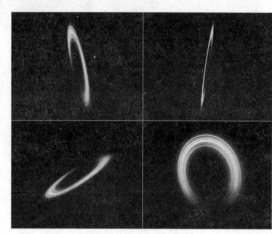

图6-16 光环旋转效果

▶ 6.1.3 运动与复制

01 选择"噪波"层并单击键盘上的【P】键开启位置属性，然后单击 ■码表按钮在第0秒记录位置值为6.2、288、−1000，在第2秒位置记录位置值为360、288、0，使光环产生由外飞入画面的效果，如图6-17所示。

02 选择"噪波"层并配合键盘快捷键【Ctrl+D】原地复制一层，然后调节旋转角度，得到第二个运动的光环效果，如图 6-18 所示。

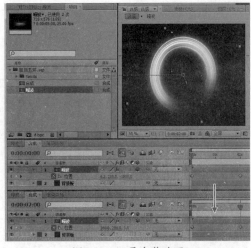

图6-17　记录参数动画

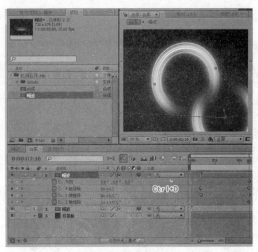

图6-18　复制图层

03 选择复制"噪波"层，在第0秒10帧位置设置为复制层的开始位置，使光环产生交错飞入画面的动画效果，然后在第0秒10至第2秒10位置记录位置的动画，使光环交互的产生运动，如图6-19所示。

04 使用相同方法制作其他3组光环的动画，最终组成五环的造型，如图6-20所示。

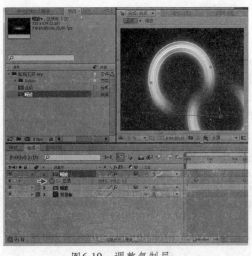

图6-19　调整复制层

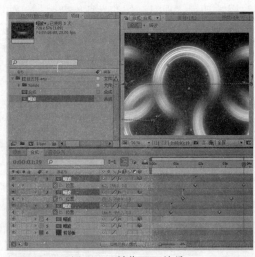

图6-20　制作五环效果

影视特效高手

05 在菜单中选择【图层】→【新建】→【摄像机】命令，建立摄像机来控制合成场景的镜头变化，如图6-21所示。

06 在弹出的对话框中设置摄像机的预置为15mm，然后在时间线中将自动生成摄像机的层，如图6-22所示。

07 选择摄像机并单击码表按钮，在第1秒11帧位置设置摄像机的位置参数，如图6-23所示。

08 在第2秒01帧位置设置摄像机的目标兴趣点的关键帧，然后调节摄像机的位置参数，如图6-24所示。

09 在第4秒16帧位置设置摄像机的目标兴趣点及位置的参数动画，使光环从屏幕外侧摇移到屏幕中心位置，产生三维镜头效果的模拟，如图6-25所示。

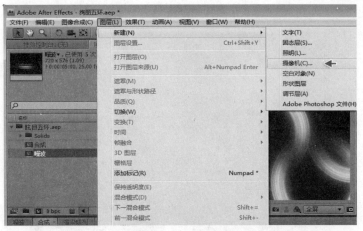

图6-21 建立摄像机

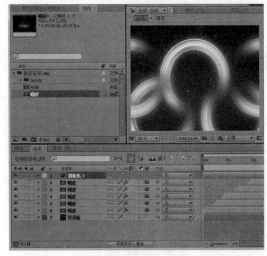

图6-22 设置摄像机

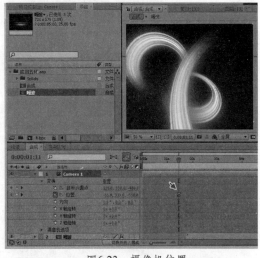

图6-23 摄像机位置

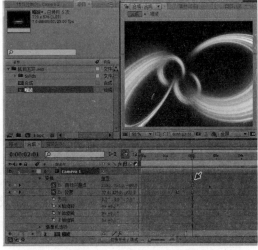

图6-24 记录摄像机动画

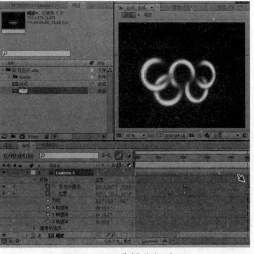

图6-25 记录摄像机动画

10 播放动画，观察制作完成的炫丽五环范例合成效果，如图 6-26 所示。

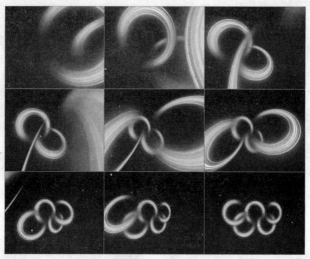

图6-26　最终效果

6.2　飘动红旗

飘动红旗特效范例主要使用形状工具绘制五角星，然后通过置换贴图滤镜特效使五角星形状及文字与视频背景产生相同的动态效果，如图 6-27 所示。

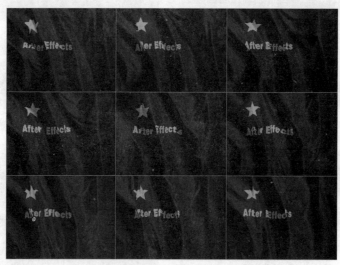

图6-27　案例效果

制作流程

飘动红旗特效案例的制作分为 3 部分，如图 6-28 所示。其中第 1 部分为创建图形与文字，建立合成场景并通过星形图形工具和文字工具完成操作；第 2 部分为背景红旗合成，新建合成场景并导入背景素材，然后再进行比例匹配和速度调节；第 3 部分为叠加与置换合成，先将"五角星"与"红旗"合成项目拖曳至新合成，再为"五角星"层增加"置换映射"特效，然后设置"最大水平置换量"和"最大垂直置换量"使星形及文字按红旗的抖动方式产生置换。

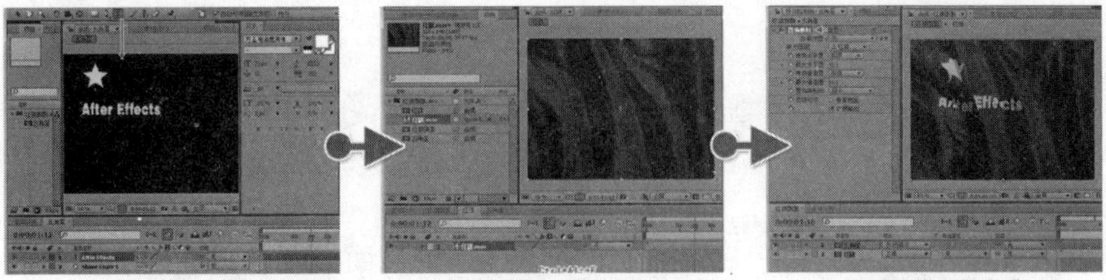

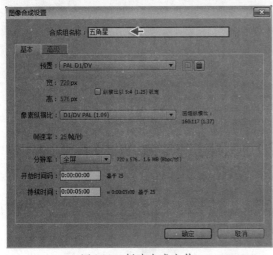

(1) 创建图形与文字　　(2) 背景红旗合成　　(3) 叠加与置换合成

图6-28　制作流程

▶ 6.2.1　创建图形与文字

01 启动 After Effects CS5 软件，在菜单中选择【图像合成】→【新建合成组】命令建立新的合成文件。在弹出的对话框中设置合成组名称为"五角星"，在预置项目中使用"PAL D1/DV"制式，然后设置持续时间为 5 秒，如图 6-29 所示。

02 在菜单栏中选择【图层】→【新建】→【形状图层】命令，在工具栏中选择★星形图形工具，然后在屏幕左上方绘制五角星形，再设置图形的填充颜色为黄色，如图 6-30 所示。

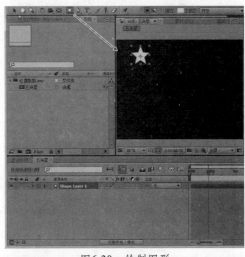

图6-29　新建合成文件

图6-30　绘制图形

03 在菜单栏中可以选择【图层】→【新建】→【文字】命令，也可以在工具栏中选择 T 文字工具在五角星形下方建立文本"After Effects"，如图 6-31 所示。

图6-31　建立文字

▶ 6.2.2 背景红旗合成

01 在菜单中选择【图像合成】→【新建合成组】命令建立新的合成文件。在弹出的对话框中设置合成组名称为"红旗"，在预置项目中使用"PAL D1/DV"制式，然后设置持续时间为5秒，如图 6-32 所示。

02 将"红旗 .mov"动态素材导入工程面板并拖曳至时间线面板中，如图 6-33 所示。

图6-32 新建合成文件

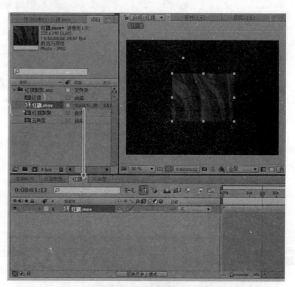

图6-33 导入素材

03 设置"红旗 .mov"素材比例，使素材尺寸与合成窗口相匹配，可使用键盘快捷键【Ctrl+Alt+F】来完成此操作，如图 6-34 所示。

04 在时间线面板中选择"红旗 .mov"动态素材并开启时间线左下角位置的▨时间控制按钮，然后单击持续时间面板的下划线按钮，在弹出的对话框中设置伸缩功能值为200，使素材新的持续时间为 6 秒 17 帧，从而改变视频素材的速度，如图 6-35 所示。

图6-34 匹配素材

图6-35 设置持续时间

6.2.3 叠加与置换合成

01 在菜单中选择【图像合成】→【新建合成组】命令建立新的合成文件。在弹出的对话框中设置合成组名称为"红旗飘飘",在预置项目中使用"PAL D1/DV"制式,然后设置持续时间为5秒,如图6-36所示。

02 在"红旗飘飘"合成文件中将"五角星"与"红旗"合成项目文件拖曳到时间线上,继续进行层之间的叠加操作,如图6-37所示。

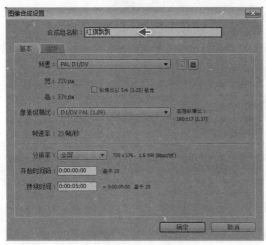

图6-36 新建合成文件

图6-37 导入素材

03 在时间线面板中先选择"五角星"素材层,然后设置层模式为"颜色减淡"方式,使单色的五角星可以按红旗的深浅颜色产生变化,如图6-38所示。

04 选择"五角星"素材层,在菜单中选择【效果】→【扭曲】→【置换映射】命令,在特效控制面板中将映射图层项目设置为"2.红旗",再将使用水平置换和使用垂直置换项目设置为"照度"方式,设置最大水平置换量值为50、最大垂直置换量值为50,使五角星形及文字按红旗的抖动方式产生置换,如图6-39所示。

影视特效高手

图6-38 设置层模式

图6-39 增加置换特效

05 播放影片，观察最终的飘动红旗范例合成效果，如图 6-40 所示。

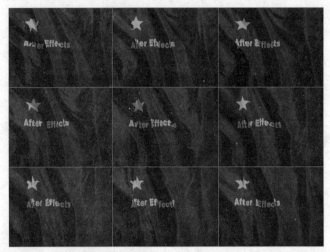

图6-40 最终效果

6.3 液体融化

液体融化特效范例先使用分形噪波特效模拟层次效果，然后使用渐变特效制作合成背景，再通过融化溅落点、玻璃、调色和斜面等特效丰富效果，如图 6-41 所示。

图6-41 案例效果

制作流程

液体融化特效案例的制作分为 3 部分，如图 6-42 所示。其中第 1 部分为噪波合成，首先新建合成与固态层，然后增加"分形噪波"特效设置不规则的噪波效果；第 2 部分为标志合成，建立新层和"渐变"特效，再导入素材作为合成场景的文字元素；第 3 部分为冰面效果合成，将标志合成场景拖曳至新合成中，然后增加"CC 融化溅落点"特效模拟晶莹的液体效果，再通过"CC 玻璃"、"CC 调色"、"斜面 Alpha"和"阴影"特效设置液体融化的效果。

(1) 噪波合成　　　　　　(2) 标志合成　　　　　　(3) 冰面效果合成

图6-42　制作流程

▶ 6.3.1　噪波合成

01 启动 After Effects CS5 软件，在菜单中选择【图像合成】→【新建合成组】命令建立新的合成文件。在弹出的对话框中设置合成组名称为"噪波层"，在预置项目中使用"PAL D1/DV"制式，然后设置持续时间为 10 秒 01 帧，如图 6-43 所示。

02 在菜单中选择【图层】→【新建】→【固态层】命令，在弹出的固态层对话框中设置名称为"噪波层"，然后将新建的固态层拖曳至时间线面板中，如图 6-44 所示。

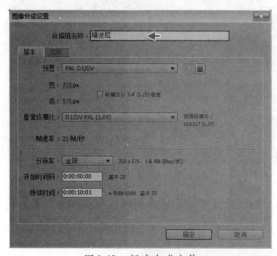

图6-43　新建合成文件

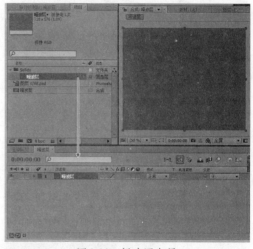

图6-44　新建固态层

03 在菜单中选择【效果】→【噪波与颗粒】→【分形噪波】特效命令，在分形噪波特效控制面板中设置噪波类型为"柔和线性"，再设置对比度值为 100、亮度值为 0，复杂性值为 6，使特效产生不规则的噪波效果，如图 6-45 所示。

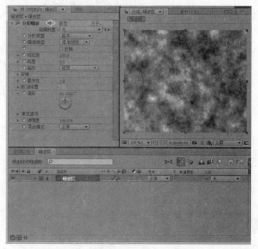

图6-45　增加噪波特效

▶ 6.3.2 标志合成

01 在菜单中选择【图像合成】→【新建合成组】命令建立新的合成文件。在弹出的对话框中设置合成组名称为"Logo",在预置项目中使用"PAL D1/DV"制式,然后设置持续时间为 10 秒 01 帧,如图 6-46 所示。

02 菜单中选择【图层】→【新建】→【固态层】命令,在弹出的固态层对话框中设置颜色为蓝色,并将新建的固态层拖曳至时间线面板中;继续在菜单中选择【效果】→【生成】→【渐变】特效命令,设置特效控制面板中的开始色为淡蓝色、结束色为深蓝色,渐变形状为"放射渐变"类型,如图 6-47 所示。

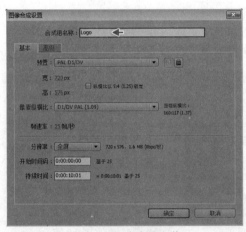

图6-46 新建合成文件

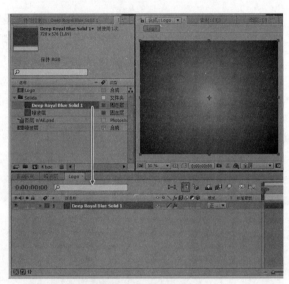

图6-47 建立蓝色背景

03 在菜单中选择【文件】→【导入】→【文件】命令,将"图层 0/AE.psd"素材导入工程面板中,然后拖曳至时间线面板中,作为合成场景的文字元素,如图 6-48 所示。

图6-48 导入素材

▶ 6.3.3 冰面效果合成

01 在菜单中选择【图像合成】→【新建合成组】命令建立新的合成文件。在弹出的对话框中设置合成组名称为"总合成",在预置项目中使用"PAL D1/DV"制式,然后设置持续时间为10秒01帧,如图6-49所示。

02 在工程面板中选择"Logo"合成场景并拖曳至时间线面板中,如图6-50所示。

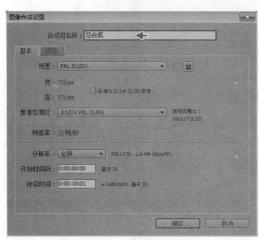

图6-49 新建合成文件

图6-50 导入素材

03 在时间线面板中选择"Logo"层,在菜单中选择【效果】→【扭曲】→【CC融化溅落点】命令,然后在特效控制面板中选择CC融化溅落点特效,设置落点层为"3.噪波层"、特性为亮度、柔化值为15、切开值为50、灯光高度为65、照明方向值为-45等参数,模拟出晶莹的液体效果,如图6-51所示。

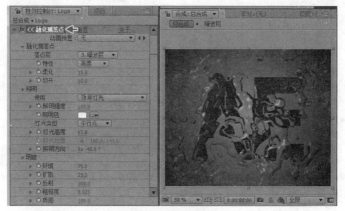

图6-51 增加特效

04 在时间线面板中选择"Logo"层,在菜单中选择【效果】→【扭曲】→【CC玻璃】命令,然后在特效控制面板中选择CC玻璃特效,再设置凹凸映射为"3.噪波层"、特性为亮度、柔化值为50、高度值为25、置换值为25、灯光高度值为65、照明方向值为-45等参数,增强液体效果合成的质感,如图6-52所示。

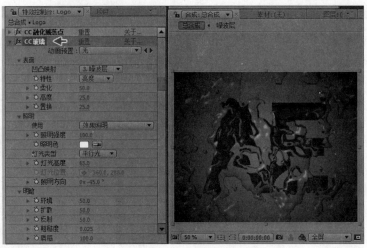

图6-52　增加特效

05 在时间线面板中选择"Logo"层，在菜单中选择【效果】→【扭曲】→【CC 调色】特效命令，在特效控制面板中选择 CC 调色特效，然后设置高光颜色为白色、中值颜色为深蓝色、阴影颜色为白色，如图 6-53 所示。

06 在时间线面板中选择"Logo"层，在菜单中选择【效果】→【透视】→【斜面Alpha】特效命令，然后设置边缘厚度值为10、照明角度为−60、照明色为白色、照明强度值为0.1；在菜单中选择【效果】→【透视】→【阴影】特效命令，然后在特效控制面板中选择阴影特效，设置阴影色为黑色、透明度值为10、方向值为135等参数，如图6-54所示。

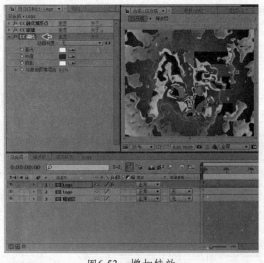

图6-53　增加特效

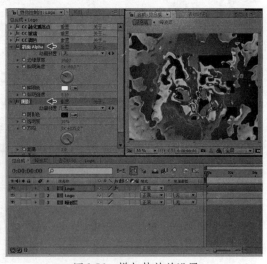

图6-54　增加特效并设置

07 在时间线面板中选择"Logo"层，然后设置层模式为"柔光"方式，使液体层融合到蓝色的渐变背景上，如图 6-55 所示。

08 选择"Logo"层并配合键盘快捷键【Ctrl+D】原地复制一层，然后在特效控制面板中选择 CC 融化溅落点特效并设置落点层为"4.噪波层"、柔化值为 0、切开值为 0 等参数，使本层表面的纹理更加细小，通过多层处理模拟出真实的液体与融化效果，如图 6-56 所示。

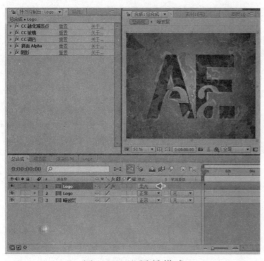 

图6-55 设置层模式　　　　　　　　　　图6-56 复制图层

09 在特效控制面板中选择 CC 玻璃特效，然后设置凹凸映射为"4.噪波层"、柔化值为 5、高度值为 25、置换值为 0 等参数，增强合成的细节与高光效果，如图 6-57 所示。

10 在时间线面板中选择"Logo"层，并设置层模式为"强光"方式，使场景中的层得到高对比特殊变化效果，如图 6-58 所示。

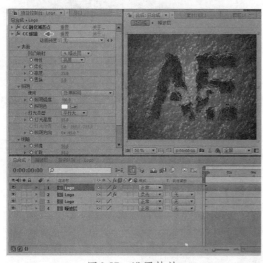 

图6-57 设置特效　　　　　　　　　　图6-58 设置层模式

11 在时间线面板中选择"Logo"层，在特效控制面板中选择 CC 调色特效，然后设置高光颜色为白色、中值颜色为淡蓝色、阴影颜色为白色，模拟出较为浅色的冰面效果，如图 6-59 所示。

12 在时间线面板中选择"Logo"层，先在特效控制面板中选择"斜面 Alpha"特效，设置边缘厚度值为 5、照明角度为 − 60、照明色为白色、照明强度值为 0.4，使其显现出三维的效果；然后在特效控制面板中选择"阴影"特效，再设置阴影色为黑色、透明度值为 50、方向值为 135 等参数，使其与背景之间产生阴影过渡，如图 6-60 所示。

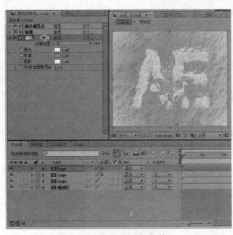 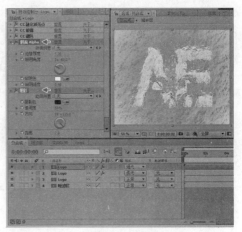

图6-59 设置特效参数　　　　　　图6-60 设置特效参数

13 在特效控制面板中选择 CC 融化溅落点特效的"切开"项，然后在开始第 0 秒位置单击码表按钮，再将切开值设置为 0，如图 6-61 所示。

14 在结束第 10 秒位置设置切开值为 93，制作冰面波纹散开的动画效果，如图 6-62 所示。

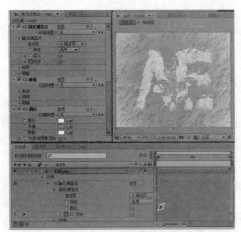 

图6-61 设置特效参数　　　　　　图6-62 设置特效动画

15 播放影片，观察最终的液体融化特效范例合成效果，如图 6-63 所示。

图6-63 最终效果

6.4 粒子卡片

粒子卡片特效范例先设置彩色光条的位移运动，然后通过碎片特效使图像进行顺序破碎，再使用摄像机记录出在空间的动画效果，如图 6-64 所示。

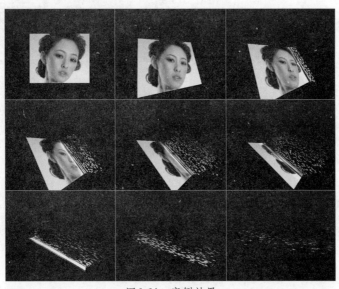

图6-64 案例效果

制作流程

粒子卡片特效案例的制作分为 3 部分，如图 6-65 所示。其中第 1 部分为元素合成，首先新建合成与固态层并通过"渐变"特效得到线性的渐变效果，然后制作光柱的效果，再导入其他元素制作光条运动的位置动画；第 2 部分为碎片效果合成，主要先设置合成背景与摄像机，然后通过"碎片"特效制作照片破碎的动画；第 3 部分为最终位置合成，通过新建"空白对象"控制摄像机层的动画。

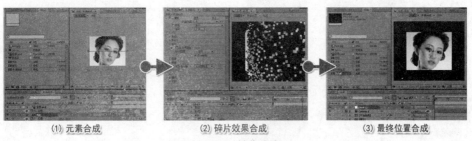

(1) 元素合成　　　　　　(2) 碎片效果合成　　　　　　(3) 最终位置合成

图6-65 制作流程

▶ 6.4.1 元素合成

01 在菜单中选择【图像合成】→【新建合成组】命令建立新的合成文件。在弹出的对话框中设置合成组名称为"渐变"，在预置项目中使用"PAL D1/DV"制式，然后设置持续时间为 5 秒，如图 6-66 所示。

02 在菜单中选择【图层】→【新建】→【固态层】命令，在弹出的固态层对话框中设置名称为"渐变层"，颜色为黑色，作为合成场景的背景层，然后将新建的固态层拖曳至时间线面板中，如图 6-67 所示。

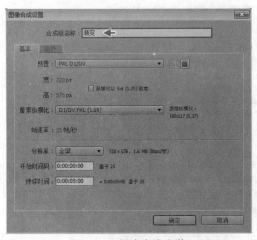

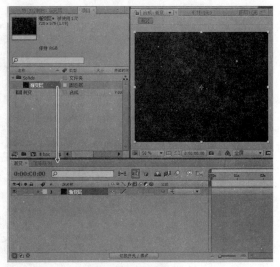

图6-66　新建合成文件　　　　　　　图6-67　新建固态层

03 在时间线面板中选择"渐变层"，在菜单中选择【效果】→【生成】→【渐变】特效命令并设置特效控制面板中的开始色为黑色、结束色为白色，然后设置渐变形状为"线性渐变"类型，丰富合成场景背景的变化细节，如图 6-68 所示。

04 在菜单中选择【图像合成】→【新建合成组】命令建立新的合成文件。在弹出的对话框中设置合成组名称为"光柱"，在预置项目中使用"PAL D1/DV"制式，然后设置持续时间为 5 秒，如图 6-69 所示。

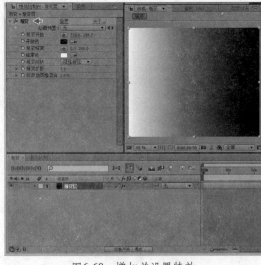

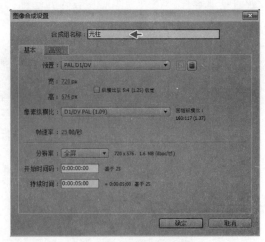

图6-68　增加并设置特效　　　　　　图6-69　新建合成文件

05 在菜单中选择【图层】→【新建】→【固态层】命令，在弹出的固态层对话框中设置名称为"深蓝层"、颜色为深蓝色，将新建的固态层拖曳至时间线面板中，再选择"深蓝层"层并在工具栏选择▢矩形遮罩工具在视图中绘制选区，在遮罩 1 选项下设置遮罩羽化值为 18，使固态层成为垂直的光条形状，如图 6-70 所示。

06 在菜单中选择【图层】→【新建】→【固态层】命令，在弹出的固态层对话框中设置名称为"浅蓝层"、颜色为浅蓝色，将新建的固态层拖曳至时间线面板中，再选择"浅蓝层"层并在工具栏选择⬤椭圆形遮罩工具在视图中绘制遮罩选区，在遮罩 1 选项下设置遮罩羽化值为 15，使光柱的边缘产生柔化效果，如图 6-71 所示。

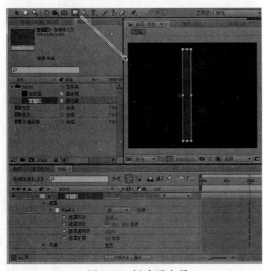
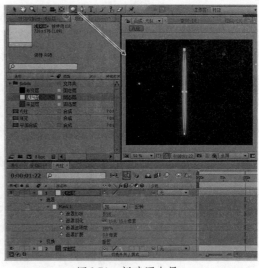

图6-70　新建固态层　　　　　　　　图6-71　新建固态层

07 在菜单中选择【图像合成】→【新建合成组】命令建立新的合成文件。在弹出的对话框中设置合成组名称为"平面合成"，在预置项目中使用"PAL D1/DV"制式，然后设置持续时间为 5 秒，如图 6-72 所示。

08 在工程面板中选择"face.jpg"照片素材，然后拖曳至时间线面板中，作为合成的素材，如图 6-73 所示。

图6-72　新建合成文件　　　　　　　　图6-73　导入素材

09 在工程面板中选择"彩条.psd"、"光柱"合成场景,然后拖曳至时间线面板中,作为场景的装饰素材;在时间线面板中选择两个素材层并使用键盘【P】键开启位置选项,然后单击 码表按钮并在第1秒位置分别记录两个素材层位置值为732、292和760、292,在第2秒位置分别记录两素材层位置值为−52、292和−24、292,使两素材从屏幕右侧至左侧方向水平移出画面,如图6-74所示。

10 播放影片,观看制作的位移动画效果,如图 6-75 所示。

图6-74 记录素材位置动画

图6-75 动画效果

▶ 6.4.2 碎片效果合成

01 在菜单中选择【图像合成】→【新建合成组】命令建立新的合成文件。在弹出的对话框中设置合成组名称为"合成",在预置项目中使用"PAL D1/DV"制式,然后设置持续时间为 5 秒,如图 6-76 所示。

02 在菜单中选择【图层】→【新建】→【固态层】命令,在弹出的固态层对话框中设置名称为"背景",将新建的固态层拖曳至时间线面板中,然后在时间线面板中选择"背景"层,在菜单中选择【效果】→【生成】→【渐变】特效命令,再设置特效控制面板中的开始色为红色、结束色为暗红色、渐变形状为"线性渐变"类型,如图 6-77 所示。

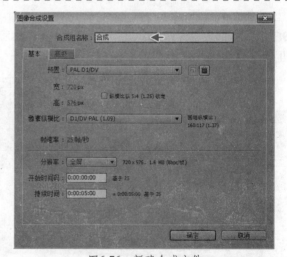

图6-76 新建合成文件

03 在工程面板中选择"平面合成"和"渐变"合成场景并拖曳至时间线面板中,然后在菜单中选择【图层】→【新建】→【摄像机】命令,将建立的摄像机拖曳至时间线面板并设置比例值为 512、焦距值为 512、光圈值为 12,如图 6-78 所示。

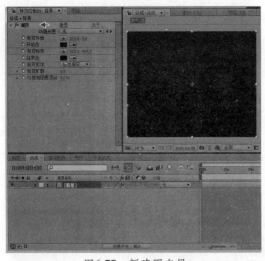

图6-77　新建固态层

图6-78　导入素材

04 在时间线面板中选择"平面合成"层，然后在菜单中选择【效果】→【仿真】→【碎片】命令，制作照片破碎的动画效果，如图 6-79 所示。

05 在特效控制面板中选择碎片特效，然后设置查看为渲染显示方式，再调整外形卷展栏的图案为"正方形"类型、反复值为 40，最后设置摄像机系统为"合成摄像机"类型，如图 6-80 所示。

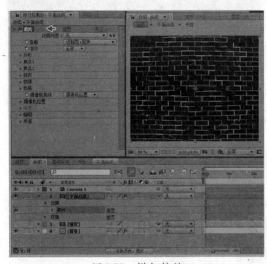

图6-79　增加特效

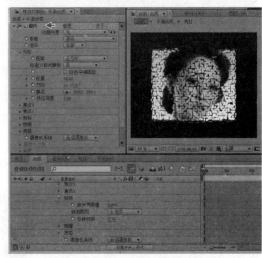

图6-80　设置特效

06 播放影片，观看制作的图片碎片动画效果，如图 6-81 所示。

07 在特效控制面板中设置"焦点 1"卷展栏下深度值为 0.2、半径值为 2、强度值为 6，使碎片产生随机的动态效果，如图 6-82 所示。

08 在特效控制面板中倾斜卷展栏下，单击碎片界限值项的 码表按钮，在第 1 秒位置设置参数值为 0，在第 2 秒位置设置参数值为 100，再设置倾斜图层为"3.渐变"层，如图 6-83 所示。

09 播放影片，观看制作的图片碎片调整后的动画效果，如图 6-84 所示。

影视特效高手

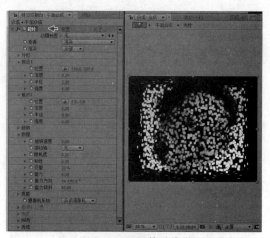

图6-81　碎片动画效果 图6-82　设置特效参数

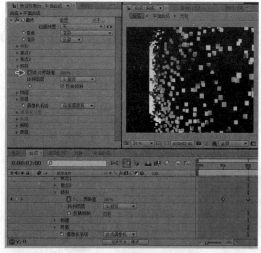

图6-83　记录特效动画

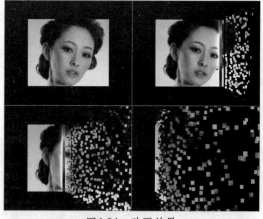

图6-84　动画效果

影
视
特
效
高
手

6.4.3　最终位置合成

01 在菜单中选择【图层】→【新建】→【空白对象】命令，系统将新建的空白对象自动添加至时间线面板中，如图 6-85 所示。

02 在时间线面板中选择摄像机层并设置父级为空白对象，如图 6-86 所示。

03 在时间线面板中选择空白对象并单击三维模式按钮，然后单击码表按钮在第0秒设置位置值为360、238、−135，再设置X轴旋转值为0、Y轴旋转值为0，如图6-87所示。

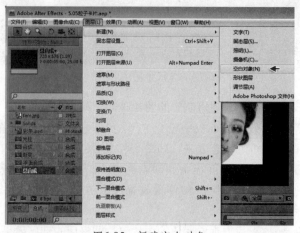

图6-85　新建空白对象

图6-86 设置父级　　　　　　　　　　图6-87 设置参数

04 在时间线面板中选择空白对象，然后在 2 秒 13 帧设置位置值为 140、238、－105，再设置 X 轴旋转值为 90、Y 轴旋转值为 90，如图 6-88 所示。

05 播放动画，观看制作的粒子卡片特效范例动画的合成效果，如图 6-89 所示。

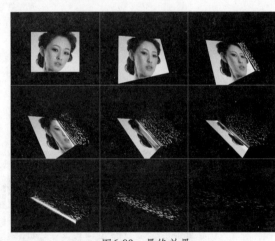

图6-88 记录参数动画　　　　　　　　图6-89 最终效果

6.5 本章小结

　　视频效果是影视包装中的重要组成部分，利用特效可以对素材进行颜色调整、艺术化处理、光线以及丰富的特殊效果进行修饰。本章大量使用平面素材、三维素材和绚丽光效等增强影片的节奏感和连贯性，让用户熟练地掌握和提高 After Effects CS5 影片合成的技巧。

6.6 拓展练习

1. 绚丽转动星

绚丽转动星范例主要使用 Radio Waves（无线电波）滤镜特效合成制作，特效自动生成放射性动画，产生有规律的旋转运动，通过渐变背景和星光光晕衬托出旋转星的细腻效果。绚丽转动星范例的制作分为 3 部分，第 1 部分为前期特效制作，第 2 部分为滤镜特效修饰，第 3 部分为最终定版效果。范例效果如图 6-90 所示，制作流程如图 6-91 所示。

图6-90　绚丽转动星效果

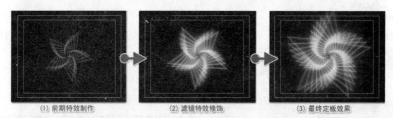

图6-91　绚丽转动星制作流程

2. 云彩空间

云彩空间范例主要使用到了父子关系与表达式方式，通过摄影机与复制多层的云彩运动、关键帧插值的调整等诸多方法的配合完成云彩空间范例制作。云彩空间范例的制作分为 3 部分，第 1 部分为制作合成素材，第 2 部分为空间场景搭建，第 3 部分为场景动画合成。范例效果如图 6-92 所示，制作流程如图 6-93 所示。

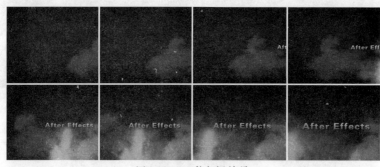

图6-92　云彩空间效果

图6-93　云彩空间制作流程

3. 飞舞的花瓣

飞舞的花瓣范例主要使用 TrapCode 公司开发的 Particular（粒子）滤镜特效合成制作，通过拾取自定的花瓣形状，产生漫天飞舞的花瓣效果。飞舞的花瓣范例的制作分为 3 部分，第 1 部分为花瓣素材制作，第 2 部分为背景素材制作，第 3 部分为粒子花瓣效果。范例效果如图 6-94 所示，制作流程如图 6-95 所示。

图6-94　飞舞的花瓣效果

(1) 花瓣素材制作　　(2) 背景素材制作　　(3) 粒子花瓣效果

图6-95　飞舞的花瓣制作流程

4. 节奏光波

节奏光波范例主要音频素材和虚拟体的配合，通过将音频节奏转换为关键帧方式，将音频与粒子结合，产生与音频同步的粒子光波运动。节奏光波范例的制作分为 3 部分，第 1 部分为创建虚拟体动画，第 2 部分为增加粒子效果，第 3 部分为特效合成效果。范例效果如图 6-96 所示，制作流程如图 6-97 所示。

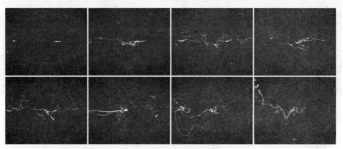

图6-96　节奏光波效果

(1) 创建虚拟体动画　　(2) 增加粒子效果　　(3) 特效合成效果

图6-97　节奏光波制作流程

第7章 三维电视栏目包装
——《我在你身边》

> 随着电影和电视的发展，片头的种类越来越多，所涉及的方面也越发广泛。除了最初的电影片头，现今还有广告片头、栏目包装片头、节目宣传片头等。栏目片头的目的是为电视媒体带来知名度、美誉度和经济效益，进行一系列的规定和定位，使之与栏目内容相融合，以致更加凸显品牌栏目的个性特色。

　　《我在你身边》范例是广电系统大型颁奖晚会的片头，制作时先通过红色调确定影片主题方向，通过局部的黄色与红蓝色产生呼应，再配合三维模型的晶莹材质制作影片华丽的特有质感，在体现广电系统特有的真实性和权威性以外又增添了些时尚感，如图7-1所示。

图7-1　案例效果

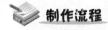 **制作流程**

　　三维电视栏目包装范例的制作流程分为5部分，如图7-2所示。其中第1部分为三维元素制作，先通过3ds Max制作钻石的模型和材质渲染，然后对每个面赋予贴图。继续建立三维的"龙"字标识，然后丰富模型和材质的效果，再将制作的三维素材分层渲染，便于在后期合成时控制丰富的效果。绘制路径和平面物体，然后设置光条的漫反射和黑白透明贴图，再设置路径变形的动画和其他合成元素;第2部分为镜头1合成，首先新建影片的背景合成,然后通过"Shine(体积光)"特效制作发光钻石的合成效果，再为影片添加装饰背景、运动光条、装饰文字、三

维标志和装饰元素的合成；第 3 部分为镜头 2 合成，先建立影片背景合成与钻石元素合成，然后通过层叠加与文字元素使合成效果更加绚丽，完成影片镜头 2 的合成；第 4 部分为镜头 3 合成，新建背景合成并添加定版的文字，然后增加"Shine（体积光）"特效设置发光与消失的动画，再通过装饰元素与"Light Factory EZ（灯光工厂 EZ）"特效丰富合成影片的效果；第 5 部分为影片整体剪辑，新建"整体剪辑"合成场景，然后将多组镜头的合成拖曳其中，再设置镜头间的透明过渡，完成最终的影片合成。

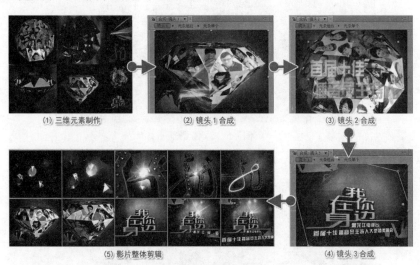

(1) 三维元素制作　　　　(2) 镜头 1 合成　　　　(3) 镜头 2 合成

(5) 影片整体剪辑　　　　　　　　　　　(4) 镜头 3 合成

图7-2　制作流程

7.1　三维元素制作

三维元素制作包括三维钻石模型、钻石材质设置、三维标志制作、运动光条制作等步骤。

7.1.1　三维钻石模型

01 启动 3ds Max 软件并在■创建面板○几何体中选择"球体"命令，然后在"顶"视图中建立，再设置球体的半径值为30、分段值为7，作为三维钻石的基础物体，如图 7-3 所示。

02 在球体上单击鼠标右键，在弹出的浮动菜单中选择【转换为】→【转换为可编辑多边形】命令，如图 7-4 所示。

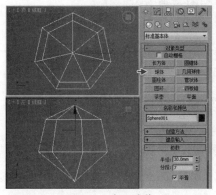 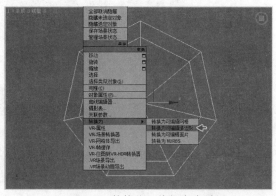

图7-3　建立球体　　　　　　　　图7-4　转换为可编辑多边形

03 将“可编辑多边形”命令切换至顶点编辑状态，然后对球体进行调节，呈现出钻石的状态，如图 7-5 所示。

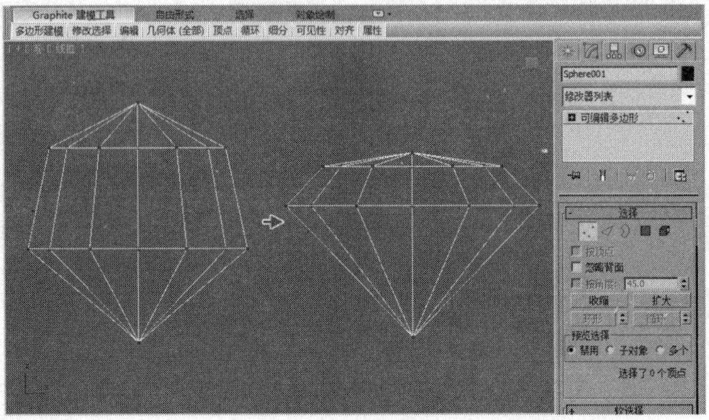

图7-5 球体调节

04 选择“可编辑多边形”命令的“切割”工具，然后在三维模型上进行切割，使三维网格的段数增加，得到更多的三角面网格，如图 7-6 所示。

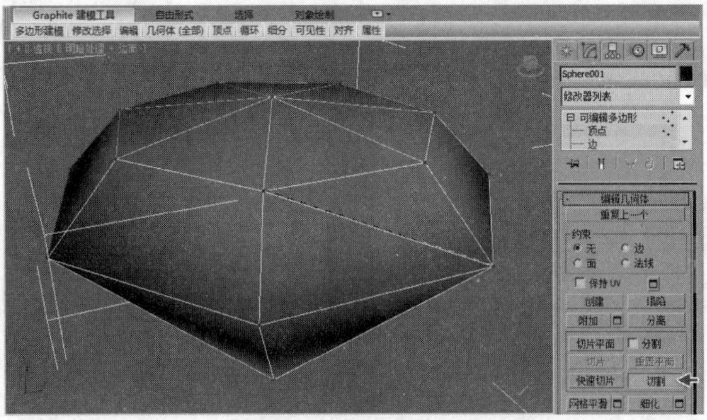

图7-6 网格切割

05 将“可编辑多边形”命令切换至边编辑状态，然后选择模型上的所有边，然后通过“切角”工具将选择边进行 1 变 2 的扩展，使钻石的边缘呈现转折过渡效果，如图 7-7 所示。

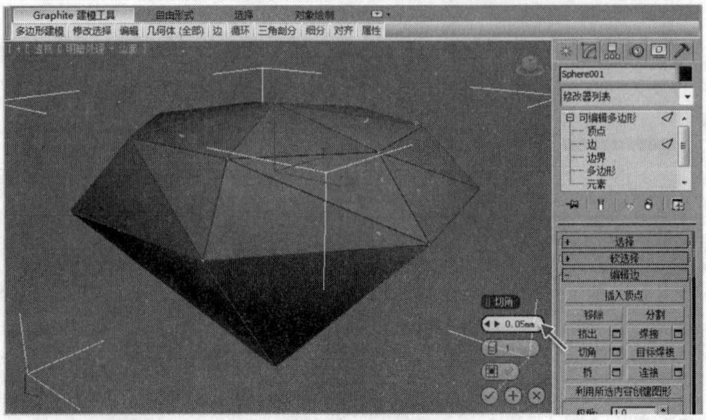

图7-7 切角操作

06 切换至"前"视图并选择模型的垂直边，然后通过"连接"工具进行 2 段新边的划分，如图 7-8 所示。

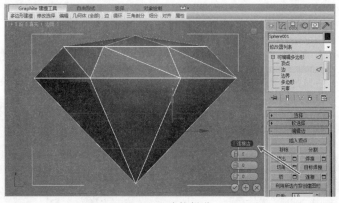

图7-8　连接操作

07 为钻石场景建立灯光和摄影机，完成三维钻石模型的制作，如图 7-9 所示。

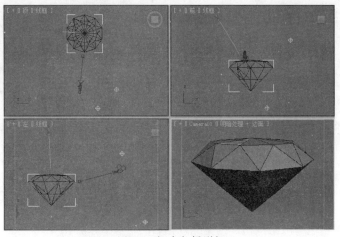

图7-9　灯光与摄影机

08 在主工具栏中单击渲染按钮，将三维模型进行图像预览，如图 7-10 所示。

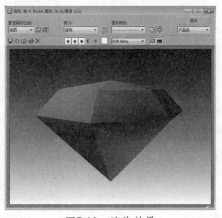

图7-10　渲染效果

影视特效高手

▶ 7.1.2　钻石材质设置

01　在主工具栏中单击 渲染设置按钮,将产品级的渲染器切换至 VRay 第三方插件渲染器,如图 7-11 所示。

02　在主工具栏中单击 材质球按钮,先使用 VRayMtl(VRay 材质)设置钻石的材质,再使用 VRayMtl(VRay 材质)设置钻石棱角的材质,使三维晶体的华丽反差更为强烈,如图 7-12 所示。

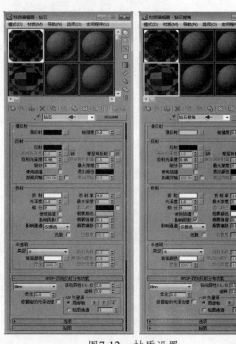

图7-11　切换渲染器　　　　　　　　　　　　　　　图7-12　材质设置

03　选择一个空白材质球,然后切换至 Smoke(烟雾)材质类型,再将设置的烟雾材质拖曳复制到场景环境上,使三维晶体可以通过背景折射出更多的细节,如图 7-13 所示。

04　在主工具栏中单击 渲染按钮,预览三维钻石的材质效果如图 7-14 所示。

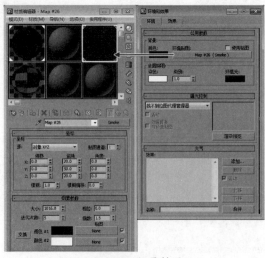

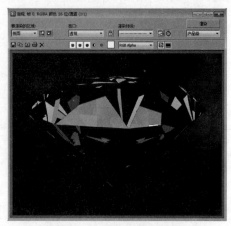

图7-13　烟雾材质　　　　　　　　　　　　　　　图7-14　渲染材质效果

05 选择三维钻石模型，然后记录由第 0 帧至第 150 帧自转的动画，如图 7-15 所示。

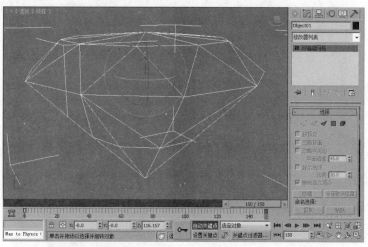

图7-15　记录动画

06 在主工具栏中单击 渲染设置按钮，设置时间输出类型为活动时间段、输出大小为 PAL-D1 视频，然后设置渲染输出的 TGA 格式与路径，如图 7-16 所示。

07 渲染完成的钻石自转动画效果如图 7-17 所示。

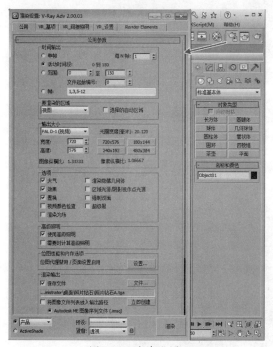

图7-16　渲染设置

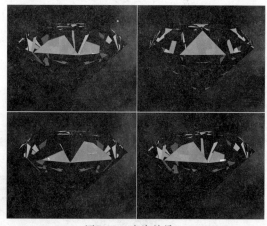

图7-17　渲染效果

08 将钻石自转的模型进行另存为操作，再增加"编辑网格"命令并切换至多边形编辑状态，然后选择单独的多边形面，准备进行照片贴图操作，如图 7-18 所示。

09 开启材质编辑器并选择一个空白材质球，然后为漫反射赋予主持人的照片贴图，"编辑网格"修改命令不必设置物体与材质 ID 即可对选择面进行单独贴图，如图 7-19 所示。

241

影视特效高手

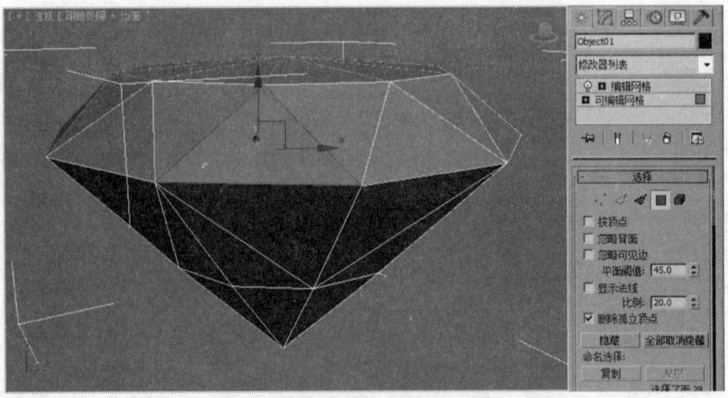

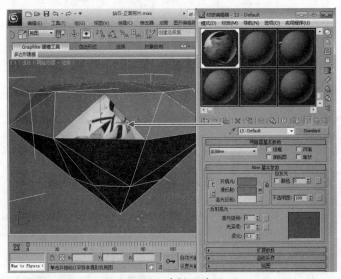

图7-18　选择多边形

图7-19　选择面贴图

影视特效高手

10 为了控制主持人照片贴图的比例与位置，在 修改面板中为选择的多边形面增加"UVW 贴图"命令，然后通过 旋转工具调节呈现照片角度，如图 7-20 所示。

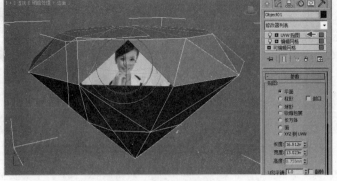

图7-20　增加UVW贴图

11 在 修改面板中再次增加"编辑网格"命令，然后选择其他位置的多边形面，如图 7-21 所示。

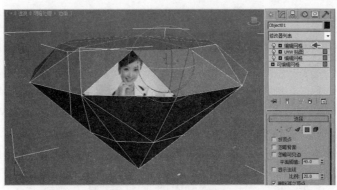

图7-21　再次增加命令

12 选择一个空白材质球，然后为漫反射赋予另外主持人的照片贴图，在 ✏ 修改面板中为选择的多边形面再次增加"UVW 贴图"命令，在同一模型上赋予多个材质效果，如图 7-22 所示。

图7-22　再次赋予材质

13 增加"编辑网格"命令和贴图操作，使自转钻石的每个面都有主持人的照片贴图，渲染完成的钻石照片动画效果目的是与红色晶体钻石进行叠加使用，如图 7-23 所示。

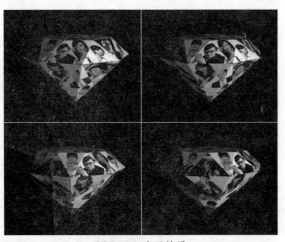

图7-23　动画效果

14 将钻石照片的场景进行另存操作，然后调节呈现角度和灯光分布，制作其他镜头中的三维钻石元素，如图 7-24 所示。

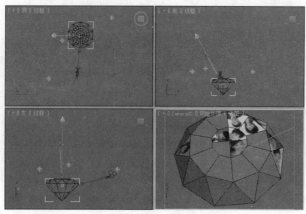

图7-24　调节场景

15 渲染其他镜头的钻石自转动画效果如图 7-25 所示。

16 渲染其他镜头的钻石照片动画效果如图 7-26 所示。

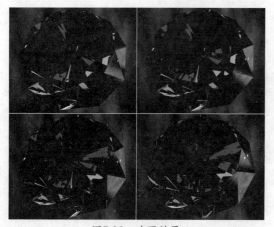

图7-25　动画效果

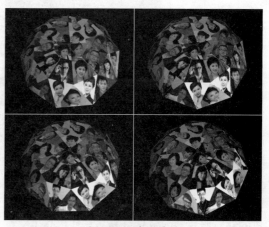

图7-26　动画效果

▶ 7.1.3　三维标志制作

01 启动新的 3ds Max 文件并切换至"前"视图，然后在菜单中选择【视图】→【视口背景】→【视口背景】命令，在弹出的对话框中添加背景源标志图像，再开启纵横比中"匹配位图"类型和"锁定缩放／平移"项目，准备进行三维标志的描绘操作，如图 7-27 所示。

02 在 ⬛ 创建面板 ⬛ 图形中选择"线"命令，然后在"前"视图中绘制标志的轮廓，如图 7-28 所示。

03 绘制完成后，在线的修改命令中选择"附加"命令，然后将右侧的笔画结合在一

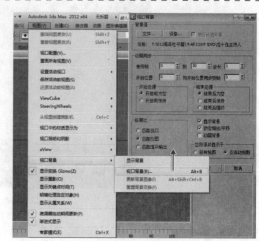

图7-27　添加视口背景

起，成为一体的完整样条模型，如图 7-29 所示。

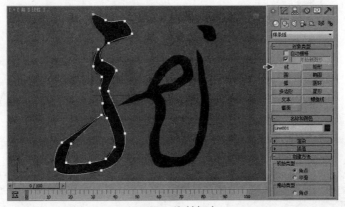

图7-28 绘制标志

图7-29 附加操作

04 在 ✐ 修改面板中为选择的标志增加"倒角"命令，然后设置级别1的高度为100、倒角2的高度为7、轮廓为−7、级别3的高度为−3、轮廓为−3，再将参数卷展栏的曲面设置为曲线侧面类型，设置曲线侧面的分段为3，使转折边呈现出平滑的效果，如图7-30所示。

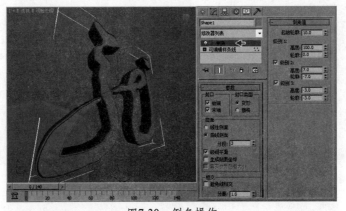

图7-30 倒角操作

05 将前期制作的钻石模型导入标志场景中，然后将钻石放置到标志的表面，增强渲染时的细节呈现，如图 7-31 所示。

06 在主工具栏中单击 材质球按钮，分别设置标志和钻石的材质，参数设置如图 7-32 所示。

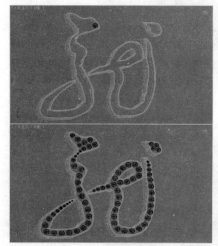

图7-31　添加钻石

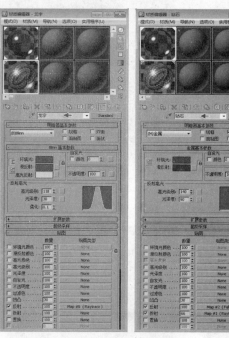

图7-32　材质设置

07 在主工具栏中单击 渲染按钮，预览三维标志的材质效果如图 7-33 所示。

08 选择标志和表面的所有钻石并在菜单中选择【组】→【成组】命令，然后在弹出的对话框中设置组的名称为"组 001"，使后期的选择与编辑更加便捷，如图 7-34 所示。

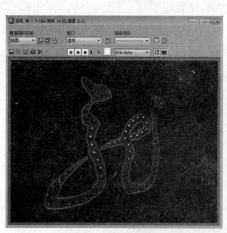

图7-33　渲染效果

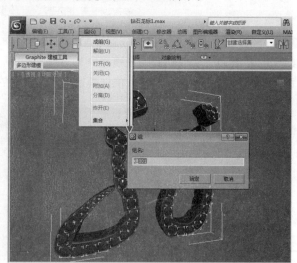

图7-34　成组操作

09 选择成组的三维标志模型，然后记录由第 0 帧～第 140 帧的转动动画，如图 7-35 所示。

10 为场景建立摄影机并开启动画记录，然后在第 0 帧推近镜头，使标志充满整个画面，如图 7-36 所示。

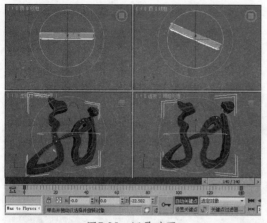

图7-35　记录动画　　　　　　　　图7-36　记录第0帧动画

11 在第30帧位置拉远镜头，使标志完全漏出画面，如图7-37所示。

12 在第140帧位置摇动镜头，使标志呈现慢慢晃动的效果，如图7-38所示。

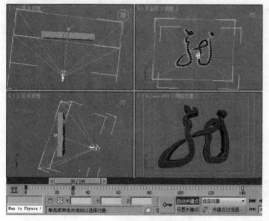
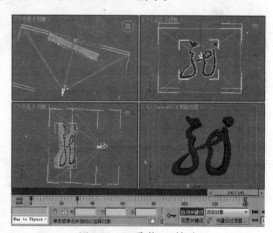

图7-37　记录第30帧动画　　　　　　图7-38　记录第140帧动画

13 设置渲染尺寸与存储路径，渲染的标志与钻石动画效果如图7-39所示。

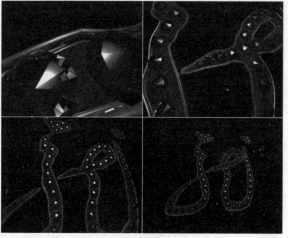

图7-39　渲染效果

14 选择标志模型并在菜单中选择【组】→【打开】命令，然后选择标志模型将其隐藏，在场景中只剩下表面的钻石模型，如图7-40所示。

15 将标志与表面钻石分开渲染的目的是为在后期合成时可以单独控制其效果，设置渲染尺寸与存储路径，渲染的钻石动画效果如图7-41所示。

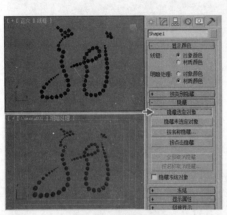

图7-40　隐藏标志

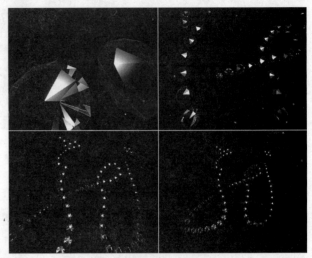

图7-41　渲染效果

16 将钻石场景进行另存操作，然后重新设置一组钻石排列的动画效果，作为影片开始的镜头素材使用，如图7-42所示。

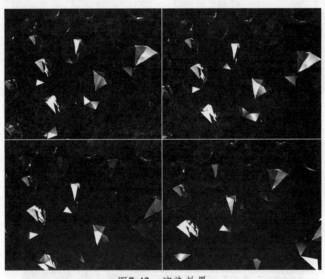

图7-42　渲染效果

▶ 7.1.4　运动光条制作

01 在创建面板图形中选择"线"命令，然后在"顶"视图中绘制运动光条的路径，如图7-43所示。

02 在创建面板几何体中选择"平面"命令，在"顶"视图中建三维运动的光条基础物体，然后再设置长度值为150、宽度值为600、长度分段值为4、宽度分段值为100，如图7-44所示。

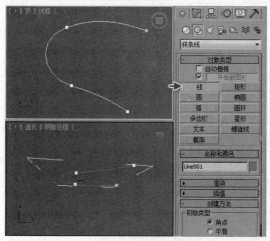

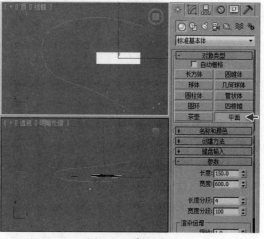

图7-43　绘制路径　　　　　　　　　　图7-44　建立平面

03 在主工具栏中单击 材质球按钮，选择一个空白材质球并为漫反射赋予条状光线图，再为不透明度赋予黑白贴图，使平面物体产生透明的光条效果，如图7-45所示。

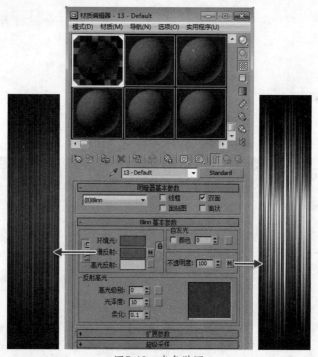

图7-45　光条贴图

04 选择平面物体并在 修改面板中增加"路径变形绑定"命令，然后单击"拾取路径"按钮获取绘制的路径样条，再单击"转到路径"按钮将平面放置到路径上，如图7-46所示。

05 开启动画记录并在第140帧设置百分比值为80、拉伸值为3、扭曲值为500，使平面物体沿绘制的样条路径进行运动，如图7-47所示。

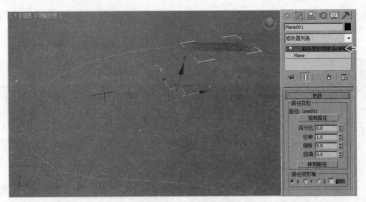

图7-46 路径变形绑定

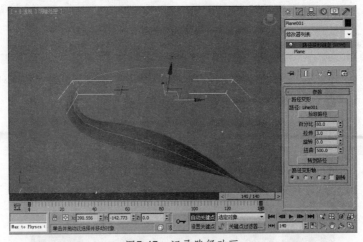

图7-47 记录路径动画

06 设置渲染尺寸与存储路径，渲染的运动光条动画效果如图 7-48 所示。

图7-48 渲染效果

7.1.5 其他元素制作

01 在创建面板图形中选择"文本"命令并在"前"视图中建立"我在你身边"，然后增加"编辑样条线"修改命令进行文字变形操作，再通过"倒角"修改命令和材质设置完成定板文字的制作，如图 7-49 所示。

02 在创建面板图形中选择"文本"命令并在"前"视图中建立电视台的名称，然后增加"倒角"修改命令和材质设置，再记录文字由镜头外至镜头内的动画，如图 7-50 所示。

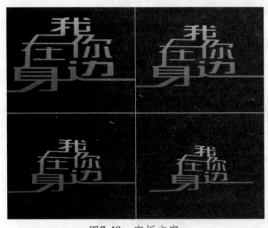
图7-49 定板文字

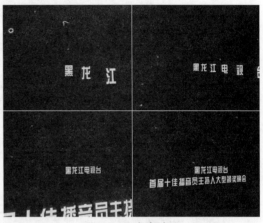
图7-50 文字动画

03 在创建面板几何体中选择粒子类型中的"超级喷射"命令，建立后再设置粒子的材质，完成的礼花效果如图 7-51 所示。

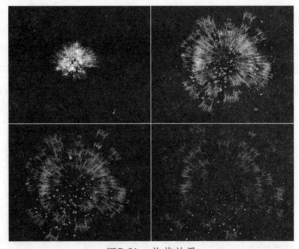
图7-51 礼花效果

04 为影片制作装饰元素，其中包括黑白地图素材、动态背景、上升星光、文字元素等，使影片效果更佳丰富，如图 7-52 所示。

 注意 三维元素制作成果可以直接在光盘中调用。

中文版 After Effects CS5
影视动画特效制作

图7-52　装饰素材

➲ 7.2　镜头 1 合成

　　镜头 1 合成包括影片背景合成、发光钻石合成、装饰背景合成、运动光条合成、装饰文件合成、三维标志合成、三维钻石合成、装饰元素合成。

▶ 7.2.1　影片背景合成

01 启动 After Effects CS5 软件，在菜单中选择【图像合成】→【新建合成组】命令，建立新的合成文件，也可以使用快捷键【Ctrl+N】执行新建操作。在弹出的对话框中设置合成组名称为"镜头 1"，在预置项目中使用"PAL D1/DV"制式，然后设置持续时间为 10 秒，如图 7-53 所示。

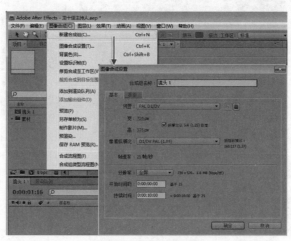

图7-53　新建合成文件

02 将"韩风版 55.mov"、"韩风版 59.mov"动态素材导入项目面板，如图 7-54 所示。

03 在项目面板选择"韩风版55.mov"动态素材并拖曳至时间线面板中，如图7-55所示。

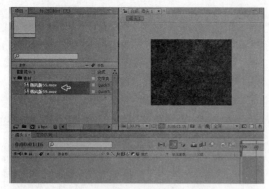

图7-54 导入素材　　　　　　　　图7-55 导入素材

04 选择"韩风版55.mov"素材层，在菜单中选择【效果】→【模糊与锐化】→【快速模糊】特效命令，使背景图像变得更加柔和，如图7-56所示。

05 在特效控制面板中设置模糊量为30，模糊尺寸为"水平和垂直"类型，如图7-57所示。

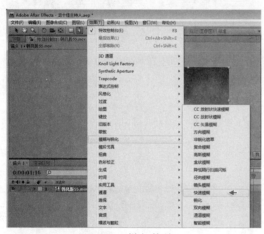

图7-56 增加特效　　　　　　　　图7-57 设置特效

06 选择"韩风版55.mov"素材层并配合键盘【S】键开启比例项目，然后设置比例值为110，使模糊产生的黑边退出画面，如图7-58所示。

07 在项目面板选择"韩风版59.mov"动态素材并拖曳至时间线面板中，如图7-59所示。

图7-58 设置参数　　　　　　　　图7-59 导入素材

253

影视特效高手

08 选择"韩风版 59.mov"素材层，在菜单中选择【效果】→【色彩校正】→【色相位 / 饱和度】命令，如图 7-60 所示。

09 在特效控制面板中设置主色调值为 176，使原本蓝色的背景改变为橘黄色调，如图 7-61 所示。

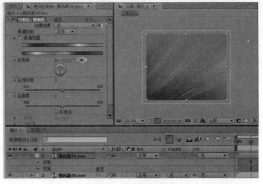

图7-60　增加特效　　　　　　　　　　　　　　图7-61　设置特效

10 选择"韩风版 59.mov"层并使用工具栏中 ▢ 的矩形遮罩工具在视图中绘制遮罩选区，在遮罩 1 选项下设置遮罩羽化值为 150，使影片右上部产生过渡效果，将两层内容进行混合，如图 7-62 所示。

11 选择"韩风版 59.mov"层并设置层模式为"叠加"方式，得到对比强烈的图像处理效果，如图 7-63 所示。

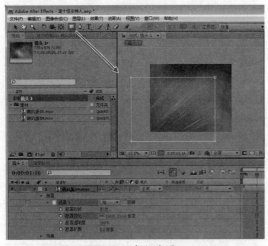
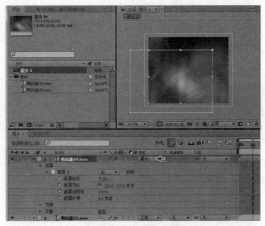

图7-62　建立遮罩　　　　　　　　　　　　　　图7-63　设置层模式

12 在菜单中选择【图层】→【新建】→【固态层】命令，在弹出的固态层对话框中设置名称为"黑色固态层 1"、颜色为黑色，如图 7-64 所示。

13 建立"黑色固态层 1"层后，时间线面板和项目面板将自动添加新层信息，如图 7-65 所示。

图7-64 新建固态层

14 选择"黑色固态层1"层并选择工具栏中█的钢笔遮罩工具，然后在视图中绘制不规则遮罩选区，如图7-66所示。

图7-65 添加固态层

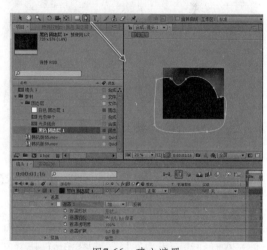

图7-66 建立遮罩

15 在遮罩1选项下设置遮罩羽化值为200，使影片产生柔和过渡效果，呈现出底部暗、顶部亮的影片效果，如图7-67所示。

16 选择"黑色固态层1"层并在遮罩1选项下的遮罩形状项单击█码表按钮，分别在第0秒位置、第2秒位置、第4秒位置、第6秒位置及第8秒位置改变遮罩形状，使遮罩产生不同的变化效果，使黑色固态层丰富影片背景，如图7-68所示。

17 将"地图.jpg"素材导入项目面板并拖曳至时间线面板中，继续丰富合成影片的效果，如图7-69所示。

图7-67 设置特效

影视特效高手

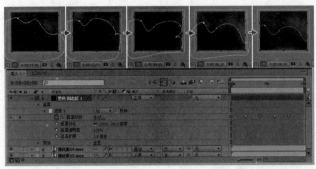

图7-68　记录遮罩形状动画

18 在时间线面板中选择"地图 .jpg"层并设置变换选项下的位置值为 730、408，使地图素材停靠在右侧区域，如图 7-70 所示。

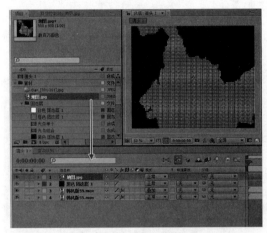

图7-69　导入素材

图7-70　设置参数

19 在时间线面板中选择"地图 .jpg"层并在工具栏选择🖊钢笔遮罩工具，然后在视图中绘制遮罩选区，在遮罩 1 选项下设置遮罩羽化值为 200，如图 7-71 所示。

20 在时间线面板中选择"地图 .jpg"层并在变换选项下的位置、比例及旋转项单击🕐码表按钮，记录第 0 秒的层信息，如图 7-72 所示。

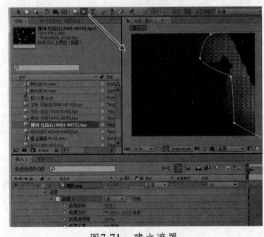

图7-71　建立遮罩

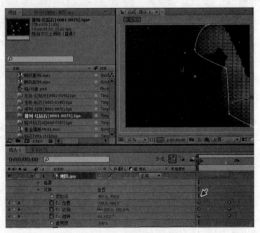

图7-72　记录动画

21 在第 3 秒 24 帧设置位置值为 614、437，比例值为 110 及旋转值为 10，使地图素材由左至右产生运动，如图 7-73 所示。

22 在时间线面板中选择"地图 .jpg"层并设置层模式为"添加"方式，使用键盘"T"键开启透明度项目再设置透明度值为 10，然后在第 2 秒位置选择透明度项单击 ⚫ 码表按钮，使地图素材淡淡的叠加到合成场景中，如图 7-74 所示。

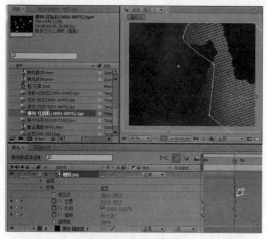

图7-73　设置参数

图7-74　设置层模式

23 在时间线面板中选择"地图 .jpg"层，然后在第 3 秒 23 帧位置设置透明度值为 0，如图 7-75 所示。

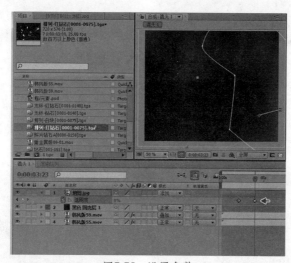

图7-75　设置参数

🅿 7.2.2　发光钻石合成

01 在项目面板选择"排列-红钻石.tga"素材，然后将其拖曳至时间线面板中，如图7-76所示。

02 在时间线面板中选择"排列-红钻石.tga"层，使用键盘【T】键开启透明度项目，然后在第 2 秒位置单击 ⚫ 码表按钮，再设置透明度值为100，如图7-77所示。

| 图7-76 导入素材 | 图7-77 设置透明度 |

03 在第 2 秒 24 帧位置设置透明度值为 0，使排列钻石素材产生由实体转变为透明的效果，如图 7-78 所示。

04 在项目面板中选择"排列-白块.tga"素材，然后将其拖曳至时间线面板中，准备进行钻石光效的制作，如图7-79所示。

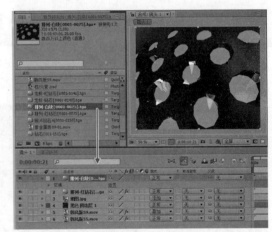

图7-78 记录参数动画　　　　　　　　　　　图7-79 导入素材

05 选择工具栏中的矩形遮罩工具并在视图中绘制遮罩选区，然后在遮罩 1 选项下设置遮罩羽化值为 50，使素材上下部产生过渡效果，如图 7-80 所示。

06 选择"排列-白块.tga"层，然后在菜单中选择【效果】→【Trapcode】→【Shine（体积光）】特效命令，如图7-81所示。

07 在时间线面板中设置层模式为"添加"方式，使体积光效果更加明亮，如图 7-82 所示。

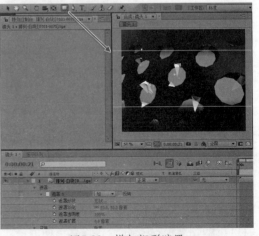

图7-80 增加矩形遮罩

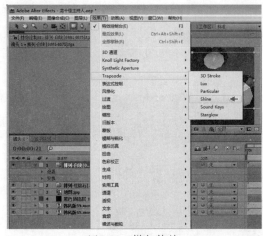

图7-81　增加特效

图7-82　设置层模式

08 设置体积光特效中的Source Point（发射点）位置值为330、230，Ray Length（光芒长度）值为1、Phase（相位）值为0，再相继单击 ▣ 码表按钮，如图7-83所示。

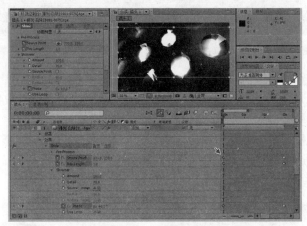

图7-83　设置特效

09 在第2秒24帧位置设置体积光特效中的Source Point（发射点）位置值为370、300，Ray Length（光芒长度）值为7、Phase（相位）值为20，使体积光产生扫动效果，如图7-84所示。

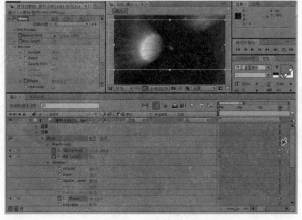

图7-84　记录特效动画

10 在时间线面板中选择"排列-白块.tga"层并在透明度项单击█码表按钮，然后在第1秒10帧位置设置透明度值为0，在第2秒24帧位置设置透明度值为100，在第3秒帧位置设置透明度值为0，使体积光层先不可见到可见，再由可见到不可见的动画效果，如图7-85所示。

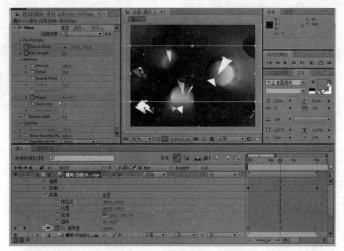

图7-85　记录透明度动画

11 在时间线面板中选择"排列-红钻石.tga"层并配合键盘快捷键【Ctrl+D】原地复制一层，然后在菜单中选择【效果】→【模糊与锐化】→【锐化】命令，再设置锐化量为10，使钻石的晶莹材质更加清晰，如图7-86所示。

12 在项目面板中选择"排列-红钻石.tga"层并选择工具栏█中的矩形遮罩工具，然后在视图中绘制遮罩选区，在遮罩1选项下设置遮罩羽化值为50，最后将层模式设置为"添加"方式，使钻石叠加的更加亮丽，如图7-87所示。

图7-86　复制图层

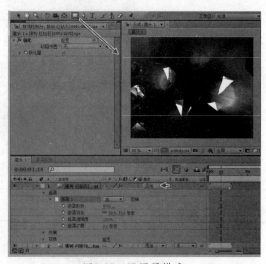

图7-87　设置层模式

13 在时间线面板中选择"排列-红钻石.tga"层，在第2秒位置单击透明度项█码表按钮并设置透明度值为100，如图7-88所示。

14 在第 2 秒 24 帧位置设置透明度值为 0，使钻石层产生实体至透明的过渡动画效果，如图 7-89 所示。

图7-88 设置透明度

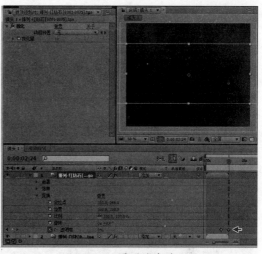

图7-89 记录透明度动画

▶ 7.2.3 装饰背景合成

01 选择"黑色固态层 1"层，然后在工具栏中选择■矩形遮罩工具并视图中绘制遮罩选区，如图 7-90 所示。

02 选择"黑色固态层 1"层，在遮罩 1 选项下勾选"反转"项，再设置遮罩羽化值为 150、遮罩扩展值为 35，使合成场景的边缘区域较暗，如图 7-91 所示。

图7-90 导入固态层

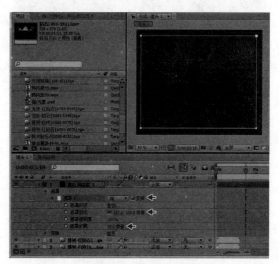

图7-91 设置遮罩参数

影视特效高手

03 在项目面板中选择"钻石 .tga"素材，在影片第 3 秒位置将其拖曳至时间线面板中，然后调节到左下侧的位置，作为合成影片背景中的装饰元素，如图 7-92 所示。

04 在时间线面板中选择"钻石 .tga"层并在工具栏中选择🖊钢笔遮罩工具，然后在视图中绘制遮罩选区，在遮罩1选项下设置遮罩羽化值为100，最后将层模式设置为"添加"方式，使装饰钻石参数柔和的显示边界，如图7-93所示。

图7-92　导入素材

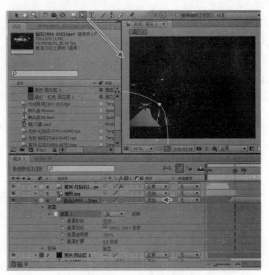

图7-93　绘制遮罩

05 在时间线面板中选择"钻石 .tga"层，在第3秒位置单击<!--码表-->码表按钮，然后设置比例值为30、透明度值为0，如图7-94所示。

06 在第3秒18帧位置设置比例值为77、透明度值为75，使装饰钻石素材产生动画，避免单一的停留在源位置，如图7-95所示。

图7-94　设置参数

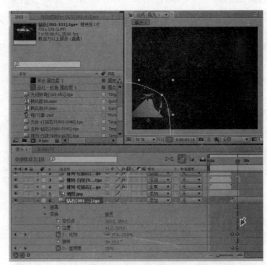

图7-95　记录参数动画

07 在项目面板中选择"黑色固态层1"层并拖曳至时间线面板中，作为增加光效的背景层，如图7-96所示。

08 在菜单中选择【效果】→【Knoll Light Factory（灯光工厂）】→【Light Factory EZ（灯光工厂EZ）】特效命令，如图7-97所示。

图7-96　导入固态层

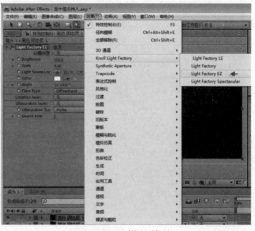

图7-97　增加特效

09 在特效控制面板中设置Light Source Location（光源位置）值为357、－130，Flare Type（光斑类型）为Diffraction3（衍射3）项，将放射的光线放置在屏幕顶部，对合成的场景即参数装饰又不会破坏整体效果，如图7-98所示。

10 在时间线面板中选择"黑色固态层1"层并设置层模式为"添加"方式，使其过滤掉场景中固态层的黑色区域，如图7-99所示。

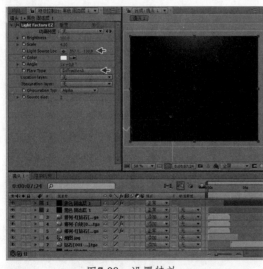

图7-98　设置特效

图7-99　设置层模式

11 在菜单中选择【图层】→【新建】→【固态层】命令，在弹出的固态层对话框中设置名称为"橙色固态层1"、颜色为橘黄色，然后在工具栏中选择钢笔遮罩工具并在视图中绘制不规则遮罩选区，准备为背景中添加橘黄色信息，如图7-100所示。

12 在时间线面板中选择"橙色固态层1"层，在遮罩1选项下设置遮罩羽化值为150，然后将层模式设置为"添加"方式，使橘黄色层叠加到场景背景中，如图7-101所示。

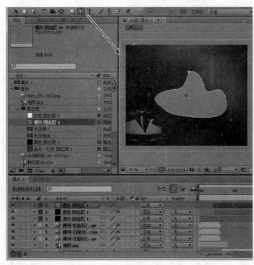

图7-100 绘制遮罩

图7-101 设置层模式

13 在菜单中选择【图层】→【新建】→【固态层】命令，在弹出的固态层对话框中设置名称为"品红-红色固态层1"、颜色为品红色，然后在工具栏中选择 钢笔遮罩工具并在视图中绘制不规则遮罩选区，如图7-102所示。

14 在时间线面板中选择"品红-红色固态层1"层并将层模式设置为"叠加"方式，在遮罩1选项下设置遮罩羽化值为150，然后在第3秒24帧位置选择遮罩形状项并单击 码表按钮，如图7-103所示。

图7-102 绘制遮罩

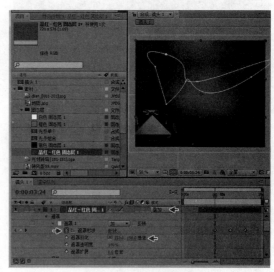

图7-103 设置层模式

15 在第6秒位置调节遮罩形状的动画，使红色的区域产生变化，避免影片的背景过于枯燥，如图7-104所示。

16 在时间线面板中选择"品红-红色固态层1"层，在第7秒24帧位置调节遮罩形状，使遮罩形状继续产生变化，如图7-105所示。

图7-104　调节遮罩形状

图7-105　记录遮罩形状动画

▶ 7.2.4　运动光条合成

01 在菜单中选择【图像合成】→【新建合成组】命令建立新的合成文件，在弹出的对话框中设置合成组名称为"光条单个"，在预置项目中使用"PAL D1/DV"制式，然后设置持续时间为8秒，如图 7-106 所示。

02 在项目面板中选择"白色固态层 1"层并拖曳至时间线面板中，然后设置"白色固态层 1"层比例，如图 7-107 所示。

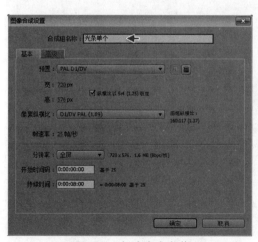

图7-106　新建合成文件

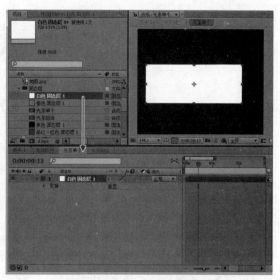

图7-107　导入固态层

03 在时间线面板中选择"白色固态层 1"层，在工具栏中选择钢笔遮罩工具并在视图中绘制菱形遮罩选区，然后在遮罩 1 选项下设置遮罩羽化值为 151，呈现出光条的基础图像，如图 7-108 所示。

04 在时间线面板中选择"白色固态层1"层，在第0秒单击位置项码表按钮并设置位置值

为 - 278、300, 然后在第1秒设置位置值为974、300, 使图层产生水平由左至右的动画运动,
如图7-109所示。

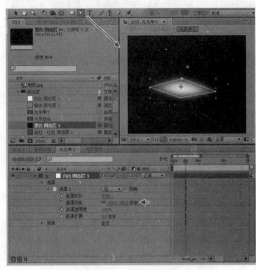
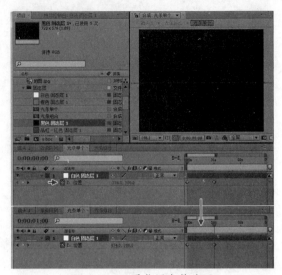

图7-108　绘制遮罩　　　　　　　　　　　　图7-109　记录位置参数动画

05 在菜单中选择【图像合成】→【新建合成组】命令建立新的合成文件,在弹出的对话框中
设置合成组名称为"光条组合",在预置项目中使用"PAL D1/DV"制式,然后设置持续时间为
8 秒,如图 7-110 所示。

06 在项目面板中选择"光条单个"合成文件并拖曳至时间线面板中,继续进行运动光条的合
成,如图 7-111 所示。

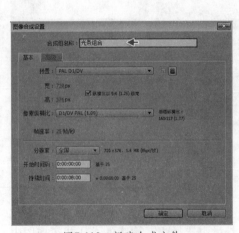

图7-110　新建合成文件　　　　　　　　　　图7-111　导入素材

07 在时间线面板中选择"光条单个"层,然后使用键盘的【S】键开启比例项目,再设置比例
值为 - 100、4,使光条素材变细来呈现更加具有速度感,如图7-112所示。

08 在时间线面板中选择"光条单个"层，配合键盘快捷键【Ctrl+D】复制多个图层，然后调节光条的不同显示时间和左右镜像，得到左右相互穿梭的运动光条效果，如图 7-113 所示。

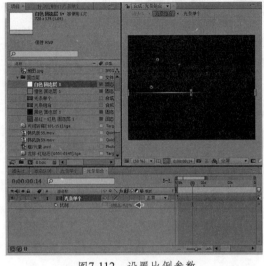
图7-112 设置比例参数

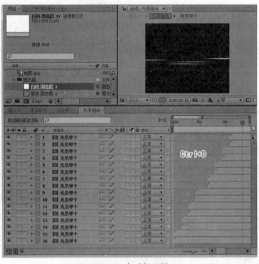
图7-113 复制图层

09 在项目面板中选择"光条组合"合成场景并拖曳至时间线面板中，如图 7-114 所示。
10 在时间线面板中选择"光条组合"层，然后使用键盘【T】键开启透明度项目，再设置图层透明度值为 25、层模式为"添加"方式，使运动光条素材进行弱化处理，如图 7-115 所示。

图7-114 导入素材

图7-115 设置层模式

影视特效高手

11 在时间线面板中选择"光条组合"层，选择工具栏中的■矩形遮罩工具并在视图中绘制遮罩选区，然后在遮罩 1 选项下勾选"反转"项，再设置遮罩羽化值为 200，使运动光条只在画面两侧显示，如图 7-116 所示。

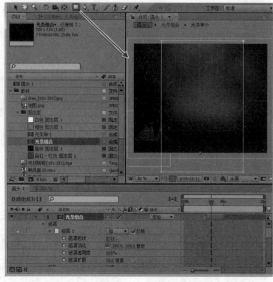

图7-116　建立遮罩

7.2.5　装饰文字合成

01 在项目面板中选择"黑色固态层 1"层，然后在第 2 秒 10 帧位置将其拖曳至时间线面板中，作为装饰文字的背景层，如图 7-117 所示。

02 在菜单中选择【效果】→【旧版本】→【基本文字】命令，然后在弹出的对话框中输入文字"HLJTV"并设置字体为"FZCuQian-M17S"类型，字体的方向为水平、对齐为中，如图 7-118 所示。

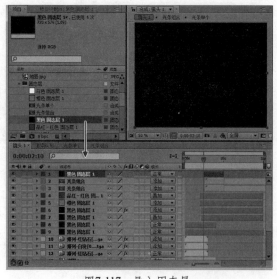

图7-117　导入固态层

图7-118　建立文字

03 在时间线面板中选择位置与跟踪项并在第 2 秒 10 帧位置单击码表按钮，然后设置基本文字的位置值为 250、288，跟踪值为 0，如图 7-119 所示。

04 在第 3 秒设置基本文字的位置值为 156.3、288，使文字快速的飞入画面，如图 7-120 所示。

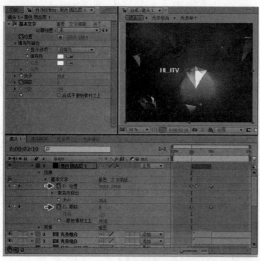

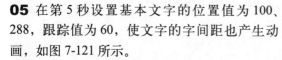

图7-119 设置文字参数

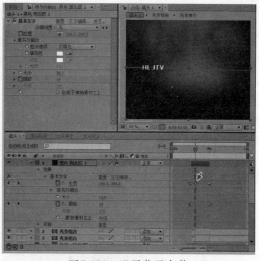

图7-120 设置位置参数

05 在第5秒设置基本文字的位置值为100、288，跟踪值为60，使文字的字间距也产生动画，如图7-121所示。

06 在时间线面板中选择"黑色固态层1"层，设置透明度值为0并在第2秒10帧位置单击码表按钮，在第2秒15帧位置设置透明度值为100，在第5秒位置设置透明度值为0，使文字层产生先由不可见至可见、再由可见至不可见的显示动画，如图7-122所示。

07 在时间线面板中选择"黑色固态层1"层，将层模式设置为"叠加"方式，再配合键盘快捷键【Ctrl+D】原地复制图层，然后调节复制图层显示位置，丰富装饰文字的效果，如图7-123所示。

图7-121 设置参数动画

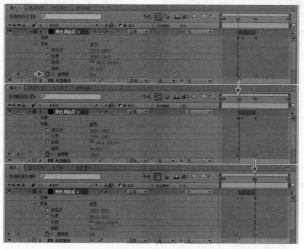

图7-122 记录透明度动画

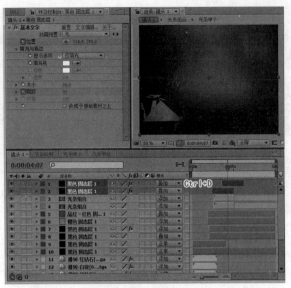

图7-123　复制图层

▶ 7.2.6　三维标志合成

01 在项目面板中选择"龙标-红钻石.tga"素材并拖曳至时间线面板中，开始进行三维标志的合成，如图7-124所示。

02 在时间线面板中选择"龙标-红钻石.tga"层并调节其显示的时间范围，如图7-125所示。

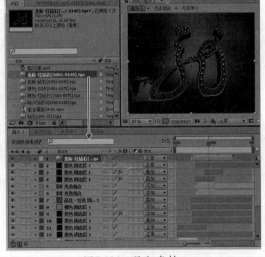

图7-124　导入素材

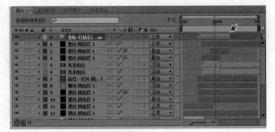

图7-125　调节图层

03 在项目面板中选择"龙标-红钻石.tga"素材，拖曳至时间线面板中并将"龙标-红钻石.tga"层移至"光条组合"层下，然后设置变换选项下的比例与透明度项，使素材淡入淡出并逐渐放大，为合成场景中添加标志的装饰背景，如图7-126所示。

04 在时间线面板中选择下方的层7"龙标-红钻石.tga"层，并将层模式设置为"变亮"方式，使装饰背景的标志进行弱化处理，如图7-127所示。

图7-126　导入素材

图7-127　设置层模式

05 在时间线面板中选择上方的层1"龙标-红钻石.tga"层，然后在菜单中选择【效果】→【模糊与锐化】→【径向模糊】命令，如图7-128所示。

06 在时间线面板中设置径向模糊选项下的模糊量为0，并在第4秒7帧位置单击模糊量项■码表按钮，如图7-129所示。

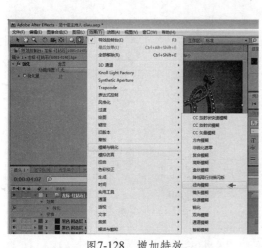

图7-128　增加特效

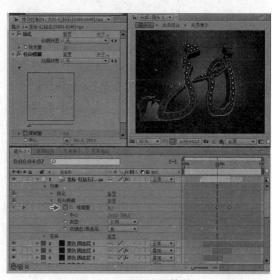

图7-129　设置特效

07 在第6秒位置设置径向模糊选项下的模糊量为200，使三维标志在飞入画面时产生具有速度感的冲击力，如图7-130所示。

08 在项目面板中选择"龙标-钻石.tga"素材并拖曳至时间线面板中，然后调节其显示的时间范围，如图7-131所示。

09 在时间线面板中选择"龙标-钻石.tga"层，将层模式设置为"添加"方式，然后先增加"亮度与对比度"特效并设置亮度值为-20、对比度值为20，再增加"锐化"特效并设置锐化量为20，如图7-132所示。

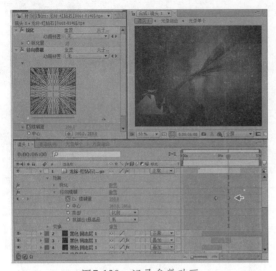

图7-130 记录参数动画　　　　　　　　　　　图7-131 导入素材

10 在时间线面板中选择"龙标-钻石.tga"层，配合快捷键【Ctrl+D】原地复制图层，准备进行发光特效的制作，如图7-133所示。

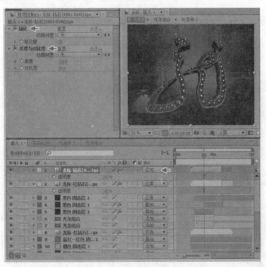

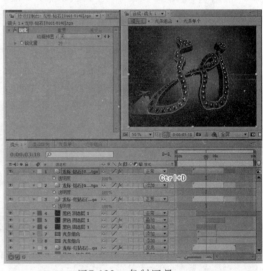

图7-132 设置层模式并增加特效　　　　　　　图7-133 复制图层

11 在时间线面板中选择"龙标-钻石.tga"层，然后在菜单中选择【效果】→【Trapcode】→【Shine（体积光）】特效命令，如图7-134所示。

12 设置体积光特效中的Source Point（发射点）位置值为414、286，Ray Length（光芒长度）值为6、Boost Light（推近光）值为6，如图7-135所示。

13 在时间线面板中选择层1"龙标-钻石.tga"层、层2 "龙标-钻石.tga"层及层3 "龙标-红钻石.tga"层并使用键盘【T】键开启透明度项目分别记录动画，在第2秒位置设置透明度值为0，在第2秒10帧位置设置透明度值为100，在第4秒14帧位置设置透明度值为100，在第6秒位置设置透明度值为0，使素材层产生淡入淡出动画效果，如图7-136所示。

图7-134 增加特效

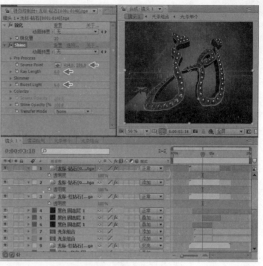

图7-135 设置特效

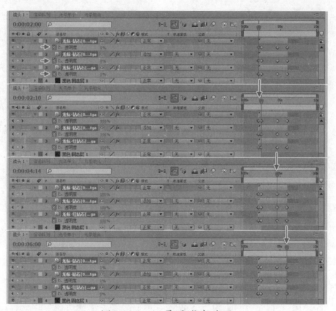

图7-136 记录透明度动画

14 在项目面板中选择"黑色固态层 1"层，然后在第 1 秒 20 帧位置将其拖曳至时间线面板中，继续丰富场景的光效，如图 7-137 所示。

15 在菜单中选择【效果】→【Knoll Light Factory（灯光工厂）】→【Light Factory EZ（灯光工厂 EZ）】特效命令，如图 7-138 所示。

16 在特效控制面板中设置 Flare Type（光斑类型）为 Diffraction2（衍射 2）项，如图 7-139 所示。

17 在特效控制面板中设置 Light Source Location（光源位置）值为 378、284.8，在第 1 秒 20 帧位置选择 Brightness（亮度）项与 Scale（缩放）项并单击 码表按钮，然后设置 Brightness（亮度）值为 0、Scale（缩放）值为 0.1，使光效在第 1 秒 20 帧位置不可见，如图 7-140 所示。

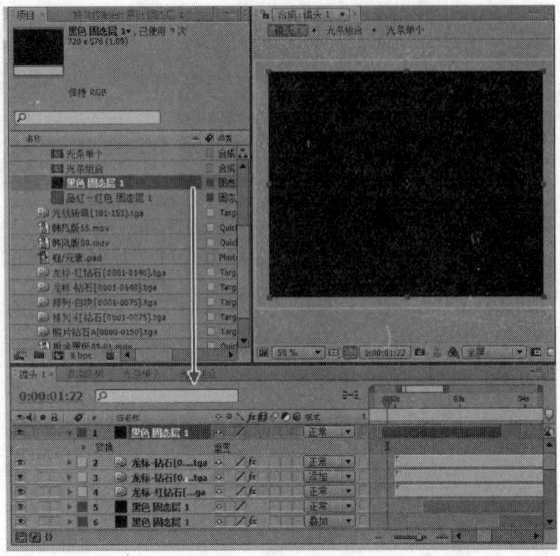

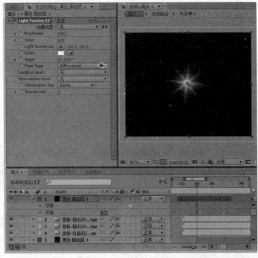

图7-137　导入固态层

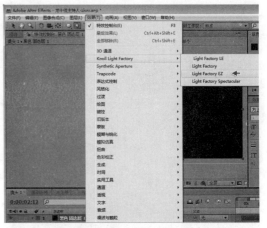

图7-138　增加特效

图7-139　设置特效

图7-140　设置特效

18 在第 2 秒 10 帧位置设置特效的 Brightness（亮度）值为 100、Scale（缩放）值为 3，使光效变得更加强烈，如图 7-141 所示。

19 在第 3 秒 15 帧位置设置特效的 Brightness（亮度）值为 0、Scale（缩放）值为 0.1，使光效变得更加弱化，如图 7-142 所示。

20 在项目面板中选择以往建立的"黑色固态层 1"层并将其拖曳至时间线面板中，如图 7-143 所示。

21 在时间线面板中选择"黑色固态层 1"层，在工具栏中选择钢笔遮罩工具，然后在视图中绘制"龙"形路径遮罩，如图 7-144 所示。

22 在菜单中选择【效果】→【Trapcode】→

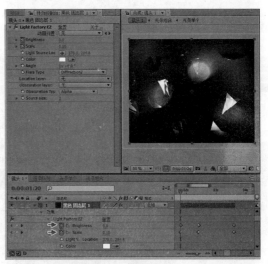

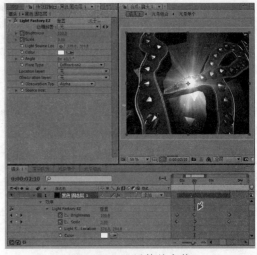

图7-141　设置特效参数

【3D Stroke（三维描边）】特效命令，如图 7-145 所示。

图7-142　记录特效参数动画

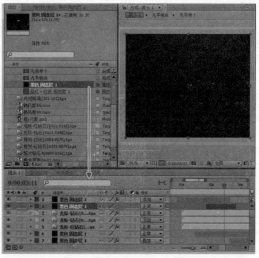

图7-143　导入固态层

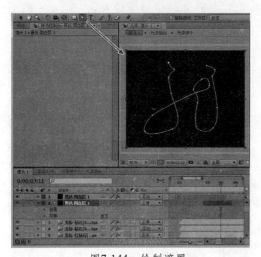

图7-144　绘制遮罩

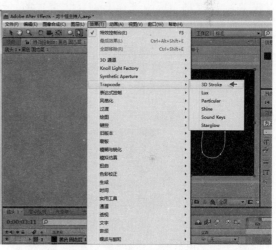

图7-145　增加特效

23 在特效控制面板中设置路径方式为全部路径、颜色为白色，产生的三维描边效果如图 7-146 所示。

24 在特效控制面板中设置厚度值为8、羽化值为30，然后在变细卷展栏中将"激活"项勾选开启状态，使三维描边的两端产生尖角，更加具有运动的速度感，如图 7-147 所示。

25 在特效控制面板中选择 End（结束）项，然后在第 2 秒 20 帧位置单击 码表按钮，再设置 End（结束）值为 0，使三维描边的开始位置在路径左侧，如图 7-148 所示。

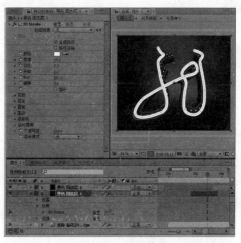

图7-146　设置特效

After Effects CS5 影视动画特效制作

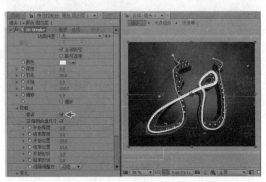
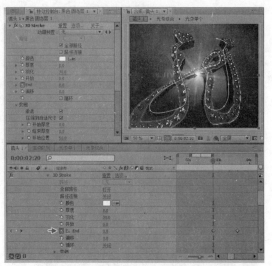

图7-147 设置特效 　　　　 图7-148 设置参数

26 在特效控制面板中选择 End（结束）项，然后在第 3 秒 15 帧位置设置 End（结束）值为 100，使三维描边产生由路径左侧至路径右侧的运动效果，如图 7-149 所示。

27 在时间线面板中选择"黑色固态层 1"层，在菜单中选择【效果】→【Trapcode】→【Starglow（星光）】特效命令，然后在特效面板中设置输入通道为"明亮"方式、光线长度值为 20、预置类型为火焰，使三维描边的表面产生星光效果，如图 7-150 所示。

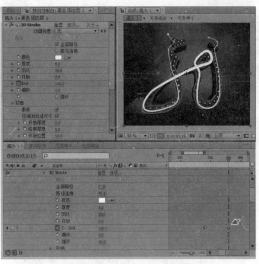
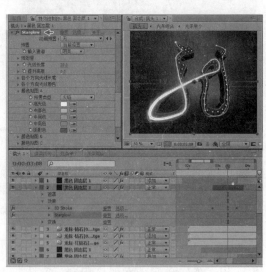

图7-149 记录特效动画 　　　　 图7-150 增加并设置特效

28 在时间线面板中选择"黑色固态层 1"层，然后选择透明度项并在第 3 秒 10 帧位置单击码表按钮，设置透明度值为 100；在第 3 秒 20 帧位置设置透明度值为 0，如图 7-151 所示。

29 在项目面板中选择"黑色固态层 1"层并在 3 秒位置将其拖曳至时间线面板中，在菜单中选择【效果】→【Knoll Light Factory（灯光工厂）】→【Light Factory EZ（灯光工厂 EZ）】特效命令，然后在特效控制面板中将 Flare Type（光斑类型）设置为 Bright Bluelight（蓝光）项，如图 7-152 所示。

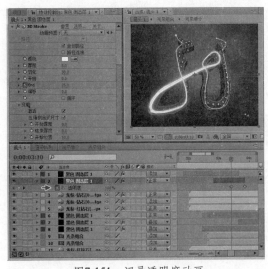

图7-151　记录透明度动画

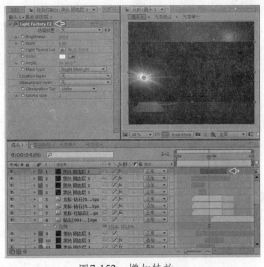

图7-152　增加特效

30 在时间线面板中选择特效的Light Source Location（光源位置）项，然后在第3秒位置单击码表按钮并设置Light Source Location（光源位置）值为－100、337，使光斑效果停靠在屏幕左侧位置，如图7-153所示。

31 在第 5 秒位置设置特效的 Light Source Location（光源位置）值为200、337，使光斑效果停靠在屏幕右侧位置，从而得到由左至右的运动效果，如图 7-154 所示。

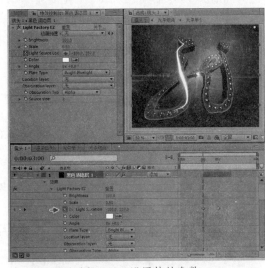

图7-153　设置特效参数

图7-154　记录参数动画

277

影视特效高手

32 在时间线面板中选择"黑色固态层 1"层，在菜单中选择【效果】→【色彩校正】→【色相位 / 饱和度】命令，然后在特效控制面板中设置主色调值为200，将蓝色的光效调节为黄色光效，如图 7-155 所示。

33 在时间线面板中选择"黑色固态层 1"层并使用键盘【T】键开启透明度选项，然后在第 3 秒位置单击码表按钮再设置透明度值为 0，在第 4 秒位置设置透明度值为100，在第 5 秒 10 帧位置设置透明度值为 0，如图 7-156 所示。

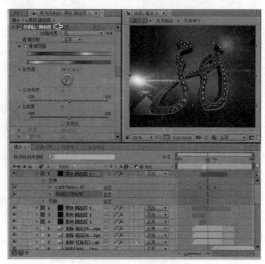

图7-155 增加特效　　　　　　图7-156 记录透明度动画

7.2.7 三维钻石合成

01 在项目面板中选择"钻石.tga"素材并在第4秒14帧位置将其拖曳至时间线面板中，如图 7-157 所示。

02 在时间线面板中选择"钻石.tga"层，先增加"锐化"特效并设置锐化量为15，再增加"阴影"特效并设置阴影色为白色、透明度值为30、方向值为135、距离值为1、柔化值为100，最后增加"色彩平衡"特效并设置阴影红色平衡值为50、中值红色平衡值为30，增强三维钻石的表面效果，如图 7-158 所示。

图7-157 导入素材　　　　　　图7-158 增加特效

03 在项目面板中选择"照片钻石A.tga"素材并在第4秒14帧位置将其拖曳至时间线面板中，如图 7-159 所示。

04 在时间线面板中选择"钻石.tga"层与"照片钻石A.tga"层，然后使用键盘"S"键开启比例选项，在第4秒14帧位置单击码表按钮并设置比例值均为0，如图 7-160 所示。

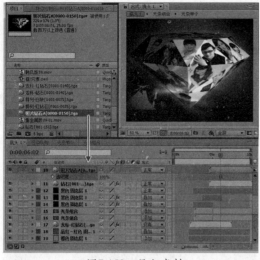

图7-159 导入素材

图7-160 设置比例参数

05 在第 5 秒位置设置比例值均为 100.1，如图 7-161 所示。

06 在第 9 秒 10 帧位置设置比例值均为 140，如图 7-162 所示。

图7-161 设置比例参数

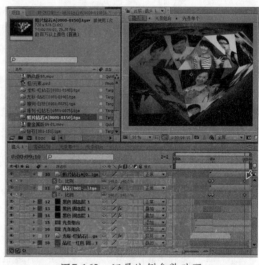

图7-162 记录比例参数动画

07 在时间线面板中选择"照片钻石 A.tga"层并在第 4 秒 14 帧位置单击透明度的码表按钮，然后设置透明度值为 0；在第 5 秒 14 帧位置设置透明度值为 100，再将层模式设置为"添加"方式；选择"照片钻石 A.tga"层并配合快捷键【Ctrl+D】原地复制图层，然后在第 5 秒 14 帧位置设置透明度值为 50，再将其层模式设置为"叠加"方式；使用【Ctrl+D】键复制图层，在第 5 秒 14 帧位置设置透明度值为 30，再将其层模式设置为"正常"方式，使多层"照片钻石"叠加到"红色钻石"上，从而得到红色的晶体钻石上产生照片效果，如图 7-163 所示。

08 在时间线面板中选择"钻石 .tga"层并配合快捷键【Ctrl+D】原地复制图层，设置图层透明度值为 20，再将其层模式设置为"叠加"方式，使红色的晶体钻石效果再多一些，如

图 7-164 所示。

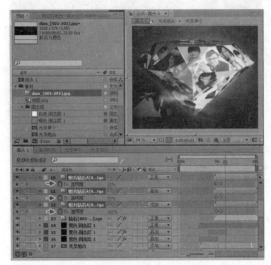
图7-163 复制并设置图层

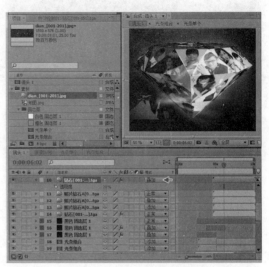
图7-164 复制并设置图层

▶ 7.2.8 装饰元素合成

01 在项目面板中选择"dian.jpg"素材，然后在第3秒位置将其拖曳至时间线面板中，在时间线面板中设置变换选项中的位置值为－14.6、541，比例值为70，增强左下角位置的装饰元素，如图7-165所示。

02 在时间线面板中选择"dian.jpg"层，在工具栏中选择 ✎ 钢笔遮罩工具并在视图中绘制遮罩选区，设置遮罩 1 选项下的遮罩羽化值为 100，然后在第 3 秒位置单击遮罩形状项的 ⏱ 码表按钮，如图 7-166 所示。

图7-165 导入素材

图7-166 绘制遮罩

03 在时间线面板中选择"dian.jpg"层，在第 4 秒位置调节遮罩形状，使本层产生由小至大的区域显示效果，如图 7-167 所示。

04 在项目面板中选择"光线转弯.tga"素材，然后在第4秒位置将其拖曳至时间线面板中，如图7-168所示。

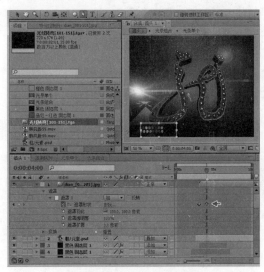

图7-167 设置遮罩形状

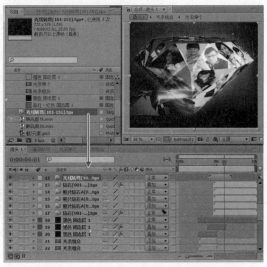

图7-168 导入素材

05 在时间线面板中选择"光线转弯.tga"层，先增加"亮度与对比度"特效并设置亮度值为22、对比度值为52，再增加"锐化"特效并设置锐化量为15，使光线的效果更加强烈，如图7-169所示。

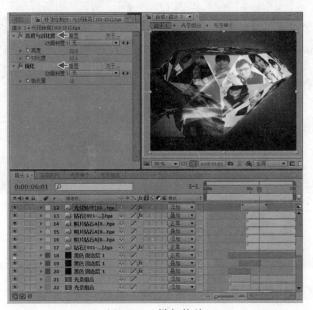

图7-169 增加特效

06 在时间线面板中选择"光线转弯.tga"层，然后选择透明度项并在第4秒位置单击 码表按钮设置透明度值为0，在第4秒10帧位置设置透明度值为100，在第6秒5帧位置设置透明度值为100，在第7秒位置设置透明度值为0，控制光线层的显示动画，如图7-170所示。

图7-170　记录透明度动画

07 播放影片，观看合成的镜头 1 动画效果，如图 7-171 所示。

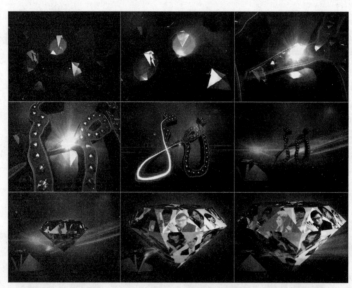

图7-171　动画效果

7.3　镜头 2 合成

镜头 2 合成包括影片背景合成、影片钻石合成、文字元素合成。

7.3.1　影片背景合成

01 在菜单中选择【图像合成】→【新建合成组】命令建立新的合成文件。在弹出的对话框中设置合成组名称为"镜头 2"，在预置项目中使用"PAL D1/DV"制式，然后设置持续时间为 6秒，如图 7-172 所示。

02 在项目面板中选择"韩风版 55.mov"动态素材并拖曳至时间线面板中，为其增加"高斯模糊"、"色彩平衡"及"亮度与对比度"特效；继续在项目面板选择"重金属版 .mov"动态素材并拖曳至时间线面板中，为其增加"遮罩"项及"色相／饱和度"特效，然后将"重金属版 .mov"层的层模式设置为"叠加"方式，作为合成影片的背景，如图 7-173 所示。

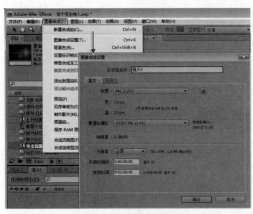

图7-172　新建合成文件

图7-173　导入并设置素材

03 在项目面板中选择"钻石 .tga"素材并拖曳至时间线面板中，然后设置图层比例值为80、层模式为"叠加"方式，配合快捷键【Ctrl+D】原地复制图层，再设置图层比例值为100并相应调节位置，作为丰富合成影片的背景，如图 7-174 所示。

04 在项目面板中选择"黑色固态层 1"层并将其拖曳至时间线面板中，在工具栏中选择□矩形遮罩工具并在视图中绘制遮罩选区，然后设置遮罩羽化值为150，配合快捷键【Ctrl+D】原地复制图层，再设置遮罩羽化值为200，控制合成影片的边缘色，从而使合成影片的中心区域更加突出，如图 7-175 所示。

283

影视特效高手

图7-174　导入并设置素材

图7-175　导入固态层

▶ 7.3.2　影片钻石合成

01 在项目面板中选择"钻石转.tga"素材并拖曳至时间线面板中，如图7-176所示。

02 在时间线面板中选择"钻石转.tga"层，先增加"锐化"特效并设置锐化量为15；再增加"阴影"特效并设置阴影色为白色、透明度值为30、方向值为135、距离值为1、柔化值为100；最后增加"色彩平衡"特效并设置阴影红色平衡值为50、中值红色平衡值为30，如图7-177所示。

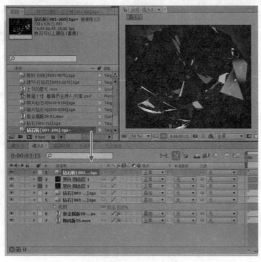

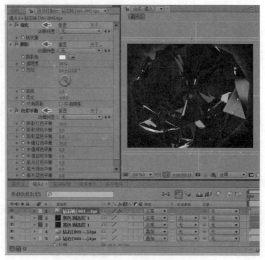

图7-176　导入素材　　　　　　　　　　图7-177　设置特效

03 在项目面板中选择"照片钻石b.tga"素材并拖曳至时间线面板中，如图7-178所示。

04 在时间线面板中选择"照片钻石b.tga"层并设置层模式为"添加"方式，配合快捷键【Ctrl+D】原地复制图层，再设置层模式为"叠加"方式、透明度值为50，继续使用快捷键【Ctrl+D】复制图层，将层模式设置为"正常"方式、透明度值为30，合成与"镜头1"合成场景的方式相同，如图7-179所示。

图7-178　导入素材　　　　　　　　　　图7-179　复制并设置图层

05 在项目面板中选择"钻石转.tga"素材并拖曳至时间线面板中，然后设置层模式为"叠加"

方式、透明度值为 20，如图 7-180 所示。

图7-180　导入素材

▶ 7.3.3　文字元素合成

01 在项目面板中选择"首届十佳播音员主持人 / 元素 .psd"素材，在第 3 秒 15 帧位置拖曳至时间线面板中，如图 7-181 所示。

02 在时间线面板中选择"首届十佳播音员主持人 / 元素 .psd"层并为其增加"阴影"特效，然后在特效控制面板中设置阴影色为黑色、透明度值为 100、方向值为 135、距离值为 5、柔化值为 9，如图 7-182 所示。

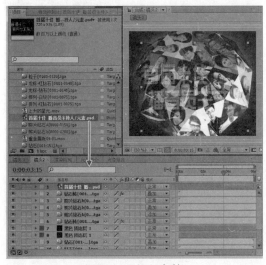

图7-181　导入素材

图7-182　设置阴影参数

03 在时间线面板中选择"首届十佳播音员主持人 / 元素 .psd"层，选择工具栏中的 🖊 钢笔遮罩工具并在视图中绘制遮罩选区，在遮罩 1 选项下设置遮罩羽化值为 10，然后在第 3 秒 17 帧位置单击遮罩形状项的 🖲 码表按钮，使其通过遮罩控制本层的显示位置，如图 7-183 所示。

04 在时间线面板中选择"首届十佳播音员主持人 / 元素 .psd"层，在第 4 秒位置调节遮罩形状，使文字层全部显现出来，得到遮罩的显示动画效果，如图 7-184 所示。

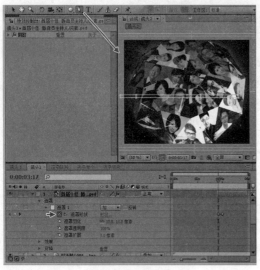
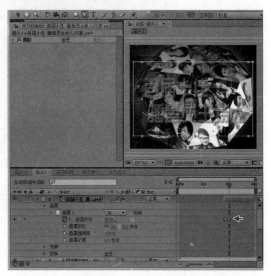

图7-183　增加遮罩　　　　　　　　　　　　图7-184　设置遮罩形状

05 在时间线面板中选择"首届十佳播音员主持人 / 元素 .psd"层，在第 3 秒 15 帧位置选择比例项并单击码表按钮，然后设置比例值为 0，如图 7-185 所示。

06 在时间线面板中选择"首届十佳播音员主持人 / 元素 .psd"层，在第 4 秒位置设置比例值为 80，如图 7-186 所示。

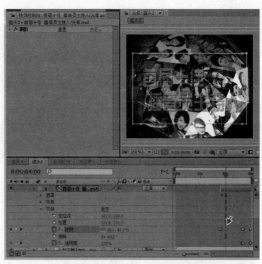

图7-185　设置比例参数　　　　　　　　　　图7-186　记录比例参数动画

07 在时间线面板中选择"首届十佳播音员主持人 / 元素 .psd"层，在第 5 秒 9 帧位置设置比例值为 128，选择透明度项并单击码表按钮，然后设置透明度值为 94，如图 7-187 所示。

08 在时间线面板中选择"首届十佳播音员主持人 / 元素 .psd"层，在第 5 秒 24 帧位置设置比例值为 700、透明度值为 0，如图 7-188 所示。

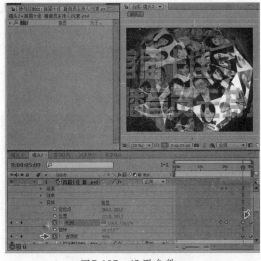

图7-187 设置参数

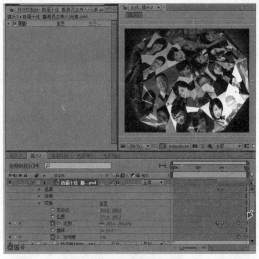

图7-188 记录参数动画

09 在时间线面板中选择"首届十佳播音员主持人 / 元素 .psd"层，配合快捷键【Ctrl+D】原地复制图层，再设置层模式为"屏幕"方式；在菜单中选择【效果】→【Trapcode】→【Starglow（星光）】特效命令，然后在特效面板中设置输入通道为"明亮"方式、光线长度值为20、混合模式为"屏幕"类型，如图 7-189 所示。

10 播放影片，观看合成"镜头 2"的动画效果，如图 7-190 所示。

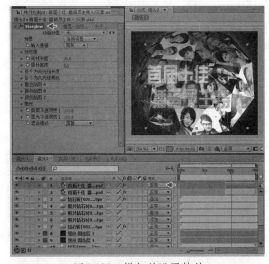

图7-189 增加并设置特效

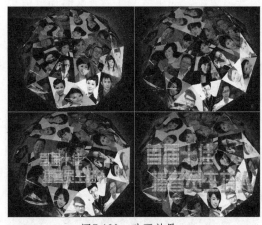

图7-190 动画效果

7.4 镜头 3 合成

镜头 3 合成包括影片背景合成、定版文字合成、定版装饰合成。

7.4.1 影片背景合成

01 在菜单中选择【图像合成】→【新建合成组】命令建立新的合成文件。在弹出的对话框中设置合成组名称为"镜头 3"，在预置项目中使用"PAL D1/DV"制式，然后设置持续时间为 8 秒，如图 7-191 所示。

02 在项目面板选择"韩风版55.mov"动态素材并拖曳至时间线面板中，先增加"高斯模糊"特效并设置模糊量为30，再增加"色彩平衡"特效并设置高光红色平衡值为40，最后增加"亮度与对比度"特效并设置亮度值为－20，如图7-192所示。

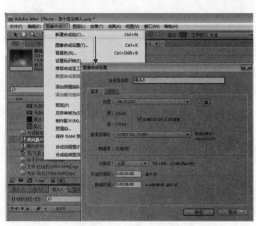

图7-191　新建合成文件

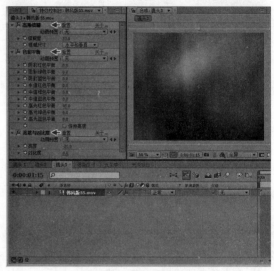

图7-192　导入并设置素材

03 在项目面板中选择"重金属版.mov"动态素材并拖曳至时间线面板中，为其增加遮罩项并设置遮罩羽化值为150，再增加"色相/饱和度"特效并设置主色调值为159，最后将"重金属版.mov"层的层模式设置为"叠加"方式，控制合成影片的背景效果，如图7-193所示。

04 在项目面板中选择"黑色固态层1"层并将其拖曳至时间线面板中，在工具栏中选择🖊钢笔遮罩工具并在视图中绘制遮罩选区，然后设置遮罩羽化值为200，如图7-194所示。

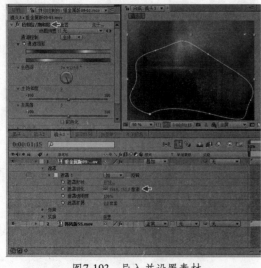

图7-193　导入并设置素材

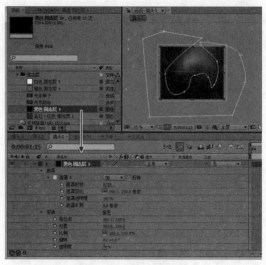

图7-194　导入固态层

7.4.2 定版文字合成

01 在项目面板中选择"定版-字.tga"素材并拖曳至时间线面板中,如图7-195所示。

02 在项目面板中选择"粒子.tga"素材,在第15帧位置将其拖曳至时间线面板中的"定版-字.tga"图层下,在工具栏中选择●椭圆形遮罩工具并在视图中绘制遮罩选区,然后设置遮罩羽化值为150,最后设置层模式为"添加"方式,如图7-196所示。

图7-195 导入素材

图7-196 导入素材

03 在时间线面板中选择"定版-字.tga"层,先增加"亮度与对比度"特效并设置亮度值为15、对比度值为10,再增加"阴影"特效并设置阴影色为黑色、透明度值为100、方向值为135、距离值为5、柔化值为20,最后增加"锐化"特效并设置锐化量为20,如图7-197所示。

04 在时间线面板中选择"定版-字.tga"层,配合快捷键"Ctrl+D"原地复制图层,再设置层模式为"添加"方式、透明度值为30,使文字的颜色更加亮丽,如图7-198所示。

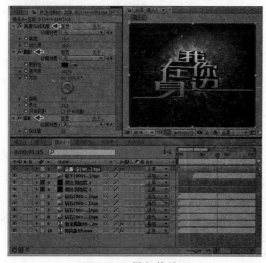

图7-197 增加特效

图7-198 复制并设置图层

05 使用快捷键【Ctrl+D】复制图层，层模式为"正常"方式，准备进行光效的合成，如图7-199所示。

06 在时间线面板中选择"定版-字.tga"层，在菜单中选择【效果】→【Trapcode】→【Shine（体积光）】特效命令，如图7-200所示。

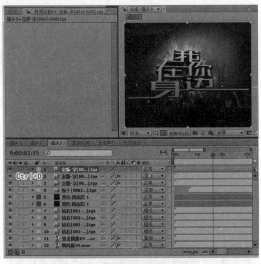

图7-199　复制图层　　　　　　　　图7-200　增加特效

07 设置体积光特效中的 Source Point（发射点）位置值为360、280，然后在第0秒位置单击 码表按钮，如图7-201所示。

08 选择 Ray Length（光芒长度）与 Boost Light（推近光）项并在第1秒位置单击 码表按钮，然后设置 Ray Length（光芒长度）值为0、Boost Light（推近光）值为0，如图7-202所示。

图7-201　设置特效　　　　　　　　图7-202　设置特效参数

09 在第1秒15帧位置设置 Source Point（发射点）位置值为360、200，Ray Length（光芒长度）值为5、Boost Light（推近光）值为10，使发光效果更加强烈，如图7-203所示。

10 在第3秒位置设置 Ray Length（光芒长度）值为0、Boost Light（推近光）值为0，设置光効消失的动画，如图 7-204 所示。

图7-203　记录参数动画

图7-204　记录参数动画

11 在时间线面板中选择"定版-字.tga"层，选择透明度项并单击 码表按钮，在第1秒位置设置透明度值为0，在第1秒5帧位置设置透明度值为100，在第2秒位置设置透明度值为100，在第3秒位置设置透明度值为0，如图7-205所示。

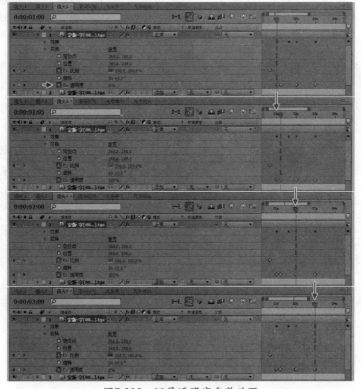
图7-205　记录透明度参数动画

12 在项目面板中选择"定版-小字.tga"素材并拖曳至时间线面板中，如图7-206所示。

13 在时间线面板中选择"定版-小字.tga"层，增加"阴影"特效并设置阴影色为黑色、透明度值为70、方向值为135、距离值为2、柔化值为10，如图7-207所示。

图7-206　导入素材　　　　　　　　　　图7-207　设置阴影特效

14 在项目面板中选择"粒子.tga"素材，在第15帧位置将其拖曳至时间线面板中，如图7-208所示。

15 在时间线面板中选择"粒子.tga"层，在透明度项单击█码表按钮，第15帧位置设置透明度值为0，第2秒位置设置透明度值为50，第4秒位置设置透明度值为0，最后将层模式设置为"添加"方式，如图7-209所示。

图7-208　导入素材　　　　　　　　　　图7-209　记录透明度参数动画

▶ **7.4.3　定版装饰合成**

01 在项目面板中选择"钻石.tga"素材并将其拖曳至时间线面板中，调节图层至视图右下角位置，使用快捷键【Ctrl+D】原地复制图层，再调节图层至视图左上角位置，使合成画面的构图更加饱满，如图 7-210 所示。

02 在时间线面板中分别选择两个"钻石.tga"层，在工具栏中选择 ▓ 钢笔遮罩工具并在视图中分别绘制不规则遮罩选区，最后设置层模式均为"添加"方式，如图 7-211 所示。

图7-210　导入素材

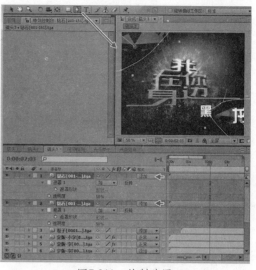

图7-211　绘制遮罩

03 在项目面板中选择"黑色固态层 1"层，并在第 1 秒 15 帧位置将其拖曳至时间线面板中，在菜单中选择【效果】→【Knoll Light Factory（灯光工厂）】→【Light Factory EZ（灯光工厂 EZ）】特效命令，在特效控制面板中将 Flare Type（光斑类型）设置为 Blimp flare 类型选项，最后将层模式设置为"添加"方式，使闪烁的光效吸引观看者的视觉，如图 7-212 所示。

04 在时间线面板中选择"黑色固态层 1"层，在第 1 秒 15 帧位置单击 Brightness(亮度) 项、Scale（缩放）项与 Angle（角度）项 ▓ 码表按钮，然后再设置 Brightness(亮度) 值为 50、Scale（缩放）值为 0.5、Angle（角度）值为 0，如图 7-213 所示。

图7-212　增加特效

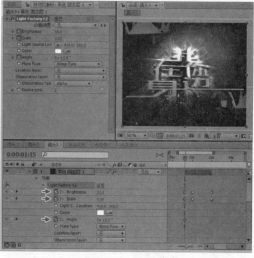

图7-213　设置参数

05 在时间线面板中选择"黑色固态层 1"层，在第 2 秒位置设置 Brightness（亮度）值为 100、

影视特效高手

Scale（缩放）值为1，如图7-214所示。

06 在时间线面板中选择"黑色固态层1"层，在第3秒位置设置Brightness(亮度)值为50、Scale（缩放）值为0.5、Angle（角度）值为150，如图7-215所示。

图7-214 记录参数动画 　　　　　　　　　　图7-215 记录参数动画

07 在项目面板中选择"黑色固态层1"层，并将其拖曳至时间线面板中，在菜单中选择【效果】→【Knoll Light Factory（灯光工厂）】→【Light Factory EZ（灯光工厂EZ）】特效命令，在特效控制面板中设置Light Source Location（光源位置）值为364、16，设置Angle（角度）值为250、Flare Type（光斑类型）为Diffraction3（衍射3）项，最后将层模式设置为"添加"方式，如图7-216所示。

08 在项目面板中选择"上升的星光.mov"动态素材并将其拖曳至时间线面板中，然后设置透明度值为50，如图7-217所示。

图7-216 增加特效 　　　　　　　　　　图7-217 导入素材

09 在时间线面板中选择"上升的星光.mov"层，在工具栏中选择🖊钢笔遮罩工具并在视图中绘制菱形遮罩选区，勾选"反转"选项并设置遮罩羽化值为150，最后设置层模式为"叠加"

方式，使其只在合成的屏幕边缘位置显示，如图 7-218 所示。

10 播放影片，观看合成制作的动画影片效果，如图 7-219 所示。

图7-218　增加遮罩

图7-219　动画效果

▶ 7.5　影片整体剪辑

影片整体剪辑包括影片顺序剪辑、镜头连接特效。

▶ 7.5.1　影片顺序剪辑

01 在菜单中选择【图像合成】→【新建合成组】命令建立新的合成文件。在弹出的对话框中设置合成组名称为"整体剪辑"，在预置项目中使用"PAL D1/DV"制式，然后设置持续时间为 20 秒 10 帧，如图 7-220 所示。

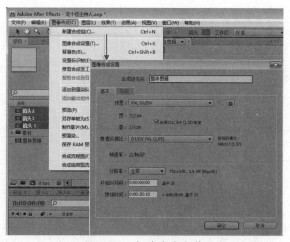

图7-220　新建合成文件

02 在项目面板中选择镜头 1、镜头 2 及镜头 3 的合成文件并拖曳至时间线面板中，如图 7-221 所示。

影
视
特
效
高
手

03 在时间线面板中通过透明度项目设置各镜头衔接处的淡出效果，如图 7-222 所示。

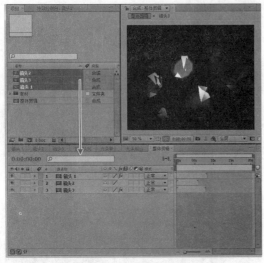

图7-221　导入素材

图7-222　调节镜头

▶ 7.5.2　镜头连接特效

01 在项目面板中选择"黑色固态层 1"层，在第 4 秒 15 帧位置将其拖曳至时间线面板中，在菜单中选择【效果】→【Knoll Light Factory（灯光工厂）】→【Light Factory EZ（灯光工厂 EZ）】特效命令，然后在特效控制面板中设置 Flare Type（光斑类型）为 Chroma Lens2 类型选项、Brightness(亮度) 值为 100、Scale（缩放）值为 1，如图 7-223 所示。

02 在时间线面板中选择"黑色固态层1"层，在第4秒15帧位置选择特效的Light Source Location（光源位置）项与Angle（角度）项并单击码表按钮，并设置Light Source Location（光源位置）值为－209、675，Angle（角度）值为0，最后将层模式设置为"添加"方式，作为镜头2的装饰光斑，如图7-224所示。

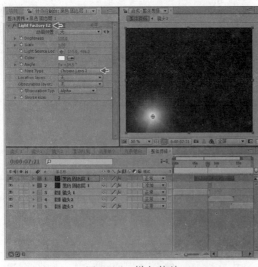

图7-223　增加特效

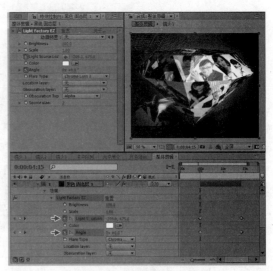

图7-224　设置特效参数

03 在时间线面板中选择"黑色固态层 1"层，在第 14 秒位置设置 Light Source Location（光源位置）值为 850、710，再设置 Angle（角度）值为 100，如图 7-225 所示。

04 在时间线面板中选择"黑色固态层 1"层，在第 4 秒 15 帧位置选择透明度项并单击 码表按钮，再设置透明度值为 0；在第 5 秒位置设置透明度值为 100，在第 11 秒 23 帧位置设置透明度值为 100，在第 14 秒位置设置透明度值为 0，如图 7-226 所示。

图7-225　记录特效参数动画

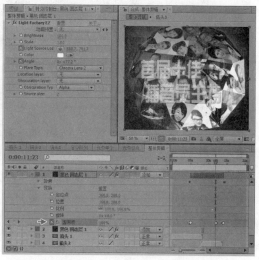
图7-226　记录透明度参数动画

05 在项目面板中选择"整体剪辑"合成项，在菜单中选择【图像合成】→【制作影片】命令，也可以直接使用快捷键【Ctrl+M】进行渲染输出影片，如图 7-227 所示。

图7-227　渲染输出

06 播放影片，观看制作的最终合成效果，如图 7-228 所示。

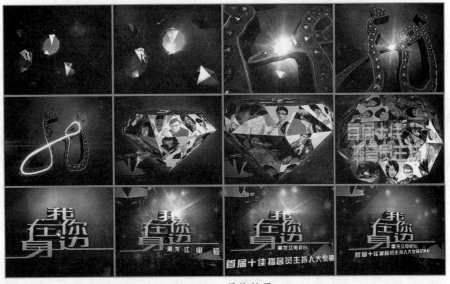

图7-228　最终效果

7.6　本章小结

本章主要对栏目的片头进行合成，主要通过平面和三维元素丰富合成场景，配合范例可以充分地将 After Effects CS5 的知识点进行学习和掌握，能够轻松地完成影视作品中栏目片头的创作。

7.7　拓展练习

1. 中国画廊

中国画廊范例的制作主要使用平面元素进行层叠加设置，得到深沉并具有文化内涵的影片效果，再通过三维的书法字丰富影片内容，使制作的效果更加贴近栏目主题。中国画廊案例的制作流程分 5 部分，第 1 部分是合成素材制作、第 2 部分是影片背景合成、第 3 部分是添加影片底纹、第 4 部分是添加装饰条、第 5 部分是文字与光效合成。范例效果如图 7-229 所示，制作流程如图 7-230 所示。

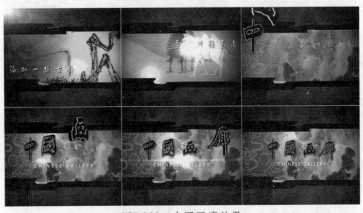

图7-229　中国画廊效果

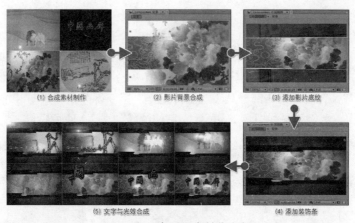

(1) 合成素材制作　　　　　　　(2) 影片背景合成　　　　　　　(3) 添加影片底纹

(5) 文字与光效合成　　　　　　　　　　　　　　　(4) 添加装饰条

图7-230　中国画廊制作流程

2. 第1新闻

第1新闻范例的制作先通过深蓝色确定影片主题方向，通过局部的粉色会与深蓝色产生呼应，再配合三维模型的晶莹材质推动影片华丽的特有质感，在体现新闻类特有的真实性和权威性以外又增添了些时尚感。第一新闻案例的制作流程分5部分，第1部分是三维素材制作、第2部分是镜头一合成、第3部分是镜头二合成、第4部分是镜头三合成、第5部分是影片镜头合成。范例效果如图7-231所示，制作流程如图7-232所示。

图7-231　第1新闻效果

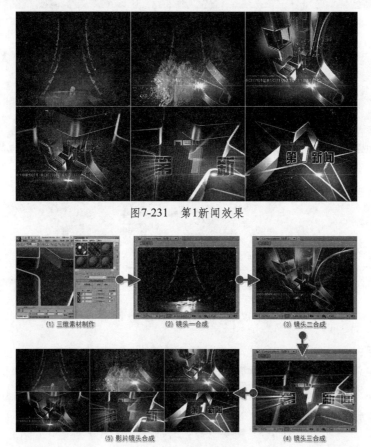

(1) 三维素材制作　　　　　　　(2) 镜头一合成　　　　　　　(3) 镜头二合成

(5) 影片镜头合成　　　　　　　　　　　　　　(4) 镜头三合成

图7-232　第1新闻制作流程

影视特效高手

3. 东方卫视

东方卫视范例主要对三维制作的元素进行合成处理，通过特效和层叠加使视觉效果更加突出，影片合成在色调上选择了与标志相似的颜色，使用黄色和白色的星光推动了影片的节奏，将电视台的时代感表现出来。东方卫视案例的制作流程分 5 部分，第 1 部分是三维素材制作、第 2 部分是影片背景合成、第 3 部分是添加影片元素、第 4 部分是特效与装饰美化、第 5 部分是添加声音与输出。范例效果如图 7-233 所示，制作流程如图 7-234 所示。

图7-233　东方卫视效果

（1）三维素材制作　　　　　（2）影片背景合成　　　　　（3）添加影片元素

（5）添加声音与输出　　　　　　　　　　　　（4）特效与装饰美化

图7-234　东方卫视制作流程

4. 专题片头

专题片头范例主要使用三维软件制作合成元素，使用透视镜头把文字素材表现得更宏伟，再通过层叠加和特效丰富影片效果。三维金属机械开启后，从中跳跃出闪动的光点与原子元素，从而表现出电子产业的生命迹象；专题片头案例的制作流程分 5 部分，第 1 部分是三维素材制作、第 2 部分是镜头一合成、第 3 部分是镜头二与三合成、第 4 部分是镜头四合成、第 5 部分是镜头合成。范例效果如图 7-235 所示，制作流程如图 7-236 所示。

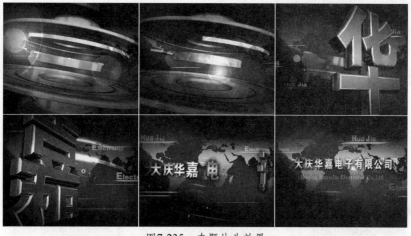

图7-235　专题片头效果

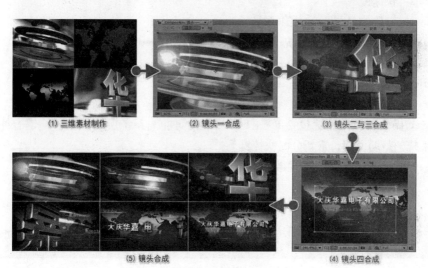

图7-236　专题片头制作流程

影视特效高手

附录　After Effects快捷键

After Effects 的合成操作是一个繁琐的过程，其中涉及大量的图层、属性、关键帧等操作，快捷键在操作中扮演着重要的角色。熟练使用 After Effects 软件，大量快捷键的操作是不可避免的。在【帮助】→【快捷键】下可以看到 After Effects 所设置的快捷键，对于熟练操作 After Effects 十分必要。

快捷键附注：

（1）以下常见的单词表格中将不再完全注明：

Shortcuts：快捷键

Windows：微软的 Windows 操作系统

Mac OS：苹果的 Mac 操作系统

Main Keyboard：主键盘

Numeric Keypad：数字小键盘

Arrow：方向键

（2）Mac 操作系统快捷键包括 F9～F12 功能键可能与系统所使用的快捷键有冲突，查看 Mac 操作系统的帮助说明，重新分配快捷键。

（3）一些快捷键在使用数字小键盘时确认 Num Lock 键为打开状态。

1. General（常规）

作　用	Windows	Mac OS
全部选择	Ctrl+A	Command+A
全部取消选择	F2 或 Ctrl+Shift+A	F2 或 Command+Shift+A
重命名选择层	主键盘上的 Enter 键	Return
打开选择层	数字小键盘上的 Enter 键	数字小键盘上的 Enter 键
复制层	Ctrl+C	Command+C
粘贴层	Ctrl+V	Command+V
快速原地复制选择层	Ctrl+D	Command+D

2. Preferences（参数）

作　用	Windows	Mac OS
恢复默认参数设置	在启动 After Effects 时按住 Ctrl+Alt+Shift 键不放	在启动 After Effects 时按住 Command+Option+Shift 键不放

3. Panels、Viewers、Workspaces、Windows（面板、视图、工作区、窗口）

作　用	Windows	Mac OS
打开或关闭选择层的特效控制面板	F3 或 Ctrl+Shift+T	F3 或 Command+Shift+T
最大化或恢复鼠标指针下的面板	`（同～键）	`（同～键）
调整应用程序窗口或浮动窗口适应屏幕	Ctrl+\（反斜杠）	Command+\（反斜杠）
移动应用程序窗口或浮动窗口到主显示器，调整窗口适应屏幕	Ctrl+Alt+\（反斜杠）	Command+Option+\（反斜杠）

4. Activating tools（激活工具）

作　用	Windows	Mac OS
循环显示工具	按住 Alt 键单击工具面板中的按钮	按住 Option 键单击工具面板中的按钮
激活选择工具	V	V
激活手掌工具	H	H
临时激活手掌工具	按住空格键或鼠标中键	按住空格键或鼠标中键
激活放大工具	Z	Z
激活缩小工具	当放大工具激活时同时按住 Alt 键	当放大工具激活时同时按住 Option 键
激活旋转工具	W	W
激活和循环显示摄像机工具（统一摄像机，轨道摄像机、XY 轴轨道摄像机、Z 轴轨道摄像机）	C	C
激活轴心点工具	Y	Y
激活和循环显示遮罩与图形工具（矩形、圆角矩形、椭圆形、多边形、星形）	Q	Q
激活和循环显示文字工具（横排和竖排）	Ctrl+T	Command+T
激活和循环显示钢笔工具（钢笔、添加锚点、删除锚点和转换锚点）	G	G
使用钢笔工具过程临时激活为选择工具	Ctrl	Command
当使用选择工具将鼠标指针指向路径时临时激活为钢笔工具	Ctrl+Alt	Command+Option
激活和循环显示画笔、图章和橡皮擦工具	Ctrl+B	Command+B
激活和循环显示木偶钉工具	Ctrl+P	Command+P

303

影视特效高手

（续表）

作　用	Windows	Mac OS
选择形状图层的某形状时临时转换选择工具为图形复制工具	Alt（在形状图层）	Option（在形状图层）
选择形状图层临时转换选择工具为单选工具，这样可以直接选择形状图层中某个形状	Ctrl（在形状图层）	Command（在形状图层）

5. Compositions and the work area（合成和工作区）

作　用	Windows	Mac OS
新建合成	Ctrl+N	Command+N
打开选择合成的合成设置对话框	Ctrl+K	Command+K
设置合成背景颜色	Ctrl+Shift+B	Command+Shift+B
将当前时间设置为工作区的开始或结束	B 或 N	B 或 N

6. Time navigation（时间导航）

作　用	Windows	Mac OS
定位到精确时间	Alt+Shift+J	Option+Shift+J
定位到工作区的开始或结束点	Shift+Home 或 Shift+End	Shift+Home 或 Shift+End
在时间线中定位到前一个或后一个可见项位置	J 或 K	J 或 K
定位到合成、层或素材项的开始位置	Home 或 Ctrl+Alt+Left Arrow	Home 或 Command+Option+Left Arrow
定位到合成、层或素材项的结束位置	End 或 Ctrl+Alt+Right Arrow	End 或 Command+Option+Right Arrow
向前移动 1 帧	Page Down 或 Ctrl+Right Arrow	Page Down 或 Command+Right Arrow
向前移动 10 帧	Shift+Page Down 或 Ctrl+Shift+Right Arrow	Shift+Page Down 或 Command+Shift+Right Arrow
向后移动 1 帧	Page Up 或 Ctrl+Left Arrow	Page Up 或 Command+Left Arrow
向后移动 10 帧	Shift+Page Up 或 Ctrl+Shift+Left Arrow	Shift+Page Up 或 Command+Shift+Left Arrow
定位到选择层的入点位置	I	I
定位到选择层的出点位置	O	O
在时间线面板自动调整滚动条，使当前时间指针以适当位置显示出来	D	D

7. Previews（预览）

作　用	Windows	Mac OS
开始或停止标准预览	Spacebar	Spacebar
内存预览	数字小键盘的 0 键	数字小键盘的 0 键
使用预先设置的内存预览	Shift+ 数字小键盘的 0 键	Shift+ 数字小键盘的 0 键
保存内存预览结果为指定文件	按住 Ctrl 键单击内存预览按钮或按 Ctrl+ 数字小键盘的 0 键	按住 Command 键单击内存预览按钮或按 Command + 数字小键盘的 0 键
保存预先设置的内存预览结果为指定文件	按住 Ctrl+Shift 键单击内存预览按钮或按 Ctrl+Shift+ 数字小键盘的 0 键	按住 Command +Shift 键单击内存预览按钮或按 Command+Shift+ 数字小键盘的 0 键
从当前时间只预演音频	数字小键盘的 .（小数点）键	数字小键盘的 .（小数点）键
在工作区范围只预演音频	Alt+ 数字小键盘的 .（小数点）键	Option+ 数字小键盘的 .（小数点）键
手动粗略预览视频	拖动或按住 Alt 键拖动当前的时间指针，其中拖动时间指针依赖时间线上部的实时更新按钮的设置情况	拖动或按住 Option 键拖动当前的时间指针，其中拖动时间指针依赖时间线上部的实时更新按钮的设置情况
手动粗略预演音频	按住 Ctrl 键拖动当前时间指针	按住 Command 键拖动当前时间指针
获取快照	Shift+F5、Shift+F6、Shift+F7 或 Shift+F8	Shift+F5、Shift+F6、Shift+F7 或 Shift+F8
在激活视图显示快照	F5、F6、F7 或 F8	F5、F6、F7 或 F8
清除快照	Ctrl+Shift+F5、Ctrl+Shift+F6、Ctrl+Shift+F7 或 Ctrl+Shift+F8	Command+Shift+F5、Command+Shift+F6Command+Shift+F7 或 Command+Shift+F8

8. Views（查看）

作　用	Windows	Mac OS
重设合成视图为 100% 并在面板居中	双击手掌工具	双击手掌工具
在合成、层或素材面板中放大	主键盘上的"。"（句点）	主键盘上的"。"（句点）
在合成中、层或素材面板中缩小	，（逗号）	，（逗号）
在合成、层或素材面板中缩放到 100%	/（主键盘上）	/（主键盘上）
在合成、层或素材面板中适配缩放	Shift+/（主键盘上）	Shift+/（主键盘上）
放大时间线面板为单帧的单位显示或缩小到显示整个合成持续时间	；（分号）	；（分号）
放大时间显示	=（等于号）主键盘上	=（等于号）主键盘上

（续表）

作　用	Windows	Mac OS
缩小时间显示	-（连字号）主键盘上	-（连字号）主键盘上
暂停图像的更新	Caps Lock	Caps Lock

9. Footage（素材）

作　用	Windows	Mac OS
一次性导入文件或图像序列	Ctrl+I	Command+I
多次导入文件或图像序列	Ctrl+Alt+I	Command+Option+I
在 After Effects 的素材面板打开影片	按住 Alt 键双击	按住 Option 键双击
添加选择项到最近激活的合成	Ctrl+/（主键盘上）	Command+/（主键盘上）
替换选择层的来源	按住 Alt 键从项目面板将素材项拖至选择图层上释放	按住 Option 键从项目面板将素材项拖至选择图层上释放
打开选择素材项的素材解释对话框	Ctrl+Alt+G	Command+Option+G
以关联的应用程序来编辑所选择的素材	Ctrl+E	Command+E
替换选择素材项	Ctrl+H	Command+H

10. Layers（图层）

作　用	Windows	Mac OS
新建固态层	Ctrl+Y	Command+Y
使用图层序号的数字选择图层（1～999）	数字小键盘上的 0～9	数字小键盘上的 0～9
在时间线中选择下一个层	Ctrl+Down Arrow	Command+Down Arrow
在时间线中选择上一个层	Ctrl+Up Arrow	Command+Up Arrow
取消全部层的选择状态	Ctrl+Shift+A	Command+Shift+A
将选择层滑动到时间线面板顶部	X	X
显示或隐藏父级层栏	Shift+F4	Shift+F4
显示或隐藏图层开关和模式栏	F4	F4
关闭其他层独奏开关，仅当前层独奏	按住 Alt 键单击独奏开关	按住 Option 键单击独奏开关
以当前时间为入点粘贴层	Ctrl+Alt+V	Command+Option+V
分割选择层	Ctrl+Shift+D	Command+Shift+D
预合成选择的层	Ctrl+Shift+C	Command+Shift+C
打开选择层的特效控置面板	Ctrl+Shift+T	Command+Shift+T
打开层的图层面板显示	双击一个层	双击一个层
打开层的素材面板显示	按住 Alt 键双击一个层	按住 Alt 键双击一个层

（续表）

作　用	Windows	Mac OS
倒放选择层	Ctrl+Alt+R	Command+Option+R
为选择层启用时间重映像	Ctrl+Alt+T	Command+Option+T
移动选择层的入点或出点到当前时间	[键或] 键	[键或] 键
剪切选择层的入点或出点到当前时间	Alt+[键或 Alt+] 键	Option+[键或 Option+] 键
用时间伸缩的方式设置入点或出点	Ctrl+Shift+，（逗号）或 Ctrl+Alt+，（逗号）	Command+Shift+，（逗号）或 Command+Option+，（逗号）
移动选择层入点到合成开始	Alt+Home	Option+Home
移动选择层出点到合成结尾	Alt+End	Option+End
锁定选择层	Ctrl+L	Command+L
为全部层解锁	Ctrl+Shift+L	Command+Shift+L

11. Showing properties and groups in the Timeline（在时间线面板中显示属性）

作　用	Windows	Mac OS
仅显示轴心点属性	A	A
仅显示音量属性	L	L
仅显示遮罩羽化属性	F	F
仅显示遮罩路径属性	M	M
仅显示遮罩的不透明度属性	TT	TT
仅显示不透明属性	T	T
仅显示位置属性	P	P
仅显示旋转和方向属性	R	R
仅显示比例属性	S	S
仅显示时间映像属性	RR	RR
仅显示缺失的特效	FF	FF
仅显示特效属性组	E	E
仅显示遮罩属性组	MM	MM
仅显示材质选项属性组	AA	AA
仅显示表达式	EE	EE
仅显示修改过的属性	UU	UU
仅显示画笔笔画和木偶钉	PP	PP
仅显示音频波形	LL	LL
仅显示关键帧或表达式属性	U	U
隐藏属性或组	按住 Alt+Shift 键单击属性或组的名称	按住 Option+Shift 键单击属性或组的名称

12. Modifying layer properties (修改层属性)

作　用	Windows	Mac OS
重设选择层的比例来适应合成画面的宽和高使其全屏显示	Ctrl+Alt+F	Command+Option+F

13. Keyframes (关键帧)

作　用	Windows	Mac OS
选择一个属性的全部关键帧	单击属性名称	单击属性名称
将关键帧向后或向前移动 1 帧	Alt+Right Arrow 或 Alt+Left Arrow	Option+Right Arrow 或 Option+Left Arrow
将关键帧向后或向前移动 10 帧	Alt+Shift+Right Arrow 或 Alt+Shift+Left Arrow	Option+Shift+Right Arrow 或 Option+Shift+Left Arrow

14. Masks (遮罩)

作　用	Windows	Mac OS
全选遮罩锚点	Alt-click mask	Option-click mask
以自由变换模式中心点进行缩放	Ctrl-drag	Command-drag
在平滑与角点之间固定	Ctrl+Alt-click vertex	Command+Option-click vertex
重绘贝兹曲线手柄	Ctrl+Alt-drag vertex	Command+Option-drag vertex
反转选择的遮罩	Ctrl+Shift+I	Command+Shift+I

15. Paint tools (绘图工具)

作　用	Windows	Mac OS
交换画笔背景和前景颜色	X	X
设置画笔前景为黑色背景为白色	D	D
设置前景颜色为当前画笔工具拾取点处的颜色	按住 Alt 单击	按住 Alt 单击
为画笔工具设置笔刷尺寸	按住 Ctrl 键拖动	按住 Command 键拖动
添加当前画笔的笔划到前一笔划	开始笔划时按住 Shift 键	开始笔划时按住 Shift 键
在当前图章工具指向的位置设置图章取样开始点	按住 Alt 单击	按住 Option 键单击

16. Shape layers（形状层）

作　用	Windows	Mac OS
将选择形状转为群组	Ctrl+G	Command+G
将选择形状取消群组	Ctrl+Shift+G	Command+Shift+G
进入自由变换路径的编辑模式	在时间线面板选择路径属性按 Ctrl+T	在时间线面板选择路径属性按 Command+T

17. Markers（标记）

作　用	Windows	Mac OS
在当前时间设置标记	*（乘号）数字小键盘上	*（乘号）数字小键盘上
在当前时间设置标记并打开标记对话框	Alt+*（乘号）数字小键盘上	Option+*（乘号）数字小键盘上
在当前时间设置合成的序号标记（0～9）	Shift+0～9 主键盘上	Shift+0～9 主键盘上
定位到一个合成标记（0～9）	0～9 主键盘上	0～9 主键盘上
在信息面板中显示图层中两个标记或关键帧的间隔时间	按住 Alt 键单击标记点或关键帧	按住 Option 键单击标记点或关键帧
移除标记	按住 Ctrl 键单击标记	按住 Command 键单击标记

18. Saving、Exporting、Rendering（保存、输出、渲染）

作　用	Windows	Mac OS
保存项目	Ctrl+S	Command+S
增量保存项目文件	Ctrl+Alt+Shift+S	Command+Option+Shift+S
另存为	Ctrl+Shift+S	Command+Shift+S
添加激活的或选择的项到渲染队列	Ctrl+Shift+/（主键盘上）	Command+Shift+/（主键盘上）
添加当前帧到渲染队列	Ctrl+Alt+S	Command+Option+S
复制渲染项，并与原输出名称相同	Ctrl+Shift+D	Command+Shift+D

影视特效高手

习题参考答案

第 1 章

1. 答：影视特效设计主要为制作视觉效果和动态多媒体作品，其中有电视栏目包装、电视广告合成、企业宣传专题片、视频特效制作等。

2. 答：PAL 制式每秒 25 帧、标清为分辨率 720×576、VCD 为 352×288、SVCD 为 480×576、小高清为 1280×720、大高清为 1920×1080。

3. 答：为了解决视频文件的容量问题而设置压缩方式，但压缩方式的设置将直接影响到画面的清晰度与质量。

4. 答：Photoshop 制作平面元素供后期软件合成使用；Illustrator 制作矢量标志等供后期软件合成使用；3ds Max 制作三维元素供后期软件合成使用；Maya 制作三维元素供后期软件合成使用；Premiere 对后期软件合成的视频镜头进行剪辑；EDIUS 对后期软件合成的视频镜头进行剪辑。

第 2 章

1. 答：After Effects 是美国 Adobe 公司出品的一款基于 PC 和 MAC 平台的特效合成软件，也是最早出现在 PC 平台上的特效合成软件，具有强大的功能和低廉的价格。

2. 答：After Effects CS5 具有全新设计的流线型工作界面，布局合理并且界面元素可以随意组合，主要有菜单栏、工具栏、项目窗口、合成窗口、时间线面板、工作区切换、预览控制台面板、信息面板、音频面板、效果和预置面板、跟踪面板、对齐面板、平滑器面板、摇摆器面板、动态草图面板、遮罩插值面板、绘图面板、画笔面板、段落面板、文字面板。

3. 答：先新建合成文件和导入所需合成的素材，然后增加特效、文字和动画记录等操作，再进行渲染输出操作。

第 3 章

1. 答：其中包 3D 通道、实用工具、扭曲、文字、旧版插件、时间、杂波与颗粒、模拟仿真、模糊与锐化、生产、色彩校正、蒙板、表达式控制、过渡、透视、通道、键控、音频、风格化。

2. 答：可以使用"模糊与锐化"栏中的"快速模糊"滤镜特效，通过记录模糊方式中提供了水平、垂直、水平并垂直的三种模糊方式参数拖尾幻影模糊的动画效果。

3. 答：可以使用"旧版插件"栏中的"基本文字"滤镜特效，建立文字后可以设置文字的颜色、描边、大小和间距等。

第 4 章

1. 答：第三方滤镜效果插件需要安装在 After Effects CS5 的 Plug-ins 文件夹中。

2. 答：Shine（体积光）是主要制作扫光及太阳光等特殊光效果的插件，3D Stroke（三维描边）是勾画光线在三维空间中旋转和运动的效果的插件，Particular（粒子）可以模拟出光效、火和烟雾等效果的插件，Starglow（星光）是快速制作星光闪耀效果的滤镜。

3. 答：Light Factory（灯光工厂）滤镜特效可以模拟各种不同类型的光源效果，使用流程多为先建立纯色黑固态层，然后增加特效并进行参数和动画设置，最后再将固态层的层叠加设置为 ADD（增加）模式，使固态层无光的黑色区域变为透明。

4. 答：将平面或矢量 AI 文件导入插件中创建三维倒角模型，并且可以利用灯光和贴图来表现出素材的一些材质特征。

310
影视特效高手